# 症例研究
# 小動物の眼科

総合編集　深瀬　徹
専門分野編集　西　　賢

文永堂出版株式会社

## 『症例研究　小動物の眼科』発刊にあたって
### －明日の臨床のための症例の集積をめざして－

　動物は様々な疾病に罹患する。そして現在，そうした各種の疾病の臨床に資するために，数多くの獣医学書が出版されるに至っている。それらの成書の多くは，動物の疾病について学問的に確立された事項を総論的に記載したものである。
　だが，臨床とは本来，症例の積み重ねによって知見を集積し，試行錯誤を経て診療方法を確立してきたはずである。教科書的な成書であっても，その背景には多数の症例が存在していることはいうまでもない。
　個々の動物は，それぞれが異なる個体であり，まったく同一の形態と機能を有し，あるいはまた，まったく同一の条件で生活しているものはない。したがって，たとえ同一とされる疾患に罹患し，診断名が同一であったとしても，それぞれの背景は異なっている。すなわち，まったく同一の状態で疾患に罹患している動物はない。
　そうであれば，各々の動物の疾患に対して，すでに確立された治療法を試みるのがまずは常套であろうが，日々の診療で遭遇する疾病の治療がすべて教科書どおりには行えないことも事実である。実際の診療に際しては，一般的な診療方法を基礎としつつも，それぞれの動物，それぞれの状況に適した対応を心がけるべきである。
　動物の各個体は，そのすべてがかけがえのない存在であり，各々の個体の診療にあたっては，その個体に応じた対応を行わなければならない。そうした診療行為を介して，一般的な方法を確立し，そしてさらに，それにもとづいて個々に適した診療を行っていく。こうして個と普遍の間を行きつ戻りつしながら，次第に発展していくのが臨床ではないだろうか。

＊

　ここに発刊する『症例研究　小動物の眼科』は，上記の理念のもと，動物の疾病の症例を集積し，個々の症例を検証することをめざしたものである。
　本書は，教科書でもなければ，診療指針でもない。いわばそれぞれの症例を研究するための一手段である。
　したがって，記載された症例における診断あるいは治療方針等は，必ずしも確立されたものではない。その是非については，読者の判断に委ねたいと思っている。各々の症例について，読者が思索し，批判を行い，それぞれの場における診療手技を確立するための参考としていただけることを期待している。
　なお，本書は，各症例に用いた薬剤について製剤名を明記することを心がけた。たとえ同一の有効成分の同一量を含有する薬剤であっても，賦形剤が異なれば，薬効が異なる可能性がある。そのため，症例報告においては，使用した薬剤をできる限り詳細に記載すべきであると考えたからである。この点において，本書はこれまでの症例報告にはない特徴を有していると自負している。また，眼科領域で使用される主要な動物用医薬品と医薬品を付表として掲載したので，薬剤選択の際に役立てていただければ幸いである。

＊

　本書を企画してから発刊までに長い年月を要してしまったが，これはひとえに編集の任にあたった私の怠惰によるものである。専門分野に関する編集をお願いした西　賢先生ならびに執筆者各位に発刊の遅れをお詫び申し上げる。ただし，症例を経験したときから年月が経過しても，ここに収載した症例の価値が低下したわけではなく，きわめて優れた内容の症例報告集であることは申し添えたい。
　最後に，辛抱強く本書の完成を待っていただいた文永堂出版株式会社の永井富久社長，そして編集を担当していただいた同社の松本　晶氏に厚くお礼申し上げる。

2010年8月

深瀬　徹

## 総合編集

### 深瀬 徹
明治薬科大学薬学部薬学教育研究センター基礎生物学部門 准教授

## 専門分野編集

### 西 賢
おんが動物病院 院長

## 執　筆 (五十音順)

| | | | |
|---|---|---|---|
| 相澤早苗 | Case27 | 竹内祐子 | Case23 |
| 秋田征豪 | Case20 | 辻 登 | Case19, 22 |
| 市岡香織 | Case17 | 都築明美 | Case25 |
| 伊藤文夫 | Case12 | 長澤 裕 | Case46 |
| 伊藤りえ | Case 1 | 中島 亘 | Case27 |
| 井上理人 | Case35 | 永嶋祐樹 | Case 6 |
| 上岡孝子 | Case46 | 中西比呂子 | Case47, 48 |
| 上岡尚民 | Case46 | 成田正斗 | Case20 |
| 太田充治 | Case10, 16, 18, 30, 35, 40, 43, 45 | 西 賢 | Case 5, 8, 13, 24, 28, 38 |
| | | 原 喜久治 | Case 2, 7 |
| 奥本利美 | Case15, 31, 37 | 久井美樹 | Case 3 |
| 尾崎英二 | Case22 | 深瀬 徹 | 付表 |
| 掛端健士 | Case39 | 藤野和彦 | Case21 |
| 勝間義弘 | Case34 | 斑目広郎 | Case23 |
| 印牧信行 | Case23 | 松川恵子 | Case35 |
| 斎藤陽彦 | Case25 | 松村 靖 | Case28 |
| 佐野洋樹 | Case 9 | 村上元彦 | Case42 |
| 清良井昭子 | Case22 | 森 俊士 | Case27 |
| 仙田美夏 | Case42 | 森田達志 | Case 6 |
| 瀧本善之 | Case 3, 29, 32, 33 | 山形静夫 | Case42 |
| 滝山 昭 | Case 4, 11, 26, 44 | 余戸拓也 | Case 6, 9, 14, 36, 41 |

# 目　次

*Case 1*　異所性睫毛に起因する表層性角膜炎を発症した犬の3例 ……………………………………… 1-4
　　　伊藤りえ（岐阜県・おおた動物病院）

*Case 2*　睫毛異常に対して冷凍手術（cryosurgery）を施した犬の1例 ………………………………… 5-8
　　　原　喜久治（福岡県・はら動物病院）

*Case 3*　マイボーム腺機能不全をともなう乾性角結膜炎の犬の10例 ……………………………………… 9-12
　　　瀧本善之[*1]，久井美樹[*2]（[*1]岡山県・タキモト動物病院，[*2]岡山県・ほなみ動物病院）

*Case 4*　眼瞼に扁平上皮癌が発生した猫の1例 ……………………………………………………………… 13-16
　　　滝山　昭（愛知県・滝山獣医科病院）

*Case 5*　眼瞼腫瘤に対して冷凍手術（cryosurgery）を施した犬の1例 ………………………………… 17-19
　　　西　賢（福岡県・おんが動物病院）

*Case 6*　東京都内で認められた東洋眼虫症の犬の1例 …………………………………………………… 21-24
　　　永嶋祐樹[*1]，森田達志[*2]，余戸拓也[*3]
　　　（東京都・日本獣医生命科学大学　[*1]動物医療センター，[*2]獣医学部獣医寄生虫学教室，[*3]獣医学部獣医外科学教室）

*Case 7*　9-0ナイロン糸を用いた犬のチェリーアイ（瞬膜腺逸脱）の整復 …………………………… 25-27
　　　原　喜久治（福岡県・はら動物病院）

*Case 8*　瞬膜腺切除に起因すると思われる乾性角結膜炎を発症したアメリカン・コッカー・スパニエル ……… 29-32
　　　西　賢（福岡県・おんが動物病院）

*Case 9*　乳頭腫が結膜に発生した犬の1例 ………………………………………………………………… 33-36
　　　佐野洋樹[*1]，余戸拓也[*2]（東京都・日本獣医生命科学大学　[*1]動物医療センター，[*2]獣医学部獣医外科学教室）

*Case 10*　結膜下に腫瘤を生じた犬の2例 …………………………………………………………………… 37-40
　　　太田充治（岐阜県・おおた動物病院）

*Case 11*　再発性角膜びらんを発症した猫の1例 …………………………………………………………… 41-44
　　　滝山　昭（愛知県・滝山獣医科病院）

*Case 12*　両眼に表層性角膜潰瘍を生じた猫の1例 ………………………………………………………… 45-48
　　　伊藤文夫（愛知県・いとう動物病院）

*Case 13*　角膜潰瘍に対して自己血清点眼液を投与した犬の2例 ………………………………………… 49-52
　　　西　賢（福岡県・おんが動物病院）

*Case14* 犬および猫の角膜損傷 30 眼に対する治療用ソフトコンタクトレンズの装用 ………………… 53-56
　　　　余戸拓也（東京都・日本獣医生命科学大学獣医学部獣医外科学教室）

*Case15* 犬と猫の角膜疾患に対する角膜表層切除術の適用 ……………………………………………… 57-60
　　　　奥本利美（大阪府・奥本動物病院）

*Case16* デスメ瘤に対して角結膜層板状移植術（Parshall 法）を適用した犬と猫の各 1 例 ……………… 61-64
　　　　太田充治（岐阜県・おおた動物病院）

*Case17* 再発緩解を繰り返す好酸球性角膜炎を発症した猫の 1 例 ……………………………………… 65-68
　　　　市岡香織（岐阜県・おおた動物病院）

*Case18* 急性角膜水腫を発症した犬の 1 例 ……………………………………………………………… 69-72
　　　　太田充治（岐阜県・おおた動物病院）

*Case19* 表在性点状角膜炎を発症したロングヘアード・ミニチュア・ダックスフンド ………………… 73-76
　　　　辻　　登（奈良県・アイペットクリニック）

*Case20* 犬の角膜浮腫に対する高浸透圧点眼薬の使用例 ……………………………………………… 77-80
　　　　秋田征豪[*1]，成田正斗[*2]（[*1]大阪府・クウ動物病院 DOC & CAT CLINIC，[*2]愛知県・なりた犬猫病院）

*Case21* 角膜内皮細胞のスペキュラーマイクロスコピーが診断に有用であった犬の角膜疾患の 3 例 ………… 81-87
　　　　藤野和彦（滋賀県・栗東動物病院）

*Case22* 輪部黒色腫を生じた猫の 1 例 …………………………………………………………………… 89-92
　　　　辻　　登[*1]，清良井昭子[*2]，尾崎英二[*2]（[*1]奈良県・アイペットクリニック，[*2]奈良県・おざき動物病院）

*Case23* 慢性角強膜炎にともなって角膜腫瘍を生じた犬の 1 例 ………………………………………… 93-96
　　　　竹内祐子，斑目広郎，印牧信行（神奈川県・麻布大学獣医学部）

*Case24* 角膜に扁平上皮癌が発生したシー・ズー ……………………………………………………… 97-100
　　　　西　　賢（福岡県・おんが動物病院）

*Case25* 前房混濁を呈したミニチュア・シュナウザー ………………………………………………… 101-104
　　　　都築明美，斎藤陽彦（東京都・トライアングル動物病院）

*Case26* 猫伝染性腹膜炎にともなって眼症状を呈した猫の 1 例 ……………………………………… 105-108
　　　　滝山　昭（愛知県・滝山獣医科病院）

*Case27* 免疫介在性が疑われる網膜剥離を生じた秋田犬 ……………………………………………… 109-112
　　　　相澤早苗[*1]，中島　亘[*2]，森　俊士（千葉県・森動物病院，[*1]現 東京都・アイデックスラボラトリーズ株式会社，
　　　　[*2]現 東京都・東京大学附属動物医療センター）

*Case28* 視覚喪失を主訴として来院した犬の2例 ········· 113-116
　　　松村　靖[*1]，西　賢[*2]（[*1]福岡県・稲員犬猫香椎病院，[*2]福岡県・おんが動物病院）

*Case29* 網膜ジストロフィーを発症したロングヘアード・ミニチュア・ダックスフンド ········· 117-120
　　　瀧本善之（岡山県・タキモト動物病院）

*Case30* 錐状体変性（cone degeneration）が疑われたアラスカン・マラミュート ········· 121-124
　　　太田充治（岐阜県・おおた動物病院）

*Case31* 眼底出血をともなった漿液性網膜剥離の犬の1例 ········· 125-127
　　　奥本利美（大阪府・奥本動物病院）

*Case32* 全身性高血圧症により網膜剥離を生じた猫の1例 ········· 129-132
　　　瀧本善之（岡山県・タキモト動物病院）

*Case33* 眼窩内腫瘤により網膜剥離を併発した犬の1例 ········· 133-136
　　　瀧本善之（岡山県・タキモト動物病院）

*Case34* 眼球突出を呈した犬と猫の各1例 ········· 137-140
　　　勝間義弘（京都府・洛西動物病院）

*Case35* 長期間にわたって視覚を維持した原発性急性緑内障の犬の1例 ········· 141-144
　　　井上理人[*1]，松川恵子[*1]，太田充治[*2]（[*1]大阪府・松原動物病院，[*2]岐阜県・おおた動物病院）

*Case36* 慢性緑内障に対してゲンタマイシンの硝子体内注入を施した犬の2例 ········· 145-148
　　　余戸拓也（東京都・日本獣医生命科学大学獣医学部獣医外科学教室）

*Case37* トラベクレクトミー（線維柱帯切除術）の犬への応用 ········· 149-152
　　　奥本利美（大阪府・奥本動物病院）

*Case38* 毛様体凍結凝固により良好な経過を得た緑内障の犬の2例 ········· 153-159
　　　西　賢（福岡県・おんが動物病院）

*Case39* 視覚回復の可能性のない眼疾患に対して強膜内義眼挿入術を適用した犬の5例 ········· 161-167
　　　掛端健士（北海道・かけはた動物病院）

*Case40* 犬の水晶体前房内脱臼の内科的治療 ········· 169-172
　　　太田充治（岐阜県・おおた動物病院）

*Case41* 前房フレア値による犬における白内障術後炎症の評価 ········· 173-176
　　　余戸拓也（東京都・日本獣医生命科学大学獣医学部獣医外科学教室）

Case42　白内障の自然吸収がみられた犬の1例 ……………………………………………………… 177-179
　　　　仙田美夏[*1,3]，山形静夫[*1] 村上元彦[*2]（[*1]岡山県・山形動物病院，[*2]広島県・むらかみ動物病院，[*3]現 愛知県・アテナ動物病院 熱田）

Case43　急性の視覚障害を呈する視神経炎を発症した犬の2例 ……………………………… 181-184
　　　　太田充治（岐阜県・おおた動物病院）

Case44　下垂体腫瘍により急性視覚喪失を生じた犬の1例 ……………………………………… 185-188
　　　　滝山　昭（愛知県・滝山獣医科病院）

Case45　多発性眼異常が認められたゴールデン・レトリーバー …………………………………… 189-192
　　　　太田充治（岐阜県・おおた動物病院）

Case46　種々の眼異常を含む多発奇形が認められたシー・ズー ………………………………… 193-196
　　　　上岡尚民[*1]，上岡孝子[*1]，長澤　裕[*2]（[*1]広島県・うえおか動物病院，[*2]広島県・安芸ペットクリニック）

Case47　ジャンガリアンハムスターの眼窩蜂巣炎の1例 …………………………………………… 197-200
　　　　中西比呂子（兵庫県・ゆず動物病院）

Case48　眼窩内に脂肪肉腫が発生したシマリスの1例 …………………………………………… 201-204
　　　　中西比呂子（兵庫県・ゆず動物病院）

付表　眼科領域で使用される主要な動物用医薬品および医薬品 ………………………………… 205-217
　　　　深瀬　徹（東京都・明治薬科大学薬学部薬学教育研究センター基礎生物学部門）

索引 …………………………………………………………………………………………………… 218-226

　　　　　　　　　　　　　　　　　　　　　目次に記載の執筆者の所属は原稿執筆当時のものである場合があります。

Case 1　犬

# 異所性睫毛に起因する表層性角膜炎を発症した犬の3例

伊藤りえ

## 要約

犬3例においてそれぞれ異なる経過をたどった急性あるいは慢性の表層性角膜炎は，細隙灯（スリットランプ）による詳細な検査により異所性睫毛が原因と判明し，その抜毛により治癒した。

## はじめに

睫毛異常は，犬の診療に際して日常的に遭遇する疾患である。

異所性睫毛は睫毛異常の1種であり，睫毛の発生する部位と方向によっては，強い刺激を誘発することがあるが，その一方，的確に診断できない例も多いと思われる。

本稿では，異所性睫毛が原因となり，急性あるいは慢性の異なる経過をたどった表層性角膜炎3例について報告する。

## 症例1

症例は，犬（ロングヘアード・ミニチュア・ダックスフンド），雌，11か月齢である。

### 1）現病歴

1か月前に右眼に羞明を起こし，かかりつけの他の動物病院にて角膜潰瘍と診断された。点眼液（製剤名不明）による治療を受け，緩解するが，再発を繰り返している。結膜炎も併発していたため，ステロイド系抗炎症薬であるデキサメタゾンメタスルホ安息香酸エステルナトリウム（サンテゾーン点眼液（0.02%），参天製薬株式会社）および非ステロイド系抗炎症薬であるプラノプロフェン（ティアローズ，千寿製薬株式会社）の局所投与も行われたが，完全には症状が消失しなかったため，当院を紹介されて受診した。

### 2）眼科学的検査所見

右眼に羞明と流涙が著しく，完全に開瞼できず，瞬膜の突出もみられた。結膜はわずかに充血しているが，角膜の混濁や表面の不正は認められなかった（図1）。

シルマー涙液試験の結果と眼圧は正常であった。フルオレセイン角膜染色検査を行った結果，右眼，左眼ともにび漫性に染色された。

また，両眼ともに睫毛重生が多くみられ，その程度に左右差はみられなかった。細隙灯（スリットランプ）にて眼瞼結膜を詳細に検査したところ，右眼の上眼瞼結膜の中央よりやや内側にわずかに萌出した異所性睫毛を発見した（図2）。

### 3）治療および経過

萌出している部分が1mm以下と短かったため，全身麻酔下で異所性睫毛および睫毛重生の抜毛を実施した。術後はオフロキサシン（タリビッド点眼液0.3%，参天製薬株式会社）とヒアルロン酸ナトリウム（ヒアレイン点眼液0.1%，参天製薬株式会社）の局所投与を行った。

処置後，刺激症状は速やかに消失し，1か月後の検診時には角膜はフルオレセインに染色されなくなり，異所性睫毛の再生も認められなかった。

## 症例2

症例は，犬（パグ），雌，1歳3か月齢である。

### 1）主訴

昨夜から左眼に羞明があり，眼瞼が腫れているようだとの主訴で来院した。

### 2）眼科学的検査所見

左眼の羞明が著しく，流涙もみられたが，結膜充血および眼脂は認められなかった。角膜の中央よりやや内側に軽度の混濁と表面の不正が観察され，フルオレ

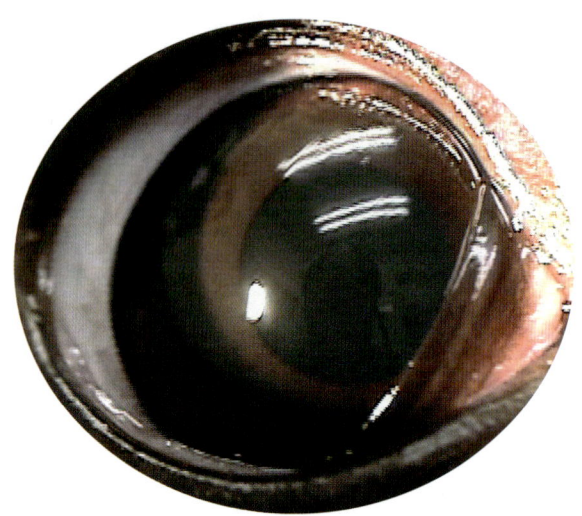

図1 症例1 初診時の前眼部所見（右眼）

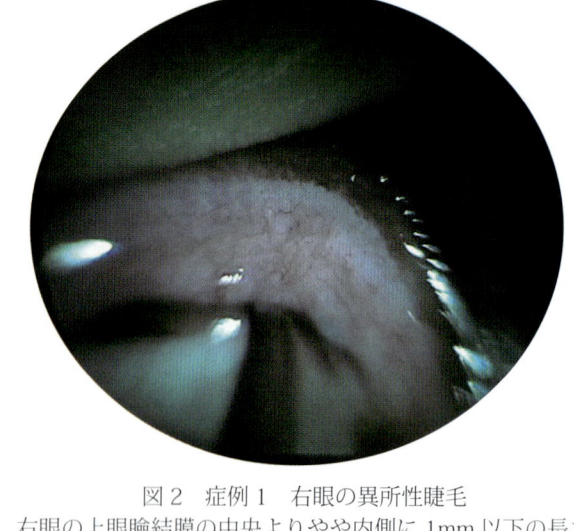

図2 症例1 右眼の異所性睫毛
右眼の上眼瞼結膜の中央よりやや内側に1mm以下の長さで萌出していた。

図3 症例2 初診時におけるフルオレセイン角膜染色検査所見（左眼）

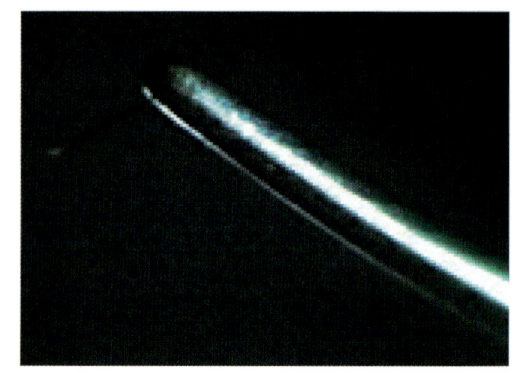

図4 症例2 抜毛した左眼の異所性睫毛
左眼の上眼瞼結膜中央よりやや内側にわずかに萌出していた。

セイン角膜染色検査を実施したところ，混濁部位の中央に直径1mmのびらんが確認された（図3）。

**3）治療および経過**

角膜びらんと診断し，羞明や流涙もこれによるものであると判断して，グルタチオン（タチオン点眼用2%，アステラス製薬株式会社）およびスルベニシリンナトリウム（サルペリン点眼用，千寿製薬株式会社）の点眼を開始した。3日後に再診した際，羞明と流涙は改善されておらず，角膜混濁およびびらんの部分も拡大していた。そこで再度，眼瞼も含めて詳細に検査した結果，左眼の上眼瞼結膜中央よりやや内側にわずかに萌出した異所性睫毛を発見した。

この犬は非常に温順であったため，点眼麻酔のみで異所性睫毛の抜毛を行うことが可能であった（図4）。処置後も初診時に処方した点眼薬の投与を継続したところ，抜毛より2日後には，羞明はほとんど認められなくなり，角膜混濁の程度も軽減した。ただし，角膜びらんがわずかに線状に残存していたため，さらに点眼を継続した。その結果，抜毛から5日後には角膜のnubecula（片雲）をわずかに残す以外，ほぼ完全に治癒した。

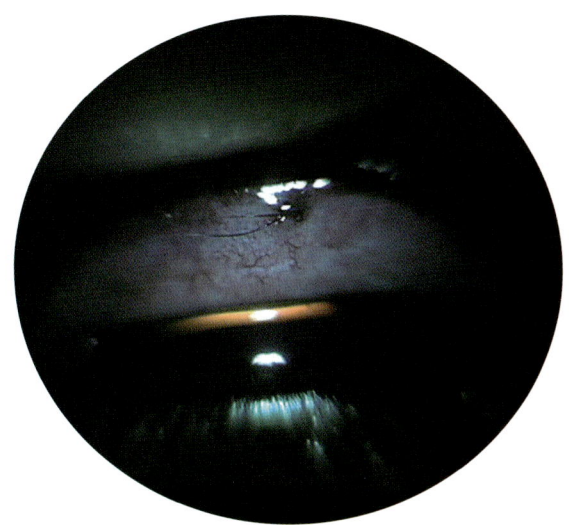

図5 症例3 初診時の前眼部所見（左眼）
無症状であった。

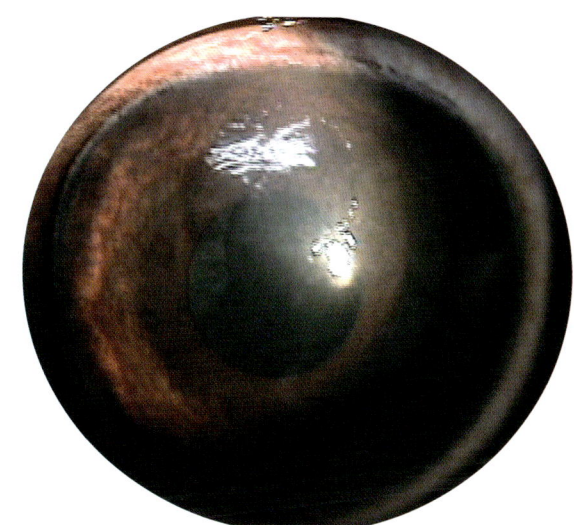

図6 症例3 異所性睫毛の不完全抜毛により症状を呈した左眼の前眼部所見

### 症例3

症例は，犬（シー・ズー），雌，1歳2か月齢である。

**1）主　訴**

トリマーに右眼に逆睫毛があることを指摘されて当院を受診した。

**2）既往歴**

7か月前に右眼に角膜類皮腫が生じ，当院にて手術を受けている。

**3）眼科学的検査所見**

右眼，左眼ともに羞明，流涙，眼脂などはみられず，結膜充血や角膜混濁も認められなかった（図5）。しかし，両眼に数本の睫毛重生が認められ，さらに詳細な観察によって，左眼の上眼瞼結膜の中央に異所性睫毛を発見した。

**4）治療および経過**

無麻酔で異所性睫毛の抜毛を行った。しかし，1か月後の検診時に，やはりとくに症状は認められないが，再び同一部位に異所性睫毛が生じており，さらに内側寄りの別の部位にも異所性睫毛を発見した。

そこで再度，無麻酔下で睫毛を抜毛するとともに，飼い主に対して，外科的な処置の必要性を説明したが，当面は定期的に経過を観察することになった。その2日後に突然，左眼に羞明が発現し，近隣の動物病院にて異所性睫毛と診断されて抜毛処置を受け，オフロキサシン（タリビッド点眼液0.3％，参天製薬株式会社）とアセチルシステイン（パピテイン，千寿製薬株式会社）の点眼を処方されたが，症状の改善がないとのことで，さらにその2日後に再び当院を受診した。

この際，角膜は混濁し，その部位に直径2mm程の角膜びらんが認められた（図6）。さらに上眼瞼結膜を詳細に再検査したところ，4日前に抜毛が行われた部位からわずかに萌出する異所性睫毛が見出された。そこで点眼麻酔下で再度，睫毛を抜毛し，点状切開を施した。なお，他院にて処方された点眼薬の投与は継続とした。その結果，1週間後の検診時には症状はほぼ完全に消失し，角膜もわずかにnubecula（片雲）を残すのみとなっていた。

### 考　察

睫毛異常は日常診療において比較的よく遭遇する眼瞼の疾患である。しかし，睫毛異常のなかでも，異所性睫毛が原因となって角膜炎を起こす例は比較的まれであろうと思われる。その理由としては，異所性睫毛は通常は細く長いために結膜嚢内で涙液膜に浮遊するような状態になることや，発生する方向が結膜面に対して平行に近いことが多いために角膜を刺激しにくいことが考えられる[1,2]。

ただし，何らかの理由で異所性睫毛がその毛根以外の位置で切断されたりすると，睫毛は硬く粘膜面から垂直に萌出し，その先端が角膜を直接的に刺激する。異所性睫毛に起因する表層性角膜炎の症状は，そのほかの原因による睫毛異常の場合と同様に羞明，流涙，眼脂などである。しかし，角膜炎を起こしている例では，それらの症状が角膜炎に由来するものと考えてしまいがちであり，角膜炎の原因についての考察が不十分になることが多い。その結果，難治性角膜びらんあるいは潰瘍という慢性症に移行することがある。

今回の3症例は異なる症状および経過を示した。症例1は，再発を繰り返す難治性の症状があるにもかかわらず，角膜の外観は正常であったが，フルオレセイン角膜染色検査によってび漫性の表層性角膜炎を確認することができた。一方，症例2は初診時より明らかな角膜びらんの症状を呈しており，これに対して症例3は初診時にまったくの無症状であった。

症例1のような難治性あるいは再発性の症状を示す場合には，睫毛異常を鑑別に加えることは自然であるが，症例2では角膜びらんのみに注目し，その原因について十分に検討しなかったことが反省点である。また，症例3のように，無症状の異所性睫毛の抜去を行った後，症状が発現することがある。これは抜毛処置時に睫毛を完全に毛根から脱臼できずに毛根部付近で切断してしまい，その断端が角膜を刺激するようになったためと考えられた。慢性的な症状を呈する例あるいは治癒機転の悪い表層性角膜炎の症例に対しては，異所性睫毛を含めた睫毛異常の有無を適切な拡大鏡（細隙灯が望ましいと考える）を用いて丁寧に検査するとともに，異所性睫毛の抜去に関しても，同様の適切な拡大鏡のもとで行い，とくに毛根から完全に脱臼させられなかった場合には，抜毛後に短時間のうちに睫毛が生じ，症状が再発する可能性があることを飼い主に説明する必要があろう。

**文 献**

1) 太田充治（2001）：眼瞼の疾患．獣医畜産新報，54, 504-508.
2) Severin,G.A.（2003）：睫毛疾患．セベリンの獣医眼科学－基礎から臨床まで－ 第3版（小谷忠生，工藤荘六 監訳），139-145, メディカルサイエンス社．

Case 2　犬

# 睫毛異常に対して冷凍手術（cryosurgery）を施した犬の1例

原　喜久治

### 要　約

　流涙や角膜障害の原因を精査すると，睫毛重生や異所性睫毛など，睫毛の異常がかなりの割合を占めている。今回，睫毛異常（睫毛重生および異所性睫毛）を示した犬（シー・ズー，雌，6歳齢）に対して，液体窒素を用いて冷凍手術（cryosurgery）を実施したところ，良好な結果を得ることができた。

### はじめに

　睫毛重生や異所性睫毛は，小型犬に多く発生し，角膜にびらんや潰瘍を起こす原因となる。

　これらの睫毛異常の治療法としては，① 鑷子による抜毛，② 睫毛の電気分解，③ 眼瞼分離術，④ 瞼結膜部分切除術，⑤ 冷凍手術（cryosurgery），⑥ レーザー手術などがある。

　今回，睫毛異常（睫毛重生および異所性睫毛）を示した犬に対して液体窒素による冷凍手術を施した結果，良好な結果を得ることができたので，以下にその概要を報告する。

### 症　例

症例は，犬（シー・ズー），雌，6歳齢である。

#### 1）主　訴
流涙を示し，眼を擦るとのことで来院した。

#### 2）身体一般検査所見
体重7.1kgで，特記すべき異常は認められなかった。

#### 3）眼科学的検査所見
外貌の観察により，睫毛異常（睫毛重生および異所性睫毛）が認められた。

#### 4）治療および経過
　異常を示している睫毛に対して，Brymill Cryogenic Systems社（アメリカ合衆国）の冷凍手術装置を使用し，液体窒素を用いた冷凍手術を施した。術式は図1に示したとおりである。

　術後2日間ほどは眼瞼の腫脹が著しく，エリザベスカラーの装着が必要であったが，この腫脹はおよそ1週間で消失し，眼瞼縁の脱色素が生じた。このとき，残存していた睫毛があり，とくに力を必要とせずに抜去できるようであったので，その抜去を行った。

　術後1か月後には，眼瞼縁の色素も元の状態に戻り，瞼結膜もきれいになっていた。

### 考　察

　睫毛重生や異所性睫毛は，猫にはほとんど認められないが，一部の犬種，たとえばダックスフンド，アメリカン・コッカー・スパニエル，マルチーズ，ミニチュア・プードル，シー・ズーなどでは多発するように思われる。とくに流涙症を主訴とするシー・ズーの50％は睫毛異常といっても過言ではない状況である。

　難治性の流涙症や角膜びらん，角膜潰瘍，あるいは慢性角膜炎の犬については，眼瞼縁部について，あるいは眼瞼そのものを反転し，睫毛異常が認められないか，細隙灯（スリットランプ）を用いて瞼結膜部を精査すべきである。とくに近年は睫毛の色調が白色や淡色の犬が多く飼育されているため，精査しなければ睫毛異常がわかりにくい例が増加しているようである。

　睫毛異常に対する各種の治療法にはそれぞれ一長一短がある。たとえば，鑷子による抜毛は，簡単に実施できるが，通常は1か月に1回は行わなくてはならない。また，電気分解法は，針を適切に毛根部に入れて通電しないと，脱毛ができずに瘢痕を残してしまうことがある。眼瞼分離術は，熟練すれば優れた方法であるが，瞼板の厚さが1/2になるため，眼瞼内反ぎみ

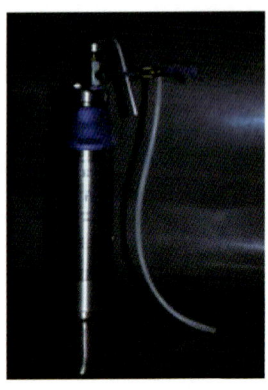

① Brymill Cryogenic Systems 社（アメリカ合衆国）の冷凍手術装置のボンベに液体窒素を入れ，2 mm の長さの眼科用プローブを接続する。

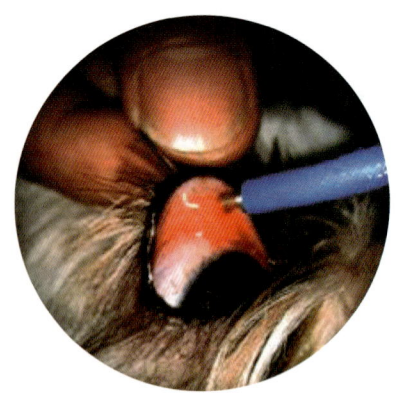

② 眼球にプローブが触れないようにして，患部にプローブ端を当て，液体窒素を噴射し，アイスボールを形成させる。

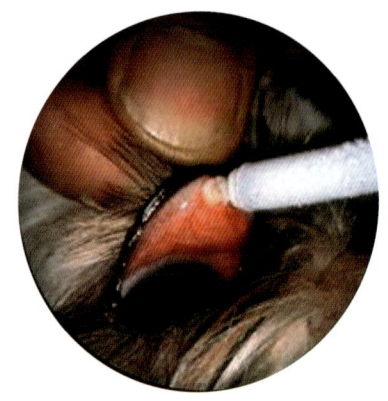

③ 液体窒素の噴射を止め，プローブをしばらく当てたままにしておき，少し溶け始めてから外す。

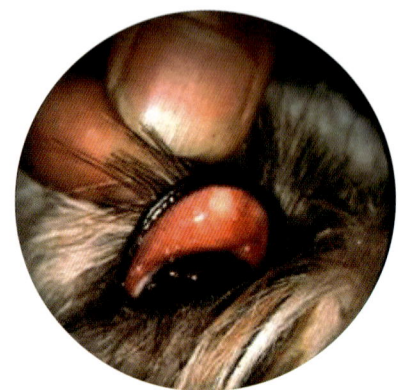

④ 以上の処置を2回繰り返す。

【処置中の注意点】
・液体窒素のボンベは，傾きを大きくすると安全弁から液体窒素が噴出し，処置ができなくなるので気をつけたい。
・液体窒素を噴射するとき，プローブの先端が生体に付着しやすくなるので，眼球に接触しないようにしたい。
・アイスボールを形成した後，プローブ先端を眼瞼結膜より無理にはがすと，出血や炎症が激しくなるので気をつけたい。
・眼瞼の保持には，なるべくコラジオン鉗子などの金属器具を使用せず，手指にて行いたい（思わぬところまで冷凍凝固させる恐れがあるため）。
・睫毛重生の場合，睫毛はマイボーム腺開口部から出ている部分より埋没している部分のほうが長く，ちょうど瞼板の内側端付近にあるため，この部分にアイスボールを形成する必要がある。また，アイスボールの形成部位が眼瞼縁に近すぎると，脱色素が強くなり，逆に瞼板のない結膜側に当てすぎると，結膜浮腫が激しくなる。

図1　睫毛異常に対する液体窒素を用いた冷凍手術

手術前

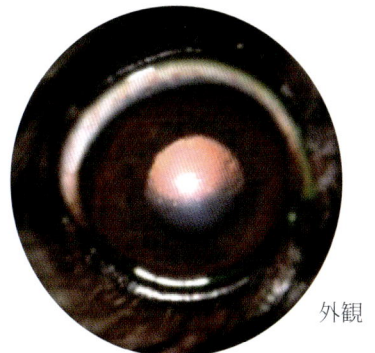
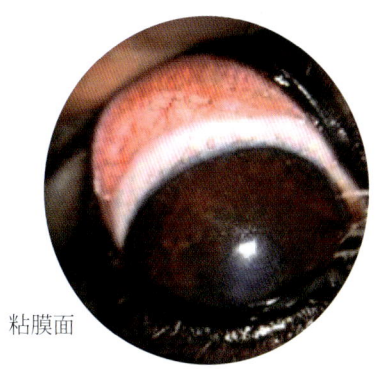
外観　　　　　粘膜面

手術後6日目

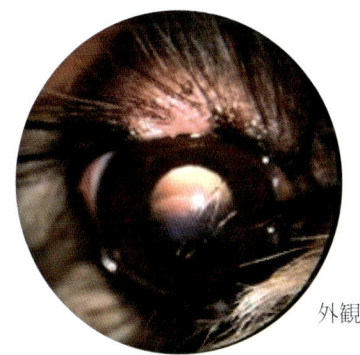
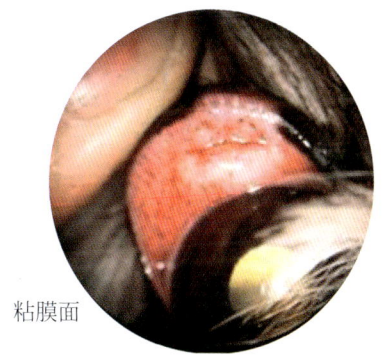
外観　　　　　粘膜面

手術後10日目

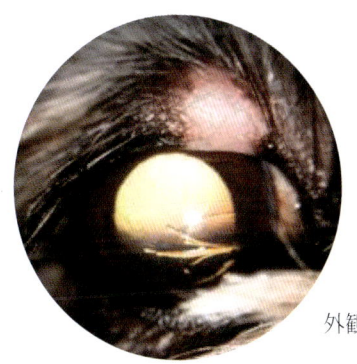
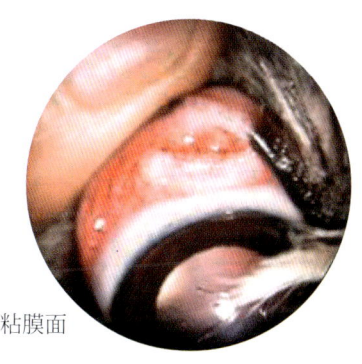
外観　　　　　粘膜面

手術後30日目

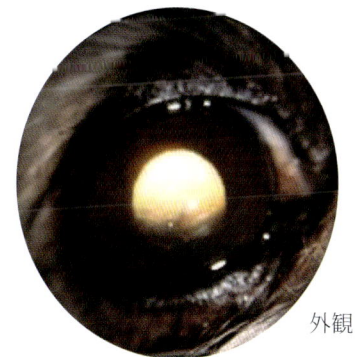
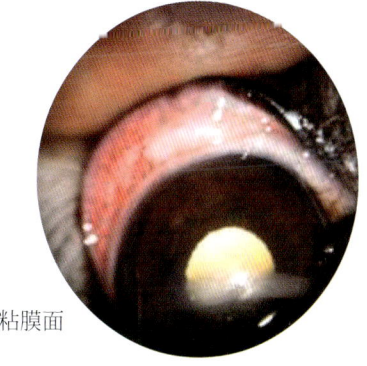
外観　　　　　粘膜面

図2　手術前後の前眼部所見（すべて右眼）

になりやすいという欠点を有する。瞼結膜部分切除術は，手術用顕微鏡が必要であり，睫毛を1本ずつ毛根部から切除していく方法で，異常を示している睫毛の数が少ないときはよいが，多いときは煩雑である。このほか，最近はレーザー手術も注目されているが，この方法は手技は簡単であるけれども，現段階では再発率が高く，今後のさらなる研究が望まれるものである。これに対して，冷凍手術は，手術用顕微鏡やメスが不要であり，さらに瞼板を不必要に切除することがなく，眼瞼の変形も少ない。また，再発率がきわめて低いため，きわめて有効な方法であると思われる。ただし，不必要に長時間の処置を行うと，永久脱色素や皮膚の脱毛も起こってしまうので，この点に関しては十分に注意すべきであろう。

**参考文献**

1) 小谷忠生，工藤荘六 監訳（2003）：セベリンの獣医眼科学－基礎から臨床まで－ 第3版, メディカルサイエンス社.
2) 木下　茂（1993）：眼科診療プラクティス7. 眼表面疾患の診療, 文光堂.

## Case 3 犬

# マイボーム腺機能不全をともなう乾性角結膜炎の犬の10例

瀧本善之，久井美樹

### 要約

マイボーム腺機能不全をともなった乾性角結膜炎の犬10頭に対して，マイボーム腺閉塞物の除去，抗菌薬の点眼および経口投与などの治療を1～2か月間にわたって行った結果，10頭16眼のうち14眼においてシルマー涙液試験の測定値が上昇し，乾性角結膜炎の改善が認められた。

## はじめに

乾性角結膜炎は，涙液の分泌量が減少し，涙液膜に異常が生じた結果，眼の表面が乾燥するとともに，角膜への血管新生や色素沈着，結膜の肥厚などが生ずる疾患である[3, 16]。

具体的な原因としては，感染症[12, 16]，先天異常[1]，外科手術[3, 14, 15]，薬物[10, 11, 13, 17]，副交感神経の障害[3, 9, 14]および免疫介在性の涙腺炎などがあげられるが，なかでも自己免疫による涙腺の破壊が主たる原因であるとされている[6-8]。そのため，近年は乾性角結膜炎の治療にシクロスポリンなどの免疫抑制薬の点眼が多用されるようになり，良好な治療成績が得られている[2, 5]。

しかしながら，筆者らが乾性角結膜炎の犬，とくにシー・ズーについて詳細な眼科学的検査を実施したところ，マイボーム腺機能不全を併発している犬が少なくなかった。マイボーム腺機能不全の定義と分類については諸説があり一定していないが[4]，今回の報告では，マイボーム腺炎が慢性化し，その分泌機能が低下した状態を指してマイボーム腺機能不全と称している（図1～3）。また，マイボーム腺炎は瘙痒性皮膚疾患に罹患した犬の眼瞼およびその周辺皮膚の感染から波及することが多い。

今回，マイボーム腺機能不全の治療を行うことによって，乾性角結膜炎の症状の改善が認められたので，その概要について報告する。

## 症例

症例は，以下の10頭である。

症例1　犬（シー・ズー），雄，4歳齢
症例2　犬（アメリカン・コッカー・スパニエル），雌，6歳齢
症例3　犬（シー・ズー），雌，6歳齢
症例4　犬（シー・ズー），雄，9歳齢
症例5　犬（シー・ズー），雌，6歳齢
症例6　犬（シー・ズー），雄，5歳齢
症例7　犬（シー・ズー），雌，6歳齢
症例8　犬（シー・ズー），雌，9歳齢
症例9　犬（パグ），雌，7歳齢
症例10　犬（ペキニーズ），雄，5歳齢

### 1）主訴

慢性の膿性眼脂あるいは角膜の外貌の変化，羞明，眼瞼痙攣を主訴とした。

### 2）既往歴

一部の症例は，アレルギー性外耳炎または瘙痒性皮膚疾患，角膜潰瘍，角結膜炎に罹患したことがあった。

### 3）現病歴

すべての症例において，長期間にわたって膿性眼脂がみられ，羞明，眼瞼痙攣などの疼痛を示している様子が観察された。

### 4）飼育状況

食餌に関しては，低アレルギー食などの食餌制限を受けている犬から，ジャーキー類の多給を受けている犬まで様々であった。

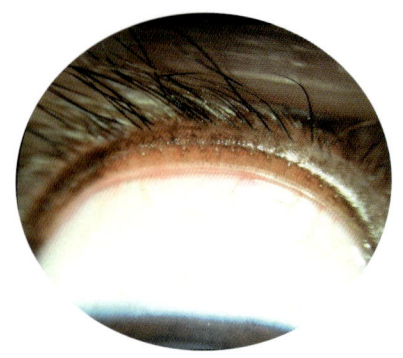

図1 正常なマイボーム腺とその開口部

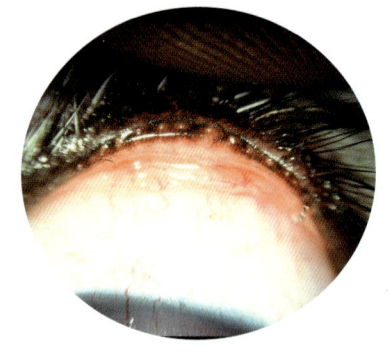

図2 マイボーム腺機能不全軽症例。マイボーム腺開口部が分泌物によって閉塞している。

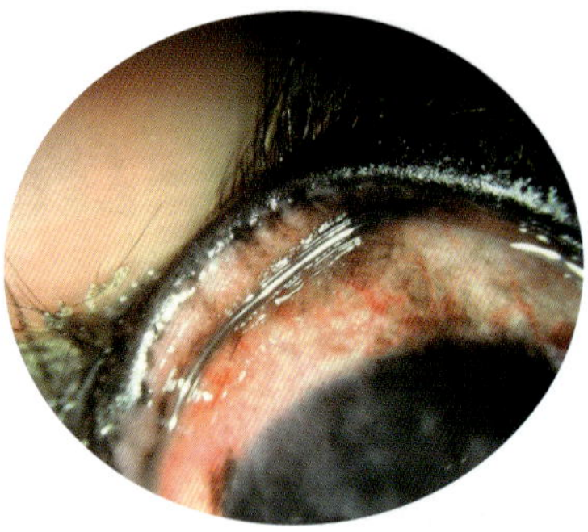

図3 マイボーム腺機能不全重症例。マイボーム腺の開口部は不明瞭となり、眼瞼膜を透してマイボーム腺の腫脹が観察される。

### 5) 一般身体検査所見

一部の症例において、全身および局所性の瘙痒性皮膚疾患の症状が認められた。

### 6) 眼科学的検査所見

細隙灯（スリットランプ）検査により、各症例において様々な程度の角膜への血管新生と色素沈着が認められた。また、多くの症例で、眼瞼内側のマイボーム腺の導管が不明瞭になっていたり、マイボーム腺の導管の開口部が閉塞している様子が観察された。

シルマー涙液試験では、症例1〜5および9の両眼、症例7, 8, 10の右眼、症例6の左眼において、測定値の低下が認められた。その値はいずれも5mm/分以下であった（表1）。

また、ローズベンガル染色検査を一部の症例に実施した結果、ローズベンガルに染色される部位が角結膜に留まらず、眼瞼縁を越えて外側にまで及んでいた。

### 7) 診 断

以上の眼科学的検査所見から、以上の10頭の16眼について、マイボーム腺機能不全をともなっ

表1 症例10例における眼科学的検査結果

| 症例No. | 犬種 | 性別 | 年齢 | シルマー涙液試験成績（mm/分） | | 前眼部所見 | |
|---|---|---|---|---|---|---|---|
| 1 | シー・ズー | 雄 | 4歳 | 右眼 | 4 | 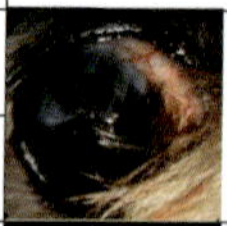 | 右 |
| | | | | 左眼 | 1 | | |
| 2 | アメリカン・コッカー・スパニエル | 雌 | 6歳 | 右眼 | 0 |  | 右 |
| | | | | 左眼 | 2 | | |
| 3 | シー・ズー | 雌 | 6歳 | 右眼 | 3 | 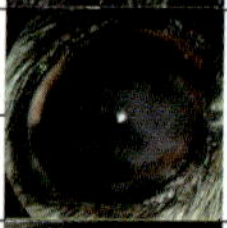 | 右 |
| | | | | 左眼 | 3 | | |
| 4 | シー・ズー | 雄 | 9歳 | 右眼 | 0 | 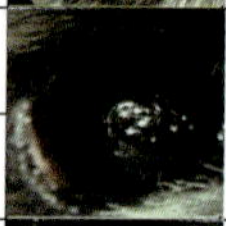 | 右 |
| | | | | 左眼 | 4 | | |
| 5 | シー・ズー | 雌 | 6歳 | 右眼 | 2 | 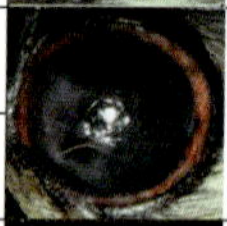 | 左 |
| | | | | 左眼 | 0 | | |
| 6 | シー・ズー | 雄 | 5歳 | 右眼 | − | | 左 |
| | | | | 左眼 | 2 | | |
| 7 | シー・ズー | 雌 | 6歳 | 右眼 | 2 | 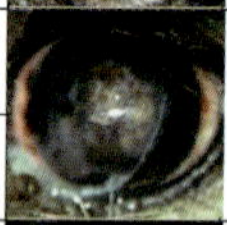 | 右 |
| | | | | 左眼 | − | | |
| 8 | シー・ズー | 雌 | 9歳 | 右眼 | 5 |  | 右 |
| | | | | 左眼 | − | | |
| 9 | パグ | 雌 | 7歳 | 右眼 | 3 | 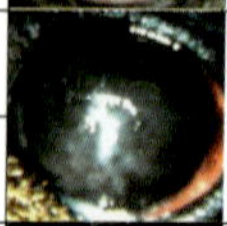 | 左 |
| | | | | 左眼 | 2 | | |
| 10 | ペキニーズ | 雄 | 5歳 | 右眼 | 0 | 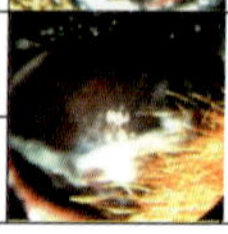 | 右 |
| | | | | 左眼 | − | | |

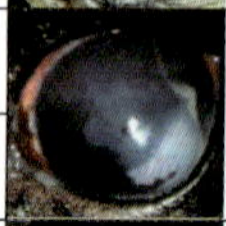

−：測定せず

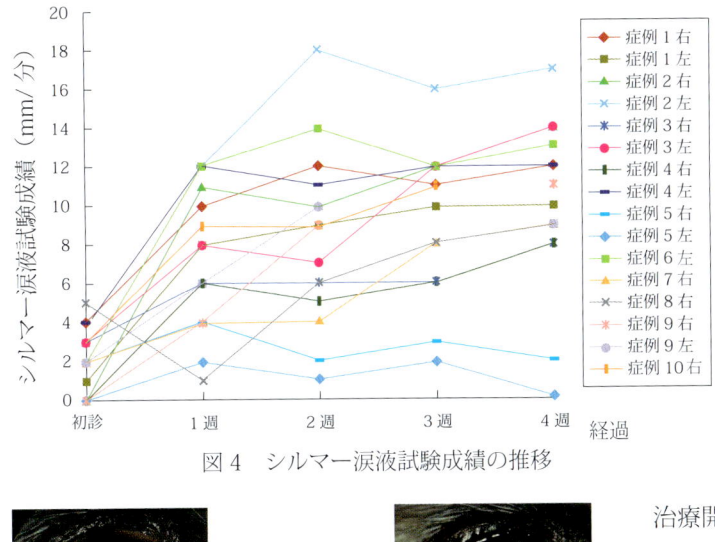

図4 シルマー涙液試験成績の推移

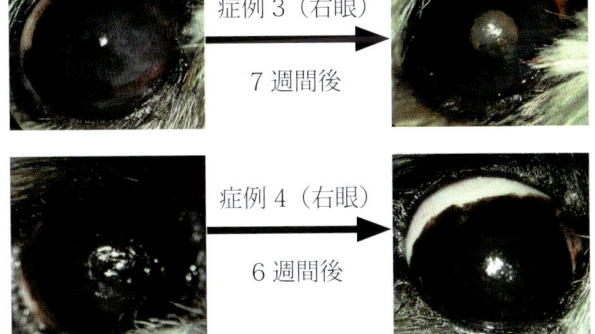

図5 マイボーム腺機能不全の治療による乾性角膜炎の治療した乾性角結膜炎と診断した。

### 8）治療および経過

いずれの症例に対しても，マイボーム腺機能不全の治療を実施した。治療に際してはまず，眼瞼を圧迫することによりマイボーム腺閉塞物を除去し，併せて薬物療法として，セファレキシン（ラリキシン錠250mg，富山化学工業株式会社）20〜25mg/kgの1日2回の経口投与およびゲンタマイシン硫酸塩（動物用ゲントシン点眼液，シェリング・プラウアニマルヘルス株式会社）の1日4〜5回の点眼を1〜2か月間にわたって行った。

また，角膜表面の乾燥が重篤な症例に対しては，ヒアルロン酸ナトリウム点眼液（ヒアレインミニ点眼液0.1％，参天製薬株式会社）の頻回点眼を，角膜上皮に欠損のある症例に対しては，グルタチオン点眼液（タチオン点眼用2％，アステラス製薬株式会社）の頻回点眼をそれぞれ併用した。このほか，顔面に強い瘙痒感を示している症例では，すべてに対してエリザベスカラーを装着し，セルフ・スクレーピングを防止した。

さらに飼い主に対して，マイボーム腺内の分泌物の滞留を防ぐため，清潔な手指で開瞼と閉瞼を繰り返す眼瞼マッサージを1日に数回，各30秒程度行うように指示した。この際，可能な限り，眼瞼マッサージの前に蒸しタオルによる温罨法を実施することも推奨した。

治療開始後，ほとんどの症例でマイボーム腺の導管の開口が観察された。また，症例5の両眼を除いて，すべての症例でシルマー涙液試験の測定値の上昇がみられ，その多くが治療開始後4週目までに正常範囲である10mm以上を示した（図4）。このシルマー涙液試験の測定値の改善にともない，角膜の色素沈着あるいは混濁の軽減などの症状についても改善が認められた（図5）。

なお，4週間の治療を行っても症状が改善しなかった症例5の2眼については，マイボーム腺機能不全の治癒を確認した後，シクロスポリン（オプティミューン眼軟膏，ナガセ医薬品株式会社）の1日2回の点眼を行ったが，マイボーム腺機能不全の改善はみられなかった。

以上の治療の終了後，5頭が定期的に眼科学的検査を受けていたが，そのうち症例1および6，9の3例においてマイボーム腺機能不全の再発およびシルマー涙液試験の測定値の低下が認められた。

### 考　察

今回，マイボーム腺機能不全を併発した乾性角結膜炎の症例の多くにおいて，抗菌薬の投与など，マイボーム腺機能不全の治療によって，シルマー涙液試験測定値の上昇および乾性角結膜炎症状の改善が認められた。臨床現場における乾性角結膜炎の診断は，通常は臨床所見とシルマー涙液試験の測定値にもとづいて行われ，原因となる組織である主涙腺についての組織学的な評価は下されないままに免疫抑制薬が使用され

ているのが現状である。今回の検討では免疫抑制薬を用いずにマイボーム腺機能不全の治療を行い，それによって乾性角結膜炎症状の改善を得ることができた点は非常に興味深いと思われた。

　しかしながら，マイボーム腺からの分泌物の主な作用は，涙液膜の表層に油膜を形成させることによって表面張力を加え，また，涙液の蒸発量を減少させることであることを考慮すると，マイボーム腺機能不全の改善が涙液の分泌機能を評価するためのシルマー涙液試験に直接影響するとは考えにくく，抗菌薬が主涙腺あるいは瞬膜腺へ直接的に作用した可能性も考えられる。今回の症例では，主涙腺に免疫介在性の炎症があったか否かについて組織学的な検索を行っていないため，マイボーム腺機能不全だけが乾性角結膜炎の原因であったかどうかも明らかではない。

　また，今回の症例はすべて角膜に色素沈着がある慢性症例で，涙液の分泌が回復しても角膜の色素沈着が消失するほどの改善がみられた例はなかった。今後はマイボーム腺の異常を検出するにあたっては，細隙灯検査，シルマー涙液試験に加え，涙液層破壊時間の測定などを行って，できるだけ早期に診断し，治療を開始できるように努力したい。

### 文献

1) Aguirre,G.D., Rubin,L.F., Harrey,C.E.（1971）：Keratoconjunctivitis sicca in dog. *Journal of American Veterinary Medical Association*, 158, 1566-1579.

2) Bounous,D.I., Carmichael,K.P., Kaswan,R.L., Hirsh,S., Stiles,J.（1955）：Effects of ophthalmic cyclosporine on lacrimal gland pathology and function in dogs with keratoconjunctivitis sicca. *Veterinary and Comparative Ophthalmology*, 5, 5-12.

3) Carter,R., Coliz,C.M.H.（2002）：The causes, diagnosis, and treatment of canine keratoconjunctivitis sicca. *Veterinary Medicine*, 97, 683-694.

4) 後藤英樹（2000）：涙液蒸発量が増加するタイプのドライアイ．難治オキュラーサーフェス疾患のレスキュー（坪田一男編）第1版，34-36，メジカルビュー社．

5) Kaswan,R.L., Salisbury,M.A.（1990）：A new prospective on canine keratoconjunctivitis sicca. Treatmnt with ophthalmic cyclosporine. *Veterinary Clinic of North America: Small Animal Practice*, 20, 583-613.

6) Kaswan,R.L., Martin,C.L., Chapman,W.L.Jr（1984）：Keratocanjunctivitis sicca: Histopathologic study of nictitating membrane and lacrimal glands from 28 dogs. *American Journal of Veterinary Research*, 45, 112-118.

7) Kaswan,R.L., Martin,C,L., Dawe,D.L.（1983）：Rheumatoid factor determination in 50 dogs with keratoconjunctivitis sicca. *Journal of American Veterinary Medical Association*, 183, 1073-1075.

8) Kaswan,R.L., Martin,C.L., Dawe,D.L.（1985）：Keratoconjunctivitis sicca: Immunological evaluation of 62 canine cases. *American Journal of Veterinary Research*, 46, 376-383.

9) Kern,T.J., Erb,H.N.（1987）：Facial neuropathy in dogs and cats: 95 cases（1975-1985）. *Journal of American Veterinary Medical Association*, 191, 1604-1609.

10) Klauss,G., Giuliano,E.A., Moore,C.P., Stuhr,C.M., Mattin,S.L., Tyler,J.W., Fitzgerald,K.E., Crawford,D.A.（2007）：Canine keratoconjunctivitis sicca associated with etodolac in dogs: 211 cases（1992-2002）. *Journal of American Veterinary Medical Association*, 230, 541-547.

11) Ludders,J.W., Hearner,J.E.（1979）：Effect of atropine on tear formation in anesthetized dogs. *Journal of American Veterinary Medical Association*, 175, 585-586.

12) Martin,C.L., Kaswan,R.L.（1985）：Distemper-associated Keratoconjunctivitis sicca. *Journal of American Animal Hospital Association*, 21, 355-359.

13) Morgan,R.V., Bachrach,A.Jr（1982）：Keratoconjunctivitis sicca associated with sulfonamide therapy in dogs. *Journal of American Veterinary Medical Association*, 180, 432-434.

14) Roberts,S.M., Lavach,J.D., Severin,G.A., Withrow,S.J., Gillete,E.L.（1987）：Ophthalmic complications following megavoltage irradiation of the nasal and paranasal cavities in dogs. *Journal of American Veterinary Medical Association*, 190, 43-47.

15) Saito,A., Watanabe,Y., Kotani,T.（2004）：Morphologic changes of the anterior corneal epithelium caused by third eyelid removal in dog. *Veterinary Ophthalmology*, 7, 113-119.

16) Severin,G.A.（1973）：Keratoconjunctivitis sicca. *Veterinary Clinic of North America*, 3, 407-422.

17) Trepanier,L.A., Danhof,R., Toll,J., Watrous,D.（2003）：Clinical findings in 40 dogs with hypersensitivity associated with administration of potentiated sulfonamides. *Journal of Veterinary Internal Medicine*, 17, 647-652.

## Case 4 猫

# 眼瞼に扁平上皮癌が発生した猫の1例

滝山　昭

### 要約

猫〔日本猫雑種，雌（避妊手術実施済み），14歳齢〕の右眼の下眼瞼に認められた皮膚潰瘍を病理組織学的検査に供した結果，扁平上皮癌と診断された。病変部の摘出に際し，眼球摘出術も併せて実施したが，その後，腫瘍は病変部周囲の頭蓋骨に浸潤し，開口不全を示しつつ次第に病状が進行している。

### はじめに

流涙，眼脂付着による眼瞼周囲炎を主訴に上診した日本猫雑種に対し病理組織学的検査を行った結果，扁平上皮癌と診断し，眼球全摘出を含む広範囲に及ぶ周辺切除術を実施したが，再発により次第に悪化傾向をたどった症例の経過を報告する。

### 症例

症例は，猫（日本猫雑種），雌（避妊手術実施済み），14歳齢である。

#### 1）主訴
右眼の下眼瞼の異常を主訴として来院した。

#### 2）現病歴
以前より右眼に眼脂がみられ，2日前より下眼瞼がえぐれたようになっているのに気づいた。ただし，猫が気にしている様子はない。また，くしゃみ，鼻汁が1か月ほど前から出ている。

#### 3）既往歴
既往歴はとくにない。

#### 4）一般身体検査所見
体重5.7 kgで，特記すべき異常は認められなかった。

#### 5）眼科学的検査所見
右眼の眼瞼周囲に眼脂が多量に付着しており，下眼瞼部に皮膚の欠損がみられた。また，瞬膜が肥厚し，充血していた（図1，2）。なお，角膜には異常を認めなかった。

一方，左眼にはとくに異常所見は観察されなかった。

#### 6）治療および経過

初診時に，病変部の擦過標本を作成し，病理組織学的検査に供したところ，好中球を主体とする炎症像のほか，扁平上皮細胞とともに肥満細胞の集塊が認められ，悪性の疑いがあるため，追跡観察が必要とのことであった。

その後，経過観察をしていたが，次第に欠損部の拡大傾向がみられたため（図3，第49病日），第72病日に病理組織学的検査を目的として，病変部の一部摘出術を実施した（図4，5）。その結果，扁平上皮癌との診断が下されたため（図6），第84病日に病変部を含め，周囲の皮膚および眼球の摘出術を実施した（図7，8）。

術後131日の診察では良好な状態を保っていたが（図9），術後154日には摘出部位の皮膚の発赤，眼窩の腫脹がみられ，腫瘍の再発および拡大が認められた（図10）。また，この頃から開口不全がみられるようになっている。

術後253日には術野の病巣拡大がみられ，眼窩内に膿瘍を形成していた（図11）。X線検査の結果，腫瘍は肺への転移は認められなかったが，頭蓋骨へと次第に浸潤を深めていることが明らかになった。

術後第352病日（図12）に再び病理組織学的検査を実施したところ，扁平上皮癌の再発が確認された。

現在，術後416日を経過して観察中であるが，X線検査では眼窩周囲の骨への腫瘍細胞の浸潤が認められている。

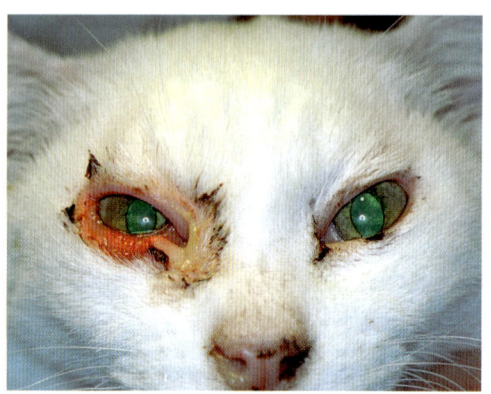

図1　初診時の外貌

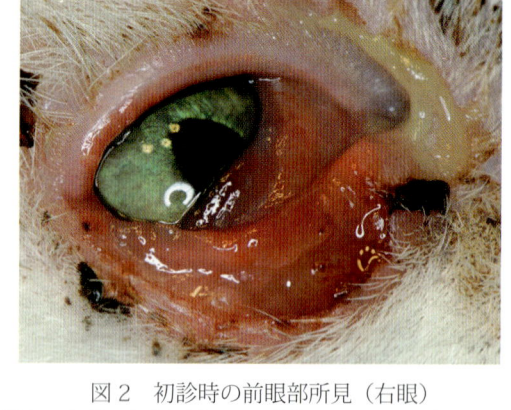

図2　初診時の前眼部所見（右眼）
下眼瞼の皮膚に欠損があり，瞬膜に肥厚および充血が認められた。

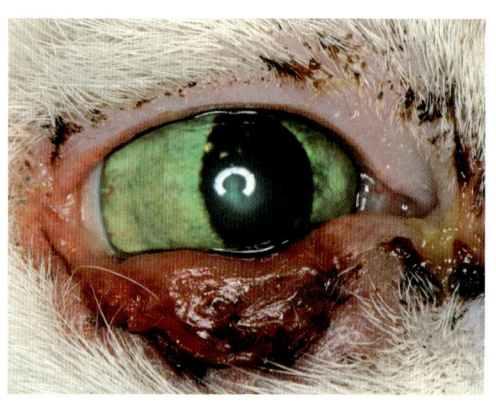

図3　第49病日の前眼部所見（右眼）
皮膚欠損部に痂皮形成がみられた。

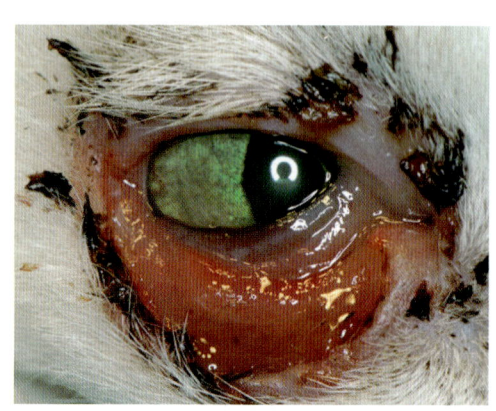

図4　第72病日の前眼部所見（右眼，組織採取前）
皮膚欠損部の拡大がみられた。

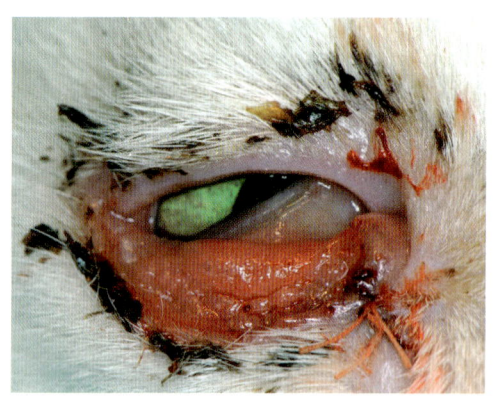

図5　第72病日の前眼部所見（右眼，組織採取後）
皮膚，潰瘍部，結膜を含めて組織の摘出を行った。

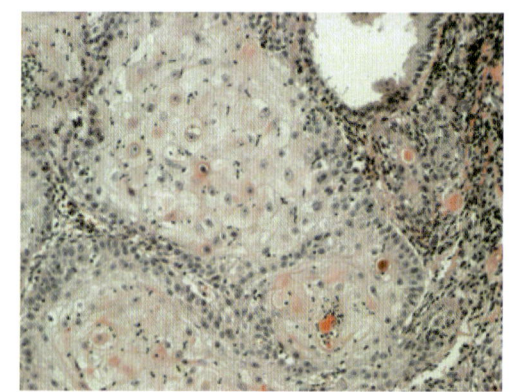

図6　第72病日に摘出した組織の病理組織学的検査所見
（ヘマトキシリン・エオジン染色）

Case 4

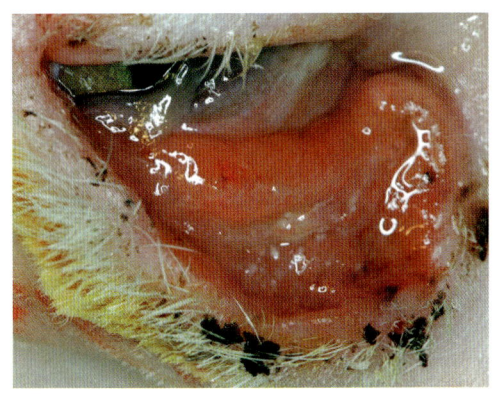

図7 第84病日の前眼部所見（右眼，眼球摘出術前）

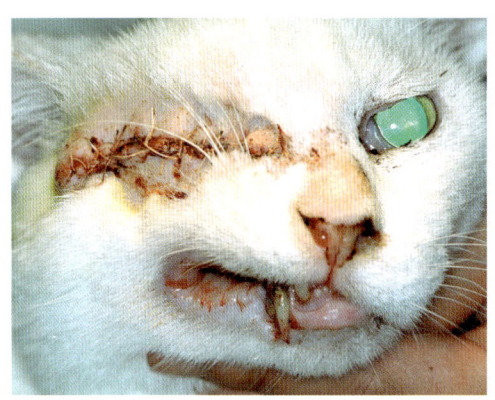

図8 眼球摘出術翌日の外貌
眼瞼裂を中心に大きく切開を加えて切除を行った。

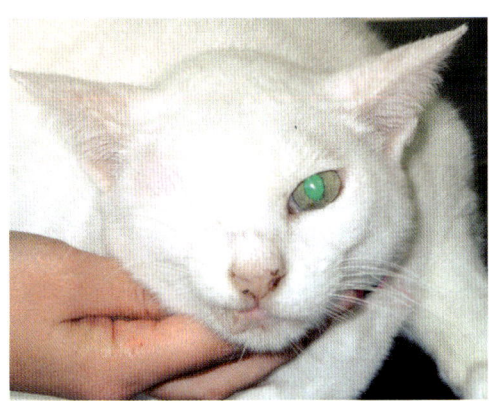

図9 眼球摘出後131日目の外貌
良好な状態を保っていた。

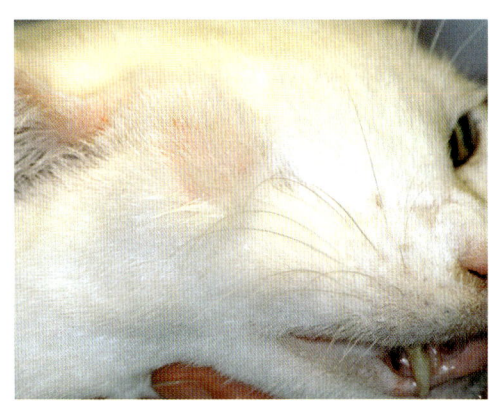

図10 眼球摘出後154日目の外貌
眼球摘出部位の腫脹と皮膚の発赤がみられた。

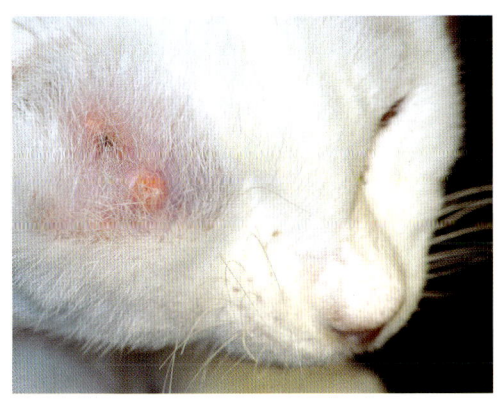

図11 眼球摘出後253日目の外貌
眼窩内に膿瘍を形成していた。

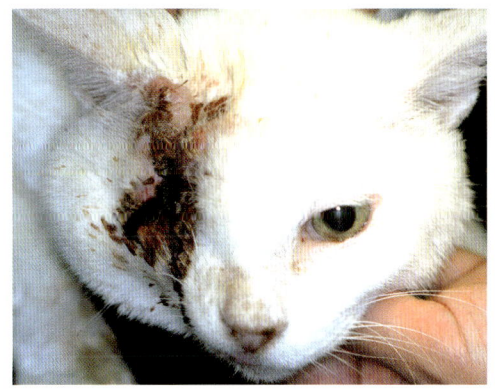

図12 眼球摘出後352日目の外貌
病理組織学的検査により再発が確認された。

## 考察

ヒトの場合，眼瞼腫瘍のうち扁平上皮癌が占める割合は0.6%（5392例中31例）との報告があり[1]，眼瞼の扁平上皮癌は比較的まれであると考えられる。しかし，猫の眼瞼腫瘍としては扁平上皮癌がもっとも多く，とくに眼瞼部の無色素領域に多く発生する傾向があるという[2]。また，紫外線あるいは強い太陽光線の照射がこの腫瘍の形成に関係すると考えられ，高地で飼育されている個体や，色素の少ない個体に多発するともいわれている[4]。本症例の猫も被毛は全身白色であった。

ヒトにおける眼瞼扁平上皮癌は，臨床的に外方増殖を示す茸状および乳頭腫状の癌と，深達性の浸潤性潰瘍癌の2つに大別されるが[3]，今回の症例は後者の形状を示した。

本症例では，眼瞼の腫瘍が比較的初期の段階で発見され，早期に診断を行うことができたと考えられたため，病変部を含む皮膚を大きく切除するとともに眼球の摘出を実施した。その結果，摘出からしばらくの間は良好な経過を示したが，術後154日目には再発を思わせる摘出部位の皮膚の発赤や眼窩の腫脹が観察され，次第に開口不全を起こして摂食に不自由を来している。扁平上皮癌の治療法には外科的切除術のほか，放射線療法や化学療法，免疫療法などがあるが，この例では飼い主の希望もあり，外科的切除以外の治療はせずに経過を観察している。

この腫瘍は，関連するリンパ節あるいは肺への転移もあるとされるが，一般的には病変部からの浸潤によって病巣が拡大する点が特徴的であるといわれている[4]。今回の症例における摘出手術にあたっては，病巣をできる限り広範囲で切除するように心がけ，一部は口腔内粘膜まで切除したが，腫瘍の浸潤を阻止することはできず，病巣が拡大する結果となった。この病巣拡大は，鼻涙管を介しての浸潤によるものと考えられた。

本症例は眼瞼皮膚に発症した扁平上皮癌であり，その初発所見は特徴的とも考えられたため，上記の経過となったことは決して満足のいくものではなかった。

## 文献

1）Char,D.H.（1997）：Squamous cell carcinoma. Clinical Ocular Oncology, 11-12, Lippincott - Raven.
2）Glaze,M.B., Gelatt,K.N.（1999）：Feline ophthalmology. Veterinary Ophthalmology 3rd ed.（Gelatt,K.N. ed.）, 1001-1002, Lippincott Williams & Wilkins.
3）沖坂重邦（1991）：扁平上皮癌. 図説眼組織病理学, 126-127, 金原出版.
4）Slatter,D.（2001）：Neoplasia. Fundamentals of Veterinary Ophthalmology 3rd ed., 184-191, W.B. Saunders.

# Case 5　犬

# 眼瞼腫瘍に対して冷凍手術（cryosurgery）を施した犬の1例

西　賢

## 要約

犬〔ゴールデン・レトリーバー，雄（去勢手術実施済み），10歳齢〕に認められた眼瞼腫瘍に対して，液体窒素を使用した冷凍手術（cryosurgery）を施した。その結果，術後2～3日間は眼瞼に腫脹がみられたが，以後次第に消退した。また，2週間後には眼瞼色素の脱落と結膜面の発赤が観察され，1か月後には色素はほぼ回復し，発赤等の異常も認められなくなった。術後1年6か月以上が経過した現在，再発は認められていない。

## はじめに

冷凍手術（cryosurgery）は，温度−196℃の液体窒素を用いて病的な組織を凍結凝固させて破壊し，次いでその部位に正常な組織を生じさせる方法である。冷凍手術は，一般的には体表の腫瘍に適応されるが，眼科領域では，腫瘍のほか，睫毛異常の処置や緑内障の治療，さらには脱出した水晶体の摘出にも応用されている[1]。

今回，犬の眼瞼に生じた腫瘍に対し，凍結凝固術を施したので，その経過について報告する。

## 症例

症例は，犬（ゴールデン・レトリーバー），雄（去勢手術実施済み），10歳齢である。

### 1）主訴

約1か月前から左眼に充血，眼脂，流涙がみられ，2週間前に上眼瞼の腫瘍に気づいたとのことで来院した。

### 2）既往歴

4か月前に右側腰部の血管周囲細胞腫の摘出手術を受けている。

### 3）現病歴

約1か月前から左眼に充血，眼脂，流涙がみられた。経過を観察していたが改善されず，眼脂が多くなり，2週間前には上眼瞼内側に腫瘍が認められている。

### 4）一般身体検査所見

初診時の一般身体検査では，体重42 kg，体温38.2℃，ボディ・コンディション・スコア4であり，眼科疾患のほかに異常は認められなかった。

### 5）眼科学的検査所見

両眼ともに，水晶体核の軽度の硬化が認められた。また，左眼には軽度の充血，羞明，流涙，化膿性眼脂がみられたが，対光反応は正常であった。

左眼の眼瞼の腫瘍は，瞼板から発生したものと結膜から発生したものの2個が認められた。瞼板から生じたものは直径が約2mmで，瞼板に密着しており，一方，結膜から生じたものは直径が約5mmで，頸部を有していた。

なお，角膜障害は認められなかった（図1）。

### 6）臨床病理学的検査所見

血液学的検査および血液生化学的検査を実施したが，特記すべき測定値は得られていない。

### 7）治療および経過

眼瞼腫瘍の成長とともに症状の増悪が認められたため，冷凍手術を施すこととし，液体窒素による腫瘍の凍結凝固を行った。

冷凍手術の実施にあたっては，メデトミジン塩酸塩（ドミトール，明治製菓株式会社）0.03mg/kgの静脈内注射による鎮静後，オキシブプロカイン塩酸塩（ベノキシール点眼液0.4％，参天製薬株式会社）を用いて局所点眼麻酔を施したうえで，コラジオン鉗子で腫瘍周辺の眼瞼を把持し，腫瘍の凍結を行った。この

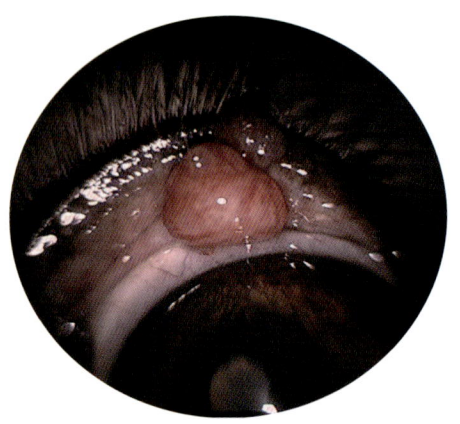

図1 術前の前眼部所見（左眼）
瞼板と結膜面に2個の腫瘤が認められた。

図2 Brymill Cryogun

図3 噴射式プローブ先端

際に用いた冷凍手術装置はBrymill Cryogun（Brymill Cryogenic Systems，アメリカ合衆国，図2）で，これに非接触型噴射式のプローブ（図3）を接続した。

凍結は，アイスボールができて3分間と，自然解凍後2分間の計2回を実施した（図4）。なお，2回目の凍結後，結膜面から発生した腫瘤がゼリー状に融解したため，眼科用剪刀で頸部より切断した（図5，6）。

術後治療としては，デキサメタゾン（サンテゾーン0.05%眼軟膏，参天製薬株式会社）の点入を1回行い，さらにオフロキサシン（タリビッド点眼液0.3%，参天製薬株式会社）の1日3回の点眼を7日間にわたって実施した。

その結果，術後2日間は流涙，眼瞼腫脹，眼脂がみ

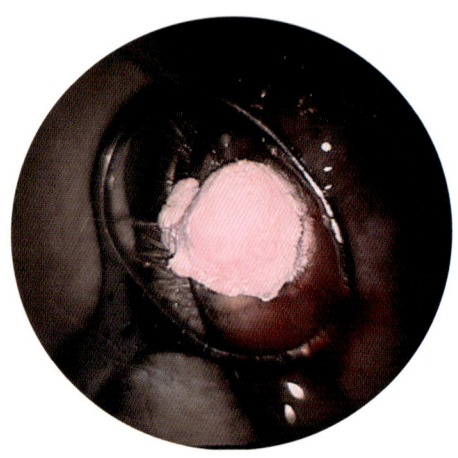

図4 術中の前眼部所見（左眼）
腫瘤を凍結してアイスボールを形成させた。

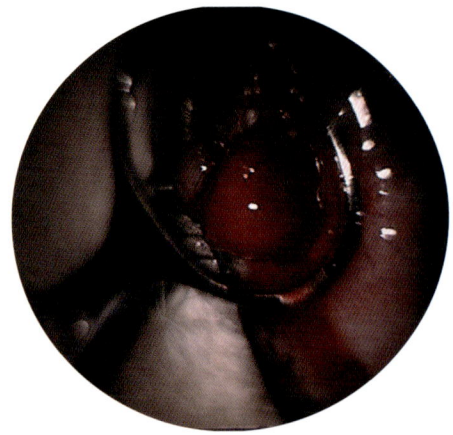

図5 術中の前眼部所見（左眼）
自然解凍後，腫瘤はゼリー状となった。

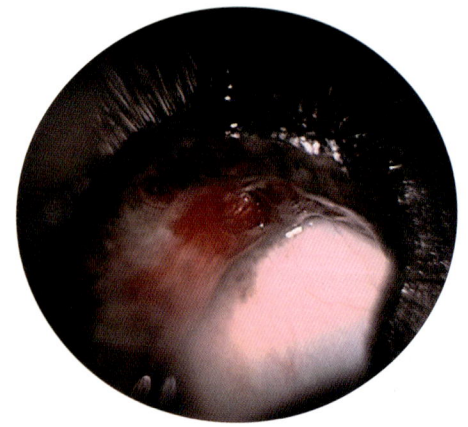

図6 術中の前眼部所見（左眼）
ゼリー状となった結膜面の腫瘤を切除した状態。

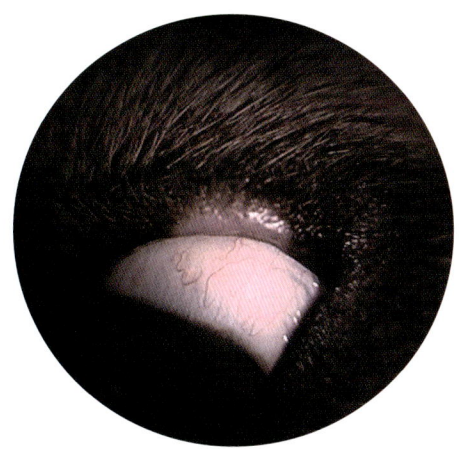

図7 2週間後の前眼部所見（左眼）
色素が脱落していた。

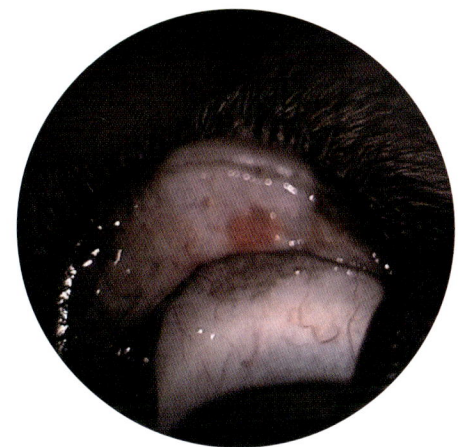

図8 2週間後の前眼部所見（左眼）

られたが，3日目から腫脹が軽減し，それにともなって眼脂や流涙も認められなくなった。

2週間後には，瞼板の腫瘤は完全に消失していたが，眼瞼色素の脱落が観察された。また，結膜面には発赤が生じ，周囲の色素が脱落していた（図7，8）。

その後，1か月後には，瞼板の色素はほぼ回復し，腫瘤根部のあった結膜面には瘢痕が認められた（図9）。

現在，この症例は術後1年6か月を経過しているが，再発は認められていない。

## 考 察

冷凍手術は，一般に痛みの発現や周辺組織への侵襲が少なく，また，比較的短時間で実施できる操作であり，したがって軽度の麻酔で施術が可能である。

本症例は，4か月前に体幹部の腫瘍の切除を行っており，飼い主が麻酔侵襲の少ない方法を要望したことから，鎮静薬と局所点眼麻酔の併用で実施できる処置である冷凍手術を選択した。

なお，冷凍手術は，径が1cm以下の小さな腫瘤に適用した場合に良好な結果が得られるようである。今回の症例に認められた腫瘤は2個ともにそれよりも小さく，術後の経過が良好であった。

ただし，冷凍手術は，標的となる組織に対するダメー

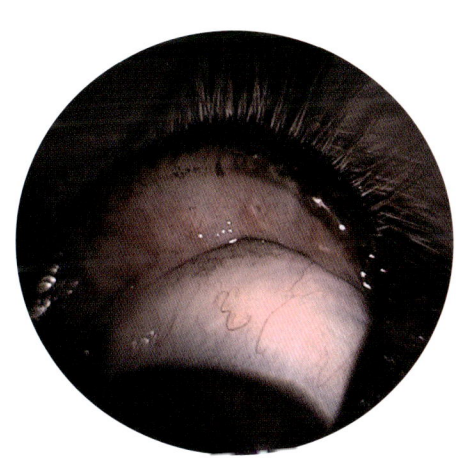

図9 1か月後の前眼部所見（左眼）
色素が復元し，瘢痕がみられた。

ジが大きく，術後に病理組織標本の作成が困難になるという欠点を有する。今回の症例でも，病理組織学的検査ができず，腫瘤の本態は不明のままであった。病理組織学的検査を目的とする場合には，冷凍手術は不適であると思われる。

### 文 献

1) 印牧信行（2004）：液体窒素を凍結源としたディスポーザブル凍結器による凍結手術．獣医臨床眼科学 第2版，248-250，学窓社．

## Case 6 犬

# 東京都内で認められた東洋眼虫症の犬の1例

永嶋祐樹,森田達志,余戸拓也

### 要約

　東京都小金井市内において飼育されていた犬(柴,雄,5歳齢)が右眼の眼脂を主訴として来院した。症例の犬は結膜炎を発症しており,また,視診により右眼左側の瞬膜下に1匹の線虫が認められた。この症例に対して,点眼麻酔下で鑷子と綿棒を用いて虫体の摘出を行った結果,眼症状は消失した。採取した虫体は,その形態学的特徴から東洋眼虫 Thelazia callipaeda の雌成虫と同定された。

### はじめに

　東洋眼虫 Thelazia callipaeda は,犬,まれに猫の結膜囊,とくに瞬膜下に寄生する線虫である。この線虫は,中間宿主であるマダラショウジョウバエが終宿主となる動物の涙液を吸引する際にその動物に感染する。

　東洋眼虫症は日本では,1957年に宮崎県の犬に確認されて以降,現在に至るまで西日本を中心として数百症例に及ぶ報告がある[7]。一方,ヒトにおいても同じく1957年に本邦初の症例[2]が認められて以降,同様に西日本を中心に100例以上が報告されている。また,2002年には新潟県の犬と北海道の猫に本線虫の感染が認められ,その生息域の拡大が懸念されている[1]。今回,東京都内において犬への寄生例が認められたので報告する。

### 症例

　症例は,犬(柴),雄,5歳齢である。

　東京都小金井市内において,主に家屋内で飼育されていた。飼育地の近隣には77 ha の面積を有する都内でも有数の大きな公園がある。また,この土地は,東京都羽村市に位置する多摩川羽村堰を源とする玉川上水沿いに位置するため,自然が豊富であり,ときにタヌキが庭に来るという。

#### 1) 主 訴

　2006年2月に右眼に眼脂が認められた。他院にて結膜炎と診断され,抗菌薬の点眼薬の投与を受けたが,改善しないとのことで来院した。

#### 2) 既往歴

　2006年1月にエナメル上皮腫のため下顎の部分切除を受けている。術後に放射線療法や免疫抑制薬あるいは抗癌薬などによる化学療法は行われていない。術後5か月の時点で,腫瘍の再発は認められず,咀嚼機能に異常も認められない。食欲,元気,ともに良好である。

#### 3) 現病歴

　1か月ほど前から右眼だけに白い眼脂が付着することが多くなっている。

#### 4) 一般身体検査所見

　体重9.8kg,体温39.4℃,心拍数128回/分で,栄養状態は良好であった。

#### 5) 眼科学的検査所見

　右眼に眼脂の分泌があり,結膜炎を発症していた。また,その右眼の左側の瞬膜下に1匹の線虫が認められた(図1)。

#### 6) 治療および経過

　オキシブプロカイン塩酸塩を有効成分とする点眼麻酔薬(ベノキシール点眼液0.4%,参天製薬株式会社)の投与下において,鑷子と綿棒を用いて虫体を摘出した。

　虫体は,口唇を欠き,口腔が短形であり,体側縁が鋸歯状となっているなどの形態学的特徴から,東洋眼虫 Thelazia callipaeda の雌成虫と同定された(図2～

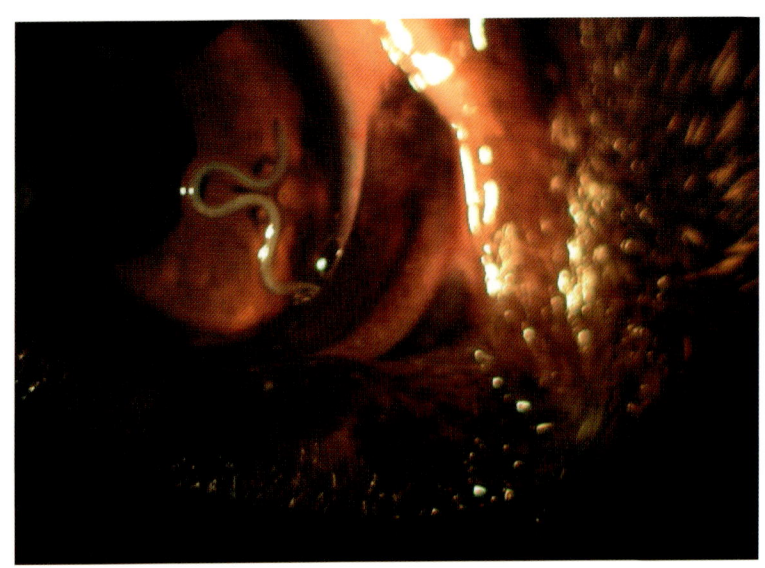

図1　初診時の前眼部所見（右眼）
左側の瞬膜下に1匹の線虫が認められた。

図2　摘出した東洋眼虫の雌成虫

4)。

　虫体の摘出後，症状は消失し，寄生虫の再感染も認められなかった。

### 考　察

　東洋眼虫は，テラチア科の線虫であり，中間宿主であるマダラショウジョウバエが終宿主となる動物の涙液を吸引する際に感染する。主な終宿主は犬であるが，まれに猫などにも寄生し，それらの結膜嚢内，とくに瞬膜下に寄生する。感染子虫は体長2mmほどで，感染後およそ1か月のうちに2回脱皮して体長が1〜2cmの成虫となる[3]。成虫の生存期間は1.5年程度と

図3 摘出した東洋眼虫雌成虫の体前部
口腔, 食道, 腸管, 神経輪および虫卵を入れた子宮が認められた。

図4 摘出した東洋眼虫雌成虫の頭部
口唇を欠き, 口腔は短形であり, 体側縁は鋸歯状となっていた。

されている[6]。

　東洋眼虫は, 1910年にパキスタンで飼育されていた犬に認められたのが初めての報告であるという[5]。わが国では1957年に宮崎県の犬から検出されて以降, 現在に至るまで西日本を中心に数百例の報告がある[7]。また, ヒトにおいても同じく1957年に本邦初の症例[2]が認められて以降, 西日本を中心に100例以上が報告されており, ヒトと動物の共通寄生虫の一種とされている。

　従来, 東洋眼虫は, 主に西日本に分布するといわれてきた[7]。関東地方でも犬における感染症例が認められたことがあるが, この症例は九州地方で生活した経歴を有していたものである[7]。しかし, 2002年には新潟県の犬と北海道の猫において本線虫の感染が確認されており[1], 加えて東洋眼虫の媒介動物であるマダラショウジョウバエは全国的に分布していることから, 本線虫の分布域は拡大する可能性がある。

　今回の症例の犬は, 西日本への旅行歴あるいは西日本における生活歴がなく, したがって, 現在生活している地域で東洋眼虫の感染を受けたものと考えられる。また, 摘出した虫体の子宮内には産出可能な状態の虫卵が充満しており, これを摂取した中間宿主がすでに環境中に存在し, 次の動物への媒介を行っている可能性もあろう。

　東洋眼虫の寄生を受けた動物には, 結膜の充血や眼脂, 流涙など, 結膜炎に類似した症状が認められる。そのため, 虫体を確認すべく, 検査時には瞬膜を反転させ, 瞬膜の裏側まで注意深く観察するべきである[3,4]。

　東洋眼虫症の治療は点眼麻酔下における虫体の摘出が主であるが[4], 点眼麻酔だけでは動物が鎮静せず, 虫体を取り残してしまうことも考えられる。そこで,

可能であれば全身麻酔を実施したうえで，拡大鏡を用いて結膜嚢および瞬膜裏側を精査し，虫体の摘出と十分な眼球洗浄を行う必要があると考えられた。

本症例における東洋眼虫の感染経路は不明であるが，居住地付近で感染したことが考えられ，タヌキなどの野生動物が感染源としての役割を果たしていることも推察される[8]。

マダラショウジョウバエの分布が広汎なことや，気候の温暖化，交通網の発達，ペットの家族化による旅行機会の増大などの理由により，今後も関東圏における東洋眼虫の分布域拡大が予測される。また，本線虫はヒトにも寄生することから，公衆衛生学的にも重要である。今後は関東地方においても，結膜炎を主訴として来院した犬あるいは猫に対しては，鑑別診断リストに東洋眼虫症を積極的に加える必要があろう。

### 文 献

1) 福本真一郎，望月里衣子，新垣英美，浅川満彦，紺野浩司，泉澤康晴，都築圭子，山下和人，小谷忠生，佐々木均，西本英利，西脇 薫，石田誠夫（2003）：新潟県と北海道で初めて検出されたイヌ・ネコの東洋眼虫症. 日本獣医学会学術集会講演要旨集, 136, 123.

2) 萩原武雄，楠元忠雄，村上和充，松下文雄，内田健一（1957）：人結膜より摘出された線虫の二例. 熊本医学会雑誌, 31, 179-183.

3) 石井俊雄（1998）：東洋眼虫. 獣医寄生虫学・寄生虫病学2 蠕虫他（石井俊雄 編）, 363-364, 講談社サイエンティフィク.

4) 板垣 博（1995）：東洋眼虫. 新版獣医臨床寄生虫学小動物編（新版獣医臨床寄生虫学編集委員会）, 148-149, 文永堂出版.

5) Railliet, A., Henry, A. (1910): Nouvelles observations sur les Thelazies, Nematodes Parasites de l'Oiel. *Comptes Rendus de la Société de Biologie*, 68, 783-785.

6) 鈴木立雄（1988）：東洋眼虫感染. 獣医診療指針（友田 勇，本好茂一，板垣 博，竹内 啓，吐山豊秋，稲田七郎，波岡茂郎 編）, 747-748, 講談社サイエンティフィク.

7) 内田明彦，村田義彦（1999）：猫の東洋眼虫の1例. 日本獣医師会雑誌, 52, 388-390.

8) 渡辺 仁，野田亜矢子，南 心司，大丸秀士，柴崎桃子，右本佳代，石川敏紀（2007）：広島市における東洋眼虫のホンドタヌキへの感染状況. 広島県獣医師会雑誌, 22, 54-55.

Case 7　犬

# 9-0 ナイロン糸を用いた犬のチェリーアイ（瞬膜腺逸脱）の整復

原　喜久治

## 要約

　チェリーアイ（瞬膜腺逸脱）の治療法として瞬膜腺の切除が広く行われてきたが，近年，眼にとっての涙液の重要性が指摘されるようになり，これを切除せずに治療する種々の方法が考案されている。今回，チェリーアイを発症した犬 20 例に対して，9-0 ナイロン糸を用い，脱出した瞬膜腺の後面のみを縫合する方法を試みたところ，良好な結果を得ることができた。

## はじめに

　チェリーアイ（瞬膜腺逸脱）とは，瞬膜腺が肥大および突出することによって瞬膜が外反した状態であり，瞬膜腺をその正常位置である瞬膜後面にとどめておく小靱帯の弛緩と関係があると考えられている。

　瞬膜腺は涙液腺の一種で，涙液分泌の 30％を担っている。チェリーアイの治療のために瞬膜腺を切除された犬は，その後に仮に主涙腺が傷害を受けた場合，涙液分泌のバックアップができないことになり，したがって，瞬膜腺を切除されていない犬に比べてドライアイ（乾性角結膜炎）になる可能性が著しく高くなる。ドライアイは眼にとって重篤な状態であり，また，治療が難しく，長期にわたって高額の費用を要する処置を必要とする。

　チェリーアイの症例に対して，瞬膜腺を元の正常位置に戻すことで機能させ，ドライアイになる可能性を低下させることができるならば，これがもっとも望ましい処置法であるといえるだろう。

　今回，チェリーアイの整復法として，9-0 ナイロン糸を用い，脱出した瞬膜腺の後面のみを縫合する方法を試みたところ，良好な結果を得た。

## 症例

　症例は，チェリーアイを示した犬 20 例で，品種別には，アメリカン・コッカー・スパニエルが 10 例，ロングヘアード・ミニチュア・ダックスフンドとフレンチ・ブルドッグが各 3 例，ブルドッグとゴールデン・レトリーバー，キャバリア・キング・チャールズ・スパニエル，シー・ズーが各 1 例である。

　また，これらの犬の年齢は，6 か月齢以内が 14 例，7 か月齢から 1 歳齢が 4 例，3 歳齢と 6 歳齢が各 1 例であった。

## 処置方法

### 1）手術器具

　手術器具としては，モスキート鉗子，替え刃パンチ，ビショップ・ハーマン切腱鋏，眼科用把針器，眼科用鑷子，9-0 ナイロン糸を使用した。

### 2）手術手技

　手術の手技は以下のとおりである（図 1）。

　① 瞬膜縁をモスキート鉗子 2 本ではさんで前方へ引っ張り，瞬膜後面を露出する。

　② 瞬膜腺下方に替え刃パンナにて横切開を加え，粘膜を剥離して十分なポケットを形成する。

　③ 9-0 ナイロン糸を用いて創口内面から縫合を始め，瞬膜腺を囲むように巾着縫合を施す。

　④ 結び目は外科結び後 1 回結びを行い，瞬膜内部に埋没されるようにする。

### 3）チェリーアイを示していない眼の検査

　チェリーアイを示していない眼についても，これを発症しやすい状況か否かを確認するために，眼球を圧迫して瞬膜を突出させ，軟骨の突出の程度（軟骨部分の盛り上がり）を観察する（図 2）。

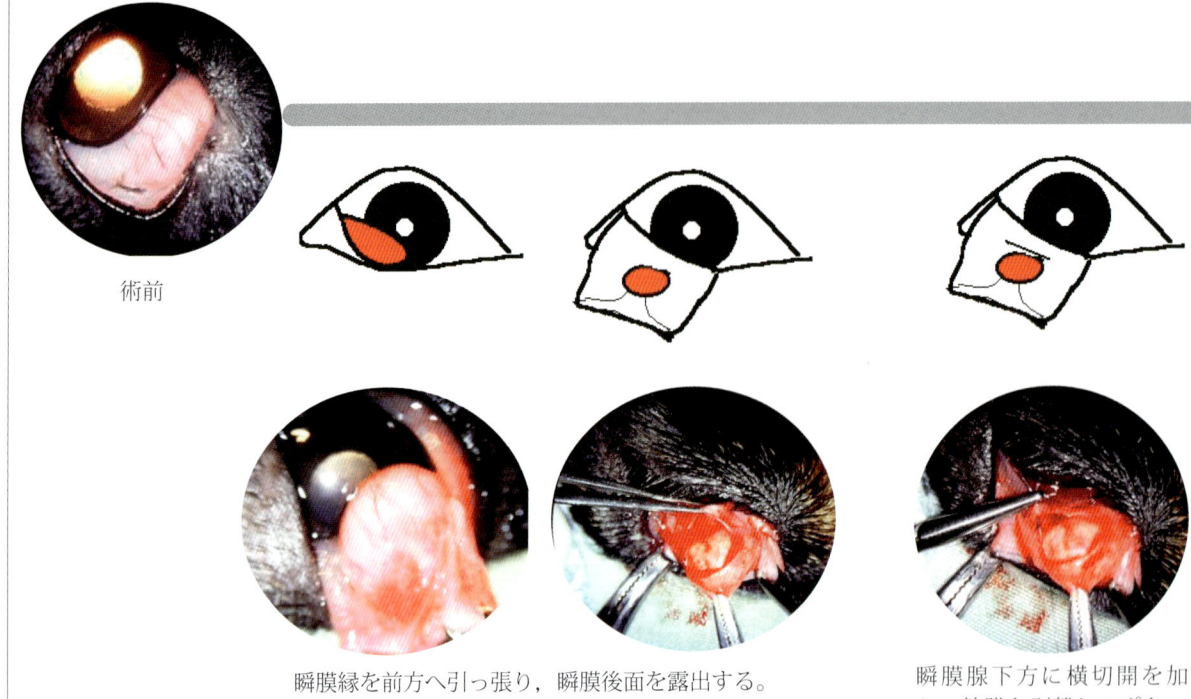

術前

瞬膜縁を前方へ引っ張り，瞬膜後面を露出する。

瞬膜腺下方に横切開を加え，粘膜を剥離してポケットを形成する。

図1 チェリーアイの整復手術法

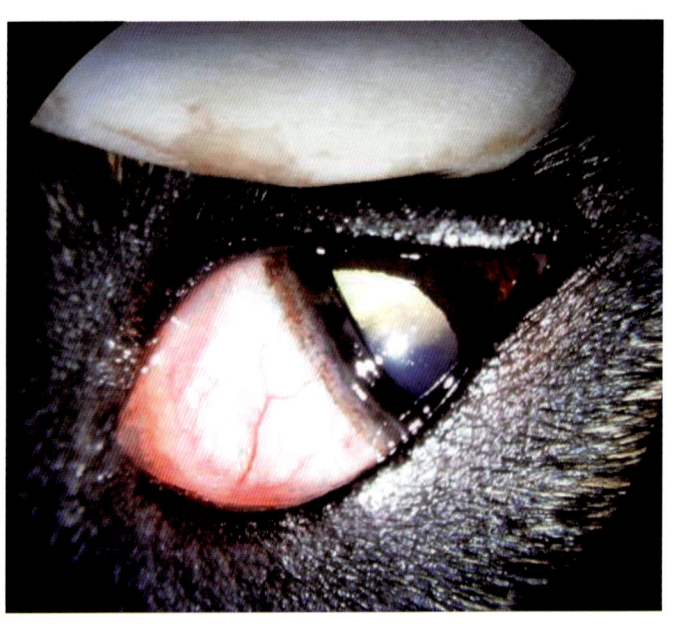

図2 チェリーアイを発症していない眼の検査
眼球を圧迫して軟骨の突出の程度を確認する。

術後

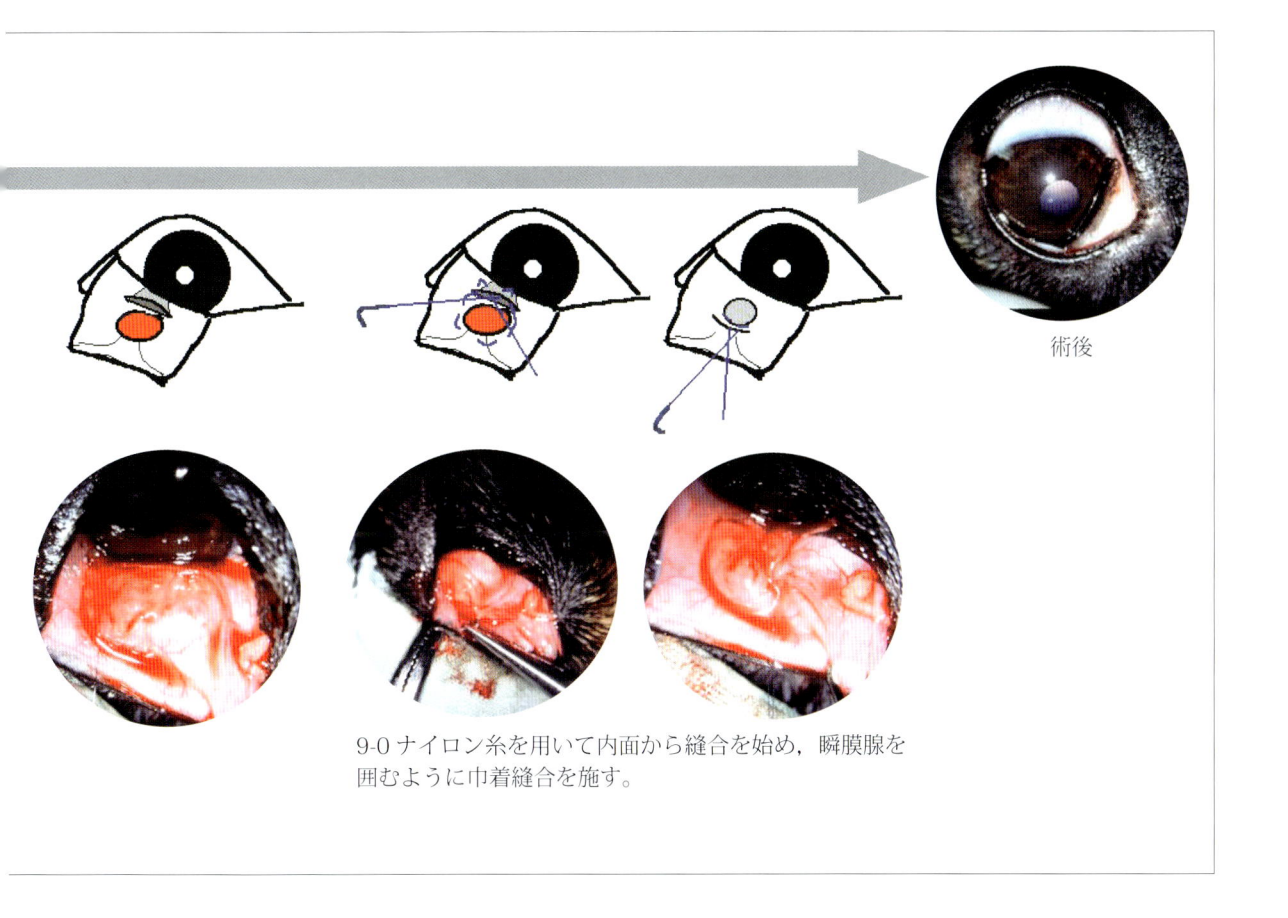

9-0ナイロン糸を用いて内面から縫合を始め，瞬膜腺を囲むように巾着縫合を施す。

## 考 察

この手術法のポイントは，極細（9-0）のナイロン糸を使用し，巾着縫合によって瞬膜腺を包み込むようにして正常位に戻し，結び目を埋没させるところにある。

今回，20例に対して本手術を施したところ，再発例は3歳齢のアメリカン・コッカー・スパニエル1例のみであり，チェリーアイの整復法として優れたものであると考えている。

なお，対象とした症例のほとんどが1歳齢以下であったことから，靱帯と軟骨が強固に形成されていない幼齢期の段階で瞬膜腺の腫脹が起こり，逸脱したことが推察される。チェリーアイの整復は，軟骨が軟らかい時期に手術を行うことが望ましく，高年齢で発症した場合や，発症から時間が経過している場合は，軟骨の変形が起こっているため，改善が困難になると思われた。

#### 参考文献
1) 小谷忠生，工藤荘六 監訳（2003）：セベリンの獣医眼科学 －基礎から臨床まで－ 第3版，メディカルサイエンス社．

## Case 8 犬

# 瞬膜腺切除に起因すると思われる乾性角結膜炎を発症したアメリカン・コッカー・スパニエル

西 賢

### 要 約

乾性角結膜炎を発症した犬（アメリカン・コッカー・スパニエル，雄，8歳齢）が来院し，眼科学的な検査の結果，瞬膜腺が右眼ではほとんどすべて，左眼では基底部のみを残して大部分が摘出されていることが確認された。本症例に対してシクロスポリンの眼軟膏をオフロキサシン点眼薬およびヒアルロン酸ナトリウム点眼薬と併用して投与したところ，涙液分泌の増加は軽微であったが，症状のうえでは満足すべき改善が得られた。

### はじめに

涙液は，主涙腺から50％，瞬膜腺から50％が分泌されるといわれている[1]。そのため，瞬膜腺を切除すると，涙液の分泌不足が起こり，乾性角結膜炎を発症する可能性がある。

今回，瞬膜腺逸脱（チェリーアイ）の治療として過去に瞬膜腺の摘出を受けているアメリカン・コッカー・スパニエルが重度の乾性角結膜炎を発症して来院し，これに対してシクロスポリン眼軟膏の投与を試みたところ，症状の改善が認められた。

### 症 例

症例は，犬（アメリカン・コッカー・スパニエル），雄，8歳齢である。

#### 1）主 訴

他院にて結膜炎と診断され，その治療を受けていたが，充血および眼脂の分泌が改善されないことを主訴とした。

#### 2）既往歴

3歳齢時に両眼に瞬膜腺の逸脱を起こし，他院にてその治療のための手術を受けている。このほかには特記すべき既往歴はない。

#### 3）現病歴

6歳齢のときに両眼に眼脂分泌の増加が認められ，他院にて加療（治療内容は不明）を受けたが，改善されず，本院を受診した。

#### 4）一般身体検査所見

初診時一般身体検査では，体重11kg，体温38.4℃，脈拍数（大腿動脈にて測定）116回/分で，栄養状態は良好であった。

両眼に化膿性粘液性の眼脂の分泌が認められたほか，とくに異常は観察されなかった。

#### 5）眼科学的検査所見

**右眼**：羞明と流涙は認められなかった。しかし，結膜の充血が著しく，軽度の毛様充血もみられた。眼脂は粘液膿性で，角膜表面に付着していた。角膜表面は乾燥し，軽度の凹凸が生じており，血管の新生も観察された。また，角膜には色素沈着が顕著で，虹彩は視認できなかった（図1）。さらに瞬膜には，過去の瞬膜腺逸脱の治療としての手術の際に開いたと思われる直径5mmの孔が認められた。瞬膜は，内側の瞬膜腺から外側の結膜面まで貫通するように切除されており，肉眼的に観察した限りでは瞬膜腺がほとんどすべて摘出されていた（図2）。右眼に対してシルマー涙液試験を実施したところ，その結果は2mm/分であった。

**左眼**：右眼と同様に，左眼においても羞明および流涙は観察されなかったが，結膜の充血と粘液膿性眼脂の分泌が認められた。ただし，角膜表面は比較的滑らかで，とくに凹凸はなく，眼内もある程度は視認できる状態であった（図1）。また，左眼の瞬膜には，孔

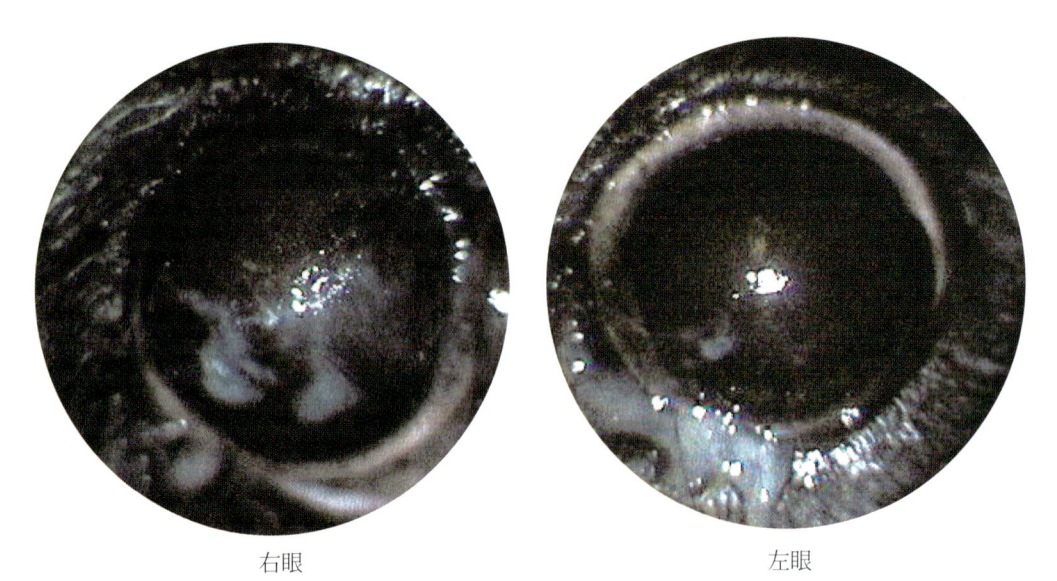

　　　　　　　右眼　　　　　　　　　　　　　　　左眼
　　　　　　　　　　　図1　初診時の眼症状
両眼ともに粘液膿性の眼脂の分泌がみられ，とくに右眼では角膜への色素沈着が著しく，眼内は観察できなかった。

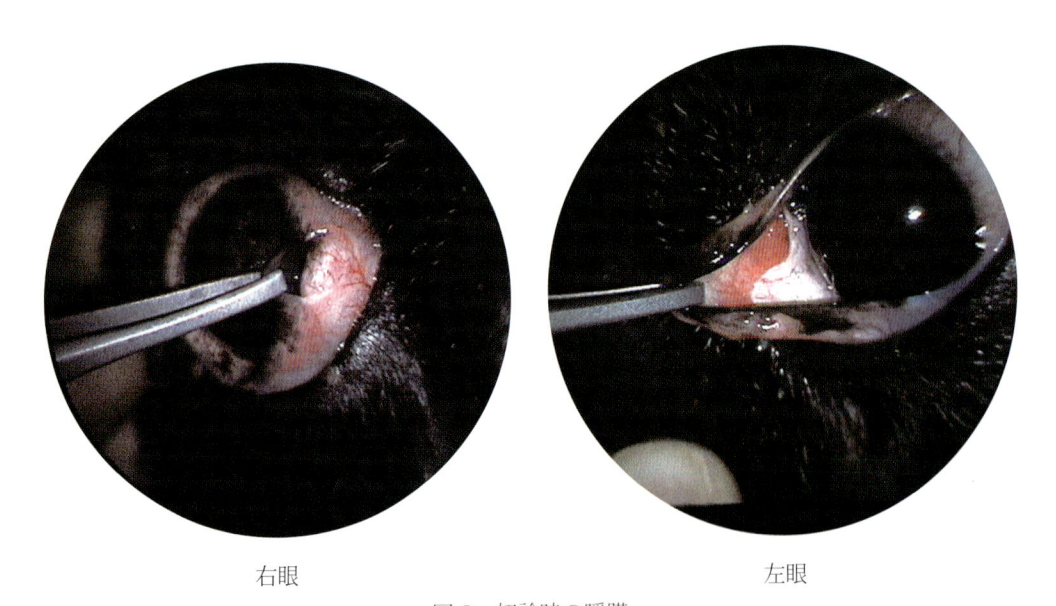

　　　　　　　右眼　　　　　　　　　　　　　　　左眼
　　　　　　　　　　　図2　初診時の瞬膜
　右眼瞬膜は，内側の瞬膜腺から外側の結膜面まで貫通するように切除されており，瞬膜に孔が存在していた。左眼瞬膜にも瞬膜腺基底部を残して瞬膜腺が切除された痕跡が認められた。

は存在しなかったが，基底部を残して瞬膜腺を切除した痕跡が確認された（図2）。左眼に対するシルマー涙液試験の結果は5mm/分であった。

#### 6）治療および経過

　涙液分泌の増加および角膜色素沈着の軽減を目的としてシクロスポリンを0.2%含有する眼軟膏（オプティミューン眼軟膏，ナガセ医薬品株式会社），化膿性眼脂への対応としてオフロキサシンの点眼液（タリビッド点眼液0.3%，参天製薬株式会社），また，角結膜上皮障害の軽減のためにヒアルロン酸ナトリウムの

右眼　　　　　　　　　　　　　　　　　　左眼

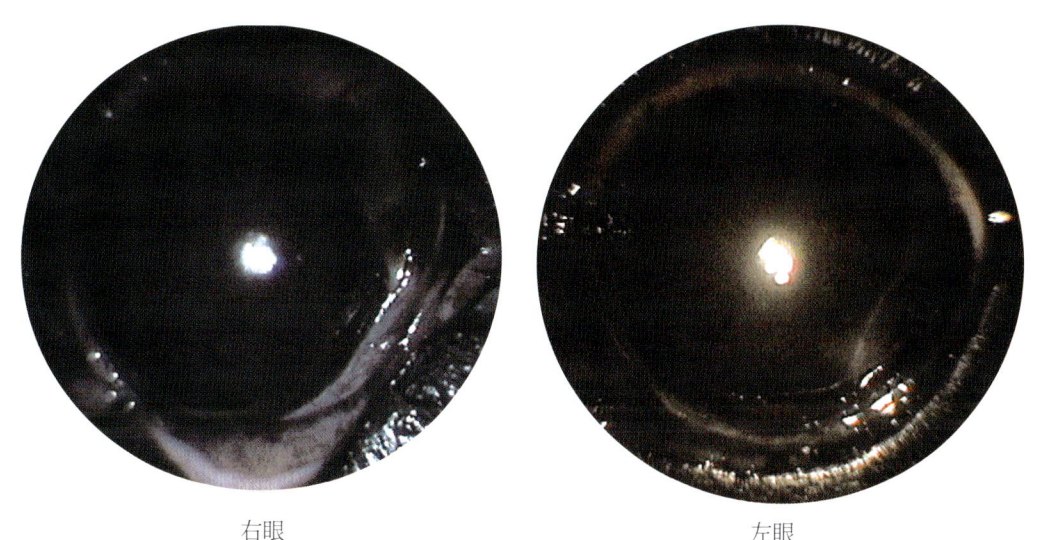

図3　治療後1年6か月目の眼症状

眼表面に潤いがあり、眼脂分泌の減少がみられた。また、角膜への色素沈着もわずかではあるが減少していた。

点眼液（ヒアロンサン点眼液0.1%、東亜薬品株式会社）の3製剤の両眼への投与を開始した。シクロスポリン製剤は1日2回、一方、オフロキサシン製剤とヒアルロン酸ナトリウム製剤はともに1回に1滴、1日3～4回の投与を実施した。

**1か月後所見**：両眼ともに眼脂の分泌量が減少し、その性状も膿性から粘液性に変化していた。また、充血の程度も低下していた。ただし、角膜への色素沈着には変化は認められなかった。

**2か月後所見**：眼脂はさらに分泌量が減少し、透明の粘液性となるとともに、充血も軽度になっていた。シルマー涙液試験の結果は、右眼が3mm/分、左眼が7mm/分であった。これ以降、オフロキサシン製剤の点眼は眼脂の分泌量が多いときに限って行うこととした。

**4か月後所見**：眼脂の分泌と充血はともに軽度で、角膜表面の状態も潤いが出てきたように観察された。また、左眼の色素沈着は、輪部付近から薄くなっていた。シルマー涙液試験の成績は右眼が6mm/分、左眼が10mm/分であった。

**7か月後所見**：治療開始後7か月後には、状態がよいために飼い主が点眼を怠り、一時的に眼脂の分泌が増した。このとき以降、抗菌薬の点眼薬をオフロキサシン製剤からクロラムフェニコールとコリスチンメタンスルホン酸ナトリウムの合剤（コリマイC点眼液、科研製薬株式会社）に変更した。

**1年6か月後所見**：両眼への投薬を継続して1年6か月を経過したが、シルマー涙液試験の結果は右眼が5～6mm/分、左眼が10～12mm/分で、状態は良好に保たれている（図3）。

## 考　察

本症例は、眼症状およびシルマー涙液試験の成績から乾性角結膜炎と診断した。

その発症原因としては、瞬膜腺の摘出を受けていることがもっとも強く疑われる。ただし、瞬膜腺の摘出を受けて3年後に発症しているのは、切除直後には涙液が十分に分泌されていたが、次第に涙腺機能が低下して涙液が不足するようになり、発症に至ったものと考えられる。また、アメリカン・コッカー・スパニエルは、乾性角結膜炎が好発する品種として知られており、こうした素因も発症に関与している可能性がある。いずれにしても、瞬膜腺の逸脱例に対して、不用意にその切除を行わないことが肝要であろう。

この症例では，涙腺の一種である瞬膜腺が切除されていたため，通常の乾性角結膜炎の治療がどの程度有効であるか疑問であったが，シクロスポリン眼軟膏の投与を試みることにした。この製剤は，涙腺に生じている免疫反応を抑制することにより涙液の分泌量を増加するとされ，犬の乾性角結膜炎の治療に用いられているものである[2]。

　その結果，シルマー涙液試験の成績は，瞬膜腺がほぼ全摘出を受けた右眼でも2mm/分から6mm/分に，また一部が残存していた左眼では5mm/分から12mm/分に上昇した。これは，瞬膜腺以外の涙腺である主涙腺などからの液性分泌が増えた結果であり，また，左眼においては残存する瞬膜腺からの分泌の増加もあったためと考えられる。

　なお，右眼では十分な涙液分泌量の増加は達成できなかったが，眼脂が減少し，眼の潤いが増すなど，症状の著しい改善が認められた。このことは，併用した抗菌薬や角結膜上皮障害治療薬の効果に加え，シクロスポリンが効を奏したためと推察され，シクロスポリンは犬の乾性角結膜炎の治療薬としての有用性が高いと考えられた。

### 文　献

1) Slatter,D.（2001）：Third eyelid, anatomy and physiology. Fundamentals of Veterinary Ophthalmology 3rd ed., 225-232, WB Saunders.
2) Slatter,D.（2001）：Lacrimal system, keratoconjunctvitis sicca. Fundamentals of Veterinary Ophthalmology 3rd ed., 254-255, WB Saunders.

## Case 9 犬

# 乳頭腫が結膜に発生した犬の1例

佐野洋樹，余戸拓也

### 要約

クッシング症候群と乾性角結膜炎を基礎疾患として有する犬（シー・ズー，雄，9歳齢）の左眼の結膜に腫瘤が生じたため，外科的に切除するとともに，摘出組織を病理組織学的検査に供した結果，結膜乳頭腫と診断された。この症例にはクッシング症候群があり，さらに乾性角結膜炎に対して，シクロスポリン製剤の投与を行っているため，乳頭腫の再発が懸念されたが，術後60日までのところ，再発は認められていない。

### はじめに

乳頭腫は，通常は皮膚や口腔粘膜に発生するが，ときに眼にも生じることがあり，その場合には多くは眼瞼に発生する[1]。乳頭腫の主な原因はパピローマウイルスで，このウイルスは2本鎖DNAを有するものである。潜伏期間は数か月で，発症した乳頭腫は一般に発育期，成長期，退縮期の経過をたどる。治療法や予防法は確立されていないが，放置しても数週間から数か月で自然に退縮するとされている[2]。また，良性の腫瘍であるため，通常は臨床的に問題となることはない[2]。

しかし，眼瞼や結膜に生じた乳頭腫は，犬が気にして掻いたり，擦ったりすることがあるため，放置しておくと結膜炎や角膜炎などを起こしやすく，可能であれば切除するほうがよいといわれている[1,4]。

今回，左眼を掻くとの主訴で来院した犬の結膜に乳頭腫を認め，その処置を行ったので報告する。

### 症例

症例は，犬（シー・ズー），雄，9歳齢である。

#### 1）主訴

左眼に瘙痒があり，犬が眼を気にしているとのことであった。

#### 2）既往歴

1年前にクッシング症候群と診断され，また，同時に乾性角結膜炎も認められている。現在まで，シクロスポリンの眼軟膏（オプティミューン眼軟膏，ナガセ医薬品株式会社）を用いて治療中である。

#### 3）一般身体検査所見

体重6.4kgで，一般身体検査所見として特記すべき点は認められなかった。

#### 4）眼科学的検査所見

左眼の内角および外角側の結膜に腫瘤が認められた（図1，図2）。シルマー涙液試験の結果は12mm/分であった。

#### 5）治療および経過

オキシブプロカイン塩酸塩を有効成分とする点眼麻酔薬（ベノキシール点眼液0.4%，参天製薬株式会社）を1滴ずつ5分毎に3回点眼後，バラッケー剪刀を用いて有茎性腫瘤基部を正常な結膜を含むように切除した。結膜からの出血は滅菌綿棒を用いて数分間圧迫することで止血を行った。

摘出した腫瘤は病理組織学的検査のために20%中性緩衝ホルマリンにて固定を行った。

手術後60日の時点で，結膜乳頭腫を含む腫瘤の再発は確認されていない（図2）。

#### 6）病理組織学的検査所見

摘出組織を病理組織学的検査に供した結果，乳頭腫と診断された。

乳頭腫は，異形度の低い重層扁平上皮細胞由来の腫瘍細胞が表面に向かって乳頭状に増殖していたもので，とくに有棘層の増生が顕著であった（図3）。

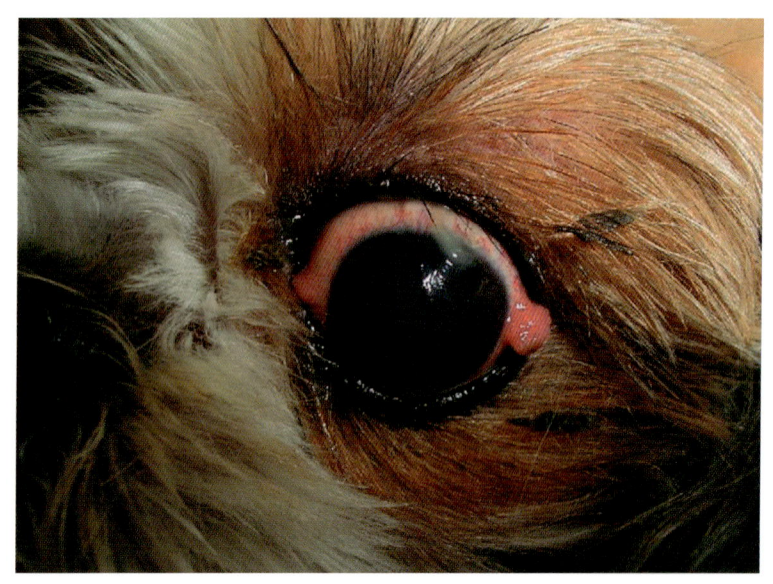

図1　初診時の前眼部所見（左眼）
左眼内眼角および外眼角に小さな腫瘤が認められた。

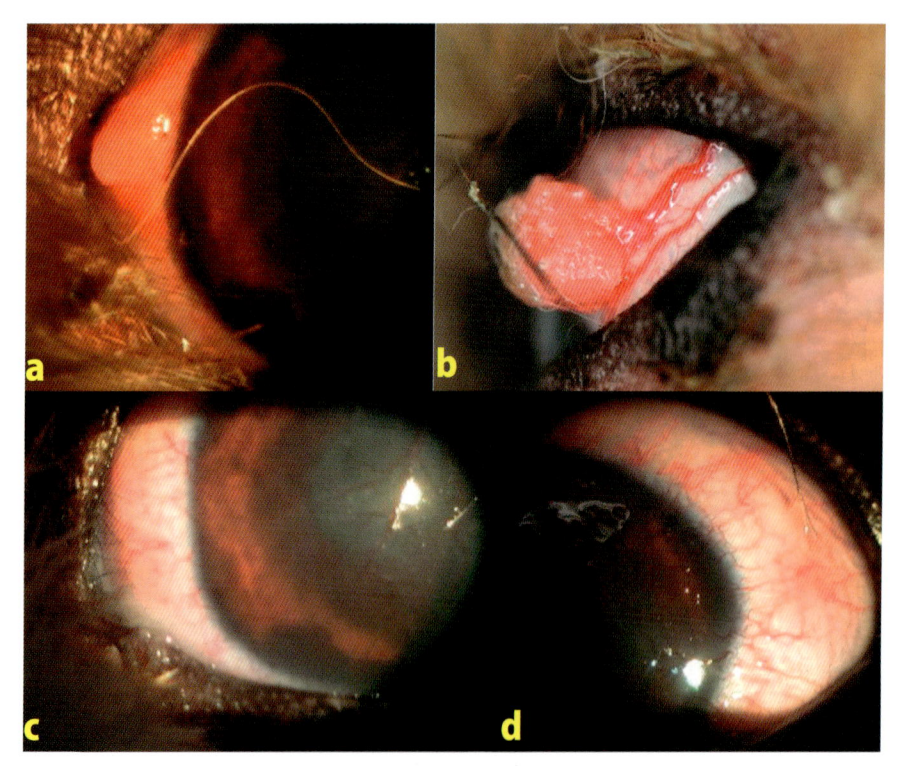

図2　手術前および手術後60日目の前眼部所見（左眼）
　　a：手術前の内眼角　　　　b：手術前の外眼角
　　c：手術後60日目の内眼角　d：手術後60日目の外眼角
　　　　手術後，再発は認められていない。

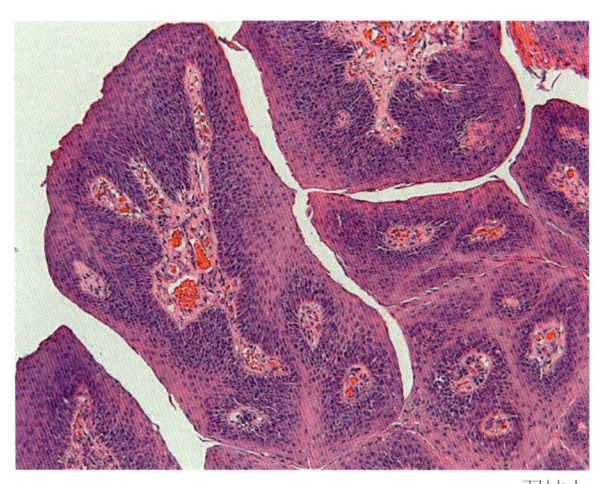

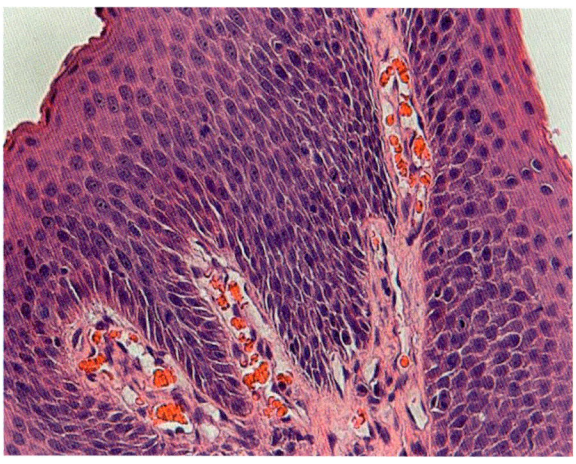

弱拡大　　　　　　　　　　　　　　　　　　　　　　　　　　　強拡大

図3　摘出した左眼結膜の腫瘤の病理組織学的検査所見（ヘマトキシリン・エオジン染色）
異形度の低い重層扁平上皮細胞由来の腫瘍細胞が表面に向かって乳頭状に増殖しており，とくに有棘層の増勢が顕著であった。

表1　結膜乳頭腫の発生に関する文献的検討

|  | ケース1 | ケース2 | ケース3 | ケース4 | ケース5 | ケース6 | 今回の症例 |
|---|---|---|---|---|---|---|---|
| 年齢 | 2 | 6 | 9 | 7 | 6 | 8 | 9 |
| 性別 | 雄 | 雌 | 雌 | 雌 | 雄 | 雌 | 雄 |
| 犬種 | ドーベルマン | ウエスト・ハイランド・ホワイト・テリア | アイリッシュ・テリア | ラブラドール・レトリーバー | ボーダー・コリー | ゴールデン・レトリーバー | シー・ズー |
| 発生場所 | 外側 | 外側 | 外側 | 外側 | 上向 | 上向 | 外側と内側 |
| 基礎疾患 | なし | 角結膜炎 | なし | マイボーム腺腫 | ブドウ膜炎 | なし | クッシング症候群 |
| 再発の有無 | なし | なし | なし | なし | なし | なし | なし |

ケース1～6は文献4より引用

## 考察

犬の乳頭腫は良性の扁平上皮腫瘍で，その原因によりウイルス性乳頭腫と非ウイルス性乳頭腫に分けられている。ウイルス性乳頭腫の原因ウイルスとしては現在，老齢犬で発症しやすく，皮膚に乳頭腫を形成する cutaneous papilloma producing virus と，3～6か月齢の若齢犬で発症しやすく，口腔粘膜などに乳頭腫を形成する canine oral papilloma virus の2種が知られている[2]。これらのウイルスによる病変形成部位には特異性があり，皮膚の乳頭腫が口腔内に転移することはないという[2]。

一方，非ウイルス性乳頭腫は，特発性で，老齢犬の皮膚に多く発生する。ただし，非ウイルス性とはいえ，ウイルスが証明されていないだけで，ウイルス性疾患であることを必ずしも否定はできないと思われる。本症例に認められた結膜の乳頭腫はウイルス学的検索を行っていないが，過去の報告[4]では結膜の乳頭腫はウイルス性であることが示唆されている。

初めにも述べたように，パピローマウイルスによる乳頭腫の治療法や予防法は確立されていないが，放置しても数週間から数か月で自然に退縮する[2]。そして，この腫瘍は良性であり，臨床的には大きな問題にならないため[2]，無治療とされることが多い。しかし，眼

瞼や結膜の乳頭腫は犬が気にして掻いたり，擦ったりすることがあるため，放置すると結膜炎や角膜炎などが起こりやすく，可能な限り切除したほうがよいといわれている[1,4]。また，医学領域ではパピローマウイルスが皮膚癌や食道癌，膀胱癌などの発生に深く関与していることが明らかになっている[3]。さらに獣医学領域においても，症例数は少ないが，口腔内の乳頭腫が扁平上皮癌に形質転換したとの報告がある[5]。したがって，乳頭腫に対しては，外科切除を含めた積極的な治療が不可欠であると考える。

結膜の乳頭腫の報告は非常に少ない。この理由として，結膜乳頭腫が比較的まれな腫瘍であることに加え，単純切除による治療の予後が良好であるため，あえて報告されないのではないかと思われる。報告数は少ないが，従来の症例を検討すると，腫瘍は原発性で，眼球結膜の上向から外眼角にかけて多く発生し，発生場所に特異性が認められている。また，乳頭腫が眼瞼を巻き込んでいたり，眼瞼や口腔粘膜など，他の部位に乳頭種が発生した例は知られていない（表1）。なお，その発生には犬種や性による差は認められないが，中年齢から高年齢に多発する傾向があり，基礎疾患として角結膜炎，マイボーム腺腫，ブドウ膜炎が存在することが多い（表1）[4]。そして，再発がみられた例もないようである[4]。

今回の症例はクッシング症候群に罹患し，加えて乾性角結膜炎の治療としてシクロスポリンの眼軟膏製剤の投与を長期（約6か月間）にわたって受けていたため，その免疫抑制効果による乳頭腫の再発が懸念された。しかし，術後60日の現在まで，再発は認められず，結膜の乳頭腫の治療は成功裡に終わっている。

## 文献

1) Bonney,C.H., Koch,S.H., Dice,P.F.（1980）：Papillomatosis of conjunctiva and adnexa in dogs. *Journal of American Medical Association*, 176, 48-51.

2) Goldschmidt,M.H., Shofer,F.S.（1992）：Cutaneous papilloma. Skin Tumours of the Dog and the Cat, 11-15, Oxford Press.

3) Grossniklaus,H.E., Green,R.W., Luckenbach,M.（1987）：Conjunctival lesions in adults, a clinical and histopathologic review. *Cornea*, 6, 78-116.

4) Sansom,J., Barnett,K.C., Blunden,A.S.（1996）：Canine conjunctival papilloma: A review of five case. *Journal of Small Animal Practice*, 37, 84-86.

5) Watrach,A.M., Small,E., Case,M.T.（1970）：Canine papillomas: Progression of oral papilloma to carcinoma. *Journal of the National Cancer Institute*, 45, 915-920.

## Case 10　犬

# 結膜下に腫瘤を生じた犬の2例

太田充治

### 要約

結膜下に腫瘤が認められた犬2例（ゴールデン・レトリーバー，雄，5歳齢および雑種，雄，6歳齢）において腫瘤を外科的に切除したところ，1例は切除後の病理組織学的検査により脂肪腫と診断され，一方，他の1例は術中に腫瘤の内部から寄生虫が発見され，腫瘤の病理組織学的検査により寄生虫性結膜炎と診断された。

### はじめに

犬の結膜における新生物の発生は比較的まれであり，原発性のものとしては黒色腫や基底細胞腫，血管腫，線維肉腫などが報告されている[1,3]。また，転移性のものとしてはリンパ腫があるが，これも発生はまれである。

今回，同様の外観を呈する結膜下腫瘤2例に対して外科的切除を行い，病理組織検査の結果，まったく異なる所見を得たのでその概要を報告する。

### 症例1

第1例は，犬（ゴールデン・レトリーバー），雄，5歳齢である。

#### 1）主　訴

結膜に腫瘤ができ，他院にて治療を受けていたが，症状の改善がみられないとのことで来院した。

#### 2）既往歴

特記すべき既往歴はない。

#### 3）現病歴

1か月ほど前に右眼の結膜の1時あたりの位置に腫瘤が発見された。主治医にて抗菌薬とコルチコステロイドの眼軟膏を処方され，3週間にわたって投与したが，変化がみられなかったため，当院を紹介されて受診した。

#### 4）一般身体検査所見

体重32kgで，一般状態にとくに異常は認められなかった。

#### 5）眼科学的検査所見

腫瘤を生じていた右眼に，眼脂，羞明，疼痛などは認められなかった。また，右眼の視覚も正常であると考えられた。

ただし，右眼の結膜下の1時から3時にかけての位置に10mm×15mmほどの大きさの腫瘤が観察された。その他の前眼部および眼底には異常はみられなかった（図1）。

眼球の超音波検査の結果，腫瘤は眼球内には浸潤していないものと判断された。

#### 6）治療および経過

腫瘍あるいは結節性上強膜炎を疑い，まずプレドニゾロン（プレドニン錠5mg，塩野義製薬株式会社）1mg/kg 1日1回投与とアザチオプリン（イムラン錠50mg，グラクソ・スミスクライン株式会社）0.5mg/kg 1日2回投与の内服に加えて，院内調製した1％シクロスポリン液〔サンディミュン内用液10％（ノバルティスファーマ株式会社）をオリーブ油にて希釈〕の点眼にて経過を観察した。

しかし，1週間後の再検査時に腫瘤の増大傾向がみられたため，この腫瘤は腫瘍である可能性が高いと考えて外科的切除を行った。

手術に際して，腫瘤は，限界は比較的明瞭であったが，眼球の後方にまで浸潤しており，上直筋も含んでいた。いったん腫瘤を上直筋付着部とともに強膜から分離切断した後，上直筋から腫瘤を剥離して切除し，上直筋を解剖学的に正しい位置に再縫着した。

術後はエンロフロキサシン（バイトリル50mg錠，

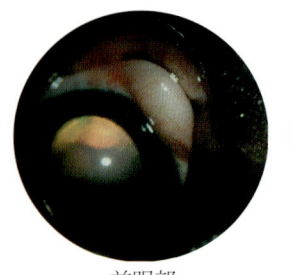

前眼部　　　　　　　眼底
図1　症例1　初診時の眼所見
右眼の結膜下の1時から3時にかけての位置に10 mm × 15 mmほどの腫瘤が観察された。眼底検査では異常は認められなかった。

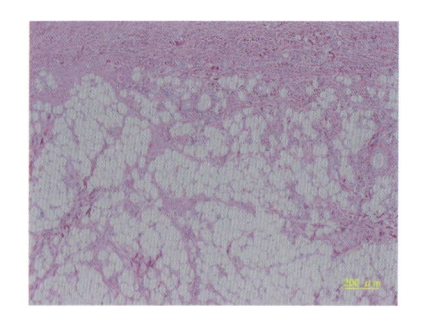

図2　症例1　摘出腫瘤の病理組織学的所見
正常脂肪組織とほぼ同様の腫瘍細胞が膠原線維間に浸潤するように増殖していた。腫瘍細胞に異型性，分裂像は乏しく，脂肪腫と診断された。

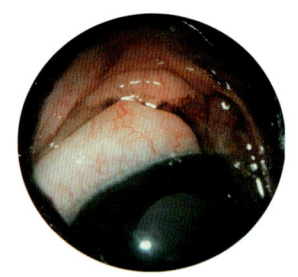

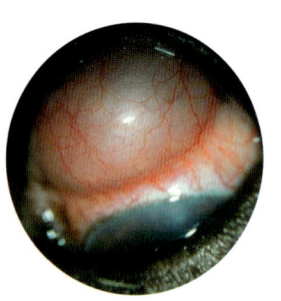

図3　症例1　術後6月目の前眼所見
腫瘤のあった部位はそのほとんどが瞬膜の下に隠れているので全様は観察できないが，瞬膜を反転させて観察しても肉眼的に腫瘤の再発は認められなかった。

前眼部　　　　　　　結膜下の腫瘤
図4　症例2　初診時の眼所見
左眼に房水フレア，角膜後面沈着物，縮瞳が認められた。また，結膜下には10時から12時にかけての位置に11 mm × 17 mmの大きさの腫瘤が存在していた。

バイエル株式会社)の内服5mg/kg 1日1回投与およびオフロキサシン(タリビッド点眼液0.3%，参天製薬株式会社)1日4回とデキサメタゾンメタスルホ安息香酸エステルナトリウム(サンテゾーン点眼液(0.02%)，参天製薬株式会社)1日4回の点眼を行った。

摘出した腫瘤を病理組織学的検査に供した結果，脂肪腫と診断された(図2)。

術後は合併症もなく，2年以上経過するが再発はみられていない(図3)。

## 症例2

症例2は，犬(雑種)，雄，6歳齢である。

**1) 主　訴**

1か月ほど前から左眼が縮瞳気味であるとのことで来院した。

**2) 既往歴**

この症例の飼い主はスイス人のジャーナリストで，本犬を連れて世界中をまわっており，半年前にインドにて左眼の羞明を認めたとのことであるが，そのときは経過観察中に症状が消失したという。

**3) 現病歴**

1か月ほど前に左眼の羞明を呈して大阪府内の他院にて診察を受けたところ，緑内障と診断された。その後，愛知県に移動し，そこで受診した動物病院に当院を紹介されて来院した。

**4) 一般身体検査所見**

体重18 kgで，元気，食欲ともに異常は認められなかった。

**5) 眼科学的検査所見**

左眼に若干の羞明と粘液化膿性眼脂が認められ，詳細な検査を行った結果，角膜腹側の混濁，房水フレア，角膜後面沈着物，縮瞳が確認された(図4)。ただし，左眼は縮瞳気味ではあるが，瞳孔対光反射は正常で，眼圧も19 mmHgと異常は認められなかった。

また，眼底検査の結果，左眼にはタペタム領域にお

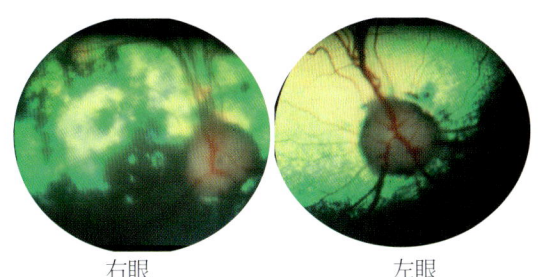

右眼　　　　　　　　　　　左眼

図5　症例2　初診時における眼底検査所見
右眼の眼底は正常であった。左眼の眼底にはタペタム領域における色素斑の出現、網膜血管の狭細化、タペタムの反射亢進など、後眼部の炎症（やや古い）が観察された。

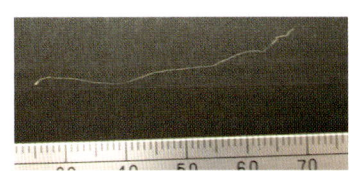

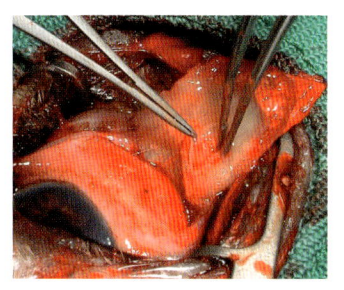

図6　症例2　術中所見
腫瘤の摘出術中、腫瘤と強膜の境界部から4〜5cmの長さの細い線虫様の寄生虫が数隻摘出された（鑷子にて把持しているのが虫体）。

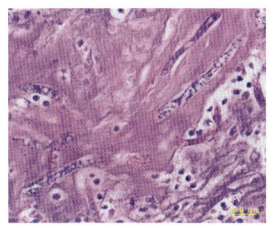

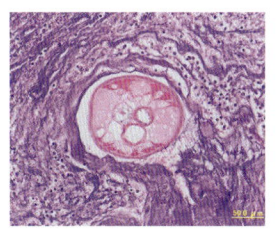

図7　症例2　摘出された虫体
完全な状態かどうかは不明であるが、糸状虫様の線虫で、非常に細く、軟らかかった。

ミクロフィラリア様虫体　　　虫体（成虫）

図8　症例2　摘出腫瘤の病理組織学的検査所見
腫瘤中には線虫様の寄生虫が認められるとともに、その寄生虫を中心として壊死巣が広範囲にわたって形成され、形質細胞、好酸球およびマクロファージがび漫性に浸潤している慢性壊死性結節性病変を呈しており、寄生虫性結膜炎と診断された。

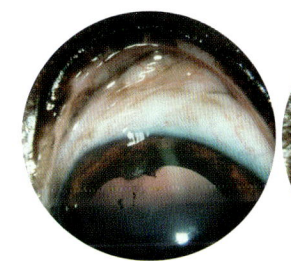

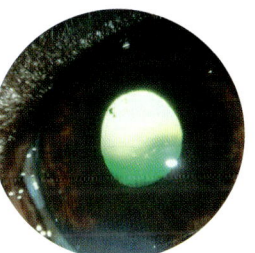

ける色素斑の出現、網膜血管の狭細化、タペタムの反射亢進など、後眼部のやや陳旧化した炎症が観察され、全ブドウ膜炎であると診断された（図5）。

さらに左眼の結膜下には10時から12時の位置にかけて、11 mm×17 mmの大きさの腫瘤が存在していた（図4）。

### 6）臨床病理学的検査所見

血液学的検査〔セルタックα（日本光電工業株式会社）を用いて実施〕の結果は、赤血球数535×10$^4$/μL、ヘマトクリット値37.9%、ヘモグロビン濃度12.2g/dL、白血球数9000/μL、また、血液生化学的検査〔富士ドライケム3000V（富士フイルム株式会社）を用いて実施〕の結果は、総蛋白質濃度6.3 g/dL、グルコース濃度95 mg/dL、アスパラギン酸アミノトランスフェラーゼ活性25 U/L、アラニンアミノトランスフェラーゼ活性64 U/Lであり、若干の貧血傾向がみられたが、大きな異常は認められなかった。

結膜　　　　　　　前眼部

図9　症例2　術後1か月目の眼所見
腹側の角膜混濁は残存しているが、前部ブドウ膜炎の症状は消失していた。腫瘤のあった部位も正常な状態に戻り、再発もみられなかった。

### 7）治療および経過

結膜下の腫瘤と全ブドウ膜炎との関連性は不明であり、本来は全ブドウ膜炎の治療を優先すべきであると考えられたが、飼い主の強い希望により結膜下腫瘤の外科的切除を行うこととなった。

手術に際して、腫瘤は限界が不明瞭で周辺組織（強膜）と強く固着しており、また、出血も多く、摘出にはやや時間を要した。腫瘤の摘出手術中、腫瘤と強膜の境界部から4〜5cmの長さの細い線虫様の寄生虫が数隻摘出された（図6、7）。

術後はオルビフロキサシン（ビクタスS錠40mg、大日本住友製薬株式会社）2.5mg/kg、プレドニゾロン（プレドニン錠5 mg、塩野義製薬株式会社）

0.5mg/kg，1日1回の全身投与に加えて，オフロキサシン（タリビッド点眼液0.3%，参天製薬株式会社）とデキサメタゾンメタスルホ安息香酸エステルナトリウム（サンテゾーン点眼液（0.02%），参天製薬株式会社）の点眼を2週間にわたって行った。

病理組織学的検査の結果，腫瘤はこの寄生虫が原因となった結膜炎で，摘出された寄生虫は線虫の一種で，糸状虫に近いと考えられたが，同定には至らなかった（図8）。また，循環血液中にミクロフィラリアは検出されず，犬糸状虫の循環抗原も陰性であった。

術後約1か月目の検診では，全ブドウ膜炎は治癒し，手術部位にも腫瘤の再発はみられず，一般状態も良好であったが，眼底の所見は改善することはなかった（図9）。その後の経過は不明である。

## 考　察

犬の結膜における腫瘍の発生はそれほど多くはなく，著者も黒色腫，乳頭腫，血管腫の経験はあるが，その例数は少ない。それらの腫瘍の多くは，外科的摘出により良好に経過したが，なかには短期間で局所に再発を繰り返す例もあった。

今回の症例1では，腫瘤は比較的限界が明瞭で，強膜との固着もルーズであった。病理組織学的検査の結果は脂肪腫であったが，脂肪組織がこの位置にみられる場合には，眼窩脂肪組織の眼窩外への脱出である結膜下脂肪ヘルニアとの鑑別が必要である[1]。本症例の場合，腫瘤は眼球に付着する上直筋を含み，組織学的に脂肪組織が結膜下結合識の間に入り込んで増殖していたため，脂肪腫と診断した。

外眼筋である直筋は犬ではきわめて薄く，術中は出血などによって非常に識別しにくくなる。直筋はその強膜付着部で切断すれば，再縫着も容易であるし，正確に元の位置に縫着すれば，それによって斜視などの合併症を引き起こすこともほとんどない。しかし，術後の眼球位置の維持のためには，この部位にアプローチする際には，その存在に十分に注意し，可能な限り直筋を温存しなくてはいけないと考えられた。

一方，症例2では，結膜下の腫瘤は症例1と同様の外観を呈しており，羞明などの症状は示さなかったが，全ブドウ膜炎を併発していた。本来であれば結膜下腫瘤とブドウ膜炎との関連性を詳細に調べて，ブドウ膜炎の治療を優先するべきであったが，飼い主側の事情により腫瘤の外科的切除を優先した。その結果，腫瘤摘出時に局所より寄生虫が摘出され，病理組織学的に腫瘤はこの寄生虫の感染による結膜炎であると診断された。この犬の飼い主はスイス人のジャーナリストで，この犬を連れて世界中を取材しながら旅行しているとのことで，今回摘出された寄生虫が世界のどの地域でこの犬に感染したのかは不明である。寄生虫の種の同定は不可能であったが，形態学的には線虫の一種で糸状虫に近いと考えられ，国内の在来寄生虫ではないことが推察された。

結膜下腫瘤と全ブドウ膜炎が同一の原因により引き起こされたものかどうかは不明であるが，ブドウ膜炎が左眼のみに発生しており，腫瘤部からは寄生虫の幼虫も観察されていることから，網膜や虹彩の炎症は寄生虫の幼虫の移行によるものであると考えるのが自然であると思われた。眼球結膜という部位がこの寄生虫の本来の寄生部位であるか，異所性寄生であったのかも不明であるが，複数の虫体や幼虫が検出されていることから異所寄生ではなく，本来の寄生場所であるかもしれない。

今回報告した2例とも犬に発生する腫瘤としてはまれなものであるが，結膜下の腫瘤は無麻酔あるいは局所麻酔下での生検が困難であるため，診断は治療のための外科的切除後の病理組織学的検査が重要であると考えられた。

## 文　献

1) Gelatt,K.N.（1991）：Canine conjunctiva and nictitating membrane. Veterinary Ophthalmology 2nd ed.（Gelatt,K.N. ed.），290-297, Lea & Febiger.

2) Gelatt,K.N.（2000）：Conjunctival neoplasia, Nonneoplastic conjunctival masses. Essentials of Veterinary Ophthalmology（Gelatt,K.N. ed.），102-104, Lippincott Williams & Wilkins.

3) Petersen-Jones,S.N.（1993）：犬の結膜疾患．小動物の眼科学マニュアル（印牧信行 訳），123，学窓社．

Case 11　猫

# 再発性角膜びらんを発症した猫の1例

滝山　昭

## 要約

猫（アメリカン・ショートヘア，雌，2歳2か月齢）に認められた再発性角膜びらんに対して点状角膜切開術を施した。角膜上皮の剥離は角膜全域にわたっていたが，点状角膜切開術後，速やかに実質と再接着し，治癒した。

## はじめに

再発性角膜びらんは，無痛性潰瘍，ボクサー潰瘍，遷延性角膜潰瘍など，多くの同義語で呼ばれ，難治性の角膜疾患として知られているものである。

今回，猫では比較的珍しい数か月に及ぶ難治性の角膜潰瘍を診断および治療する機会を得たので，その経過を報告する。

## 症例

症例は，猫（アメリカン・ショートヘア），雌，2歳2か月齢である。

### 1）主訴

左眼の角膜潰瘍により数か月にわたって治療を続けていたが，好転せず，紹介転医した。

### 2）既往歴

4か月ほど前に右眼の角膜炎で加療を受けている。その頃より左眼も角膜潰瘍で加療していた。

### 3）一般身体検査所見

体重は4.1kgで，とくに特記すべき異常は認められなかった。

### 4）眼科学的検査所見

右眼：中心部よりやや上側の耳側に白濁がみられ，その部分への輪部からの血管新生が認められたが，これはいわゆるゴースト血管と考えられた。この血管新生部位の角膜はやや黄変していた（図1，2）。眼圧は30mmHgであり，シルマー涙液試験の結果は6mm/分であった。

左眼：角膜の中央部に広範囲に及ぶ上皮欠損が生じ，その周囲では弁状に上皮が剥離していた（図3）。疼痛のために眼瞼の痙攣がみられ，激しい流涙をともなっていたが，血管新生は軽度であった（図4）。フルオレセイン角膜染色検査による角膜染色では，潰瘍部に加えて潰瘍周辺の上皮剥離部にも色素が侵入して染色された（図5）。眼圧は33mmHgであり，シルマー涙液試験の結果は9mm/分であった。

### 5）臨床病理学的検査所見

血液生化学的検査において，アルカリ性ホスファターゼ活性が228 IU/Lとやや高値を示したが，これ以外に，蛋白分画やチロキシン濃度，コルチゾール濃度などに異常はみられなかった。

### 6）治療および経過

自己血清およびグルタチオン（タチオン点眼用2%，アステラス製薬株式会社），院内調製した0.25%シクロスポリン〔サンディミュン点滴静注用250mg（ノバルティスファーマ株式会社）をオリーブ油にて希釈〕などの点眼療法を開始したが，左眼における角膜上皮の再生などの治癒機転は認められなかった（図6,7）。

4週間後には，左眼が角膜全域に及ぶ上皮剥離を呈してきたため，点状角膜切開術（multiple punctate keratotomy）を実施した後に瞬膜弁被覆術により創面の保護を行うこととした。

点状角膜切開術は，全身麻酔下において，上皮剥離部のみならず角膜全域にわたって角膜厚の2/3に至るように25G注射針により多数の穿刺を施した（図8,9）。また，瞬膜弁は瞬膜遊離縁と円蓋部結膜とを4-0

図1 初診時の前眼部所見（右眼）
角膜中央部の白斑に向かって血管新生がみられ，その周辺部には黄色の変化が認められた。

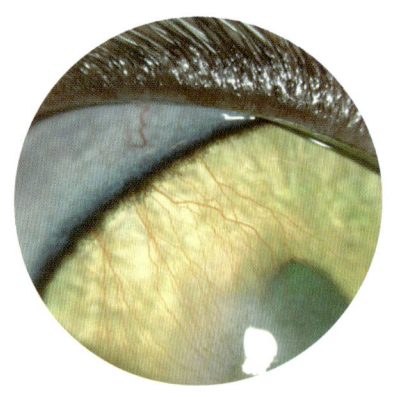

図2 初診時の前眼部所見（右眼）
（拡大）

図3 初診時の前眼部所見（左眼）
角膜上皮の剥離片が認められた。

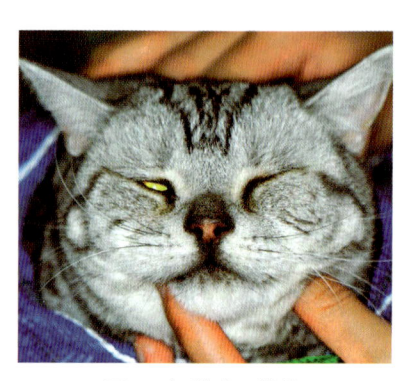

図4 初診時の外貌
左眼の眼瞼に痙攣が認められた。

図5 初診時におけるフルオレセイン角膜染色検査所見（左眼）
角膜上皮剥離片の下までフルオレセインにより染色されていた。

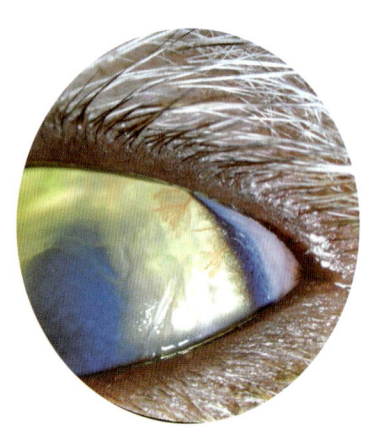

図6 第8病日の前眼部所見（左眼）
角膜の2時から3時の方向にかけてわずかに血管の新生が認められたが，角膜潰瘍の広さに比べて反応は乏しかった。

絹糸で3糸縫合した。なお，眼瞼縫合は実施しなかった（図10）。

この外科的治療の後21日目に瞬膜弁を解放したが，この時点では潰瘍部への著しい血管の新生が認められた（図11）。また，角膜上皮の再生とともに，潰瘍部以外にみられた剥離した角膜上皮が実質へ接着する所見も観察された。その後，グルタチオン製剤およびシクロスポリンの院内調製製剤の点眼を継続したところ，角膜における新生血管も徐々に消退傾向を示し，角膜の透明性が回復した（図12）。

## 考察

再発性角膜びらんは，角膜上皮が実質への接着不良から剥離をきたすことにより発症する。その原因としては，ヘミデスモゾームの欠陥など，角膜上皮と実質の接合部である基底膜部分における接着構造の異常が考えられている[1,3]。

本症に特徴的な所見として，潰瘍部周辺の角膜上皮が角膜実質から剥離して遊離した状態となっており，フルオレセイン角膜染色検査により遊離片の下側も染色される点がある[1]。また，本疾患には，無痛性潰瘍，

Case 11

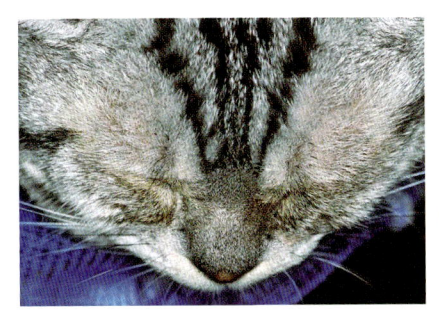

図7 第25病日の外貌
左眼に腫脹が認められた。

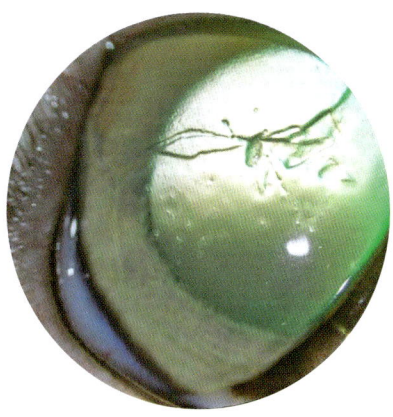

図8 第28病日における点状角膜切開術の術中所見（左眼）
点状切開した孔より空気の侵入がみられ、角膜上皮が角膜全域にわたって剥離した。

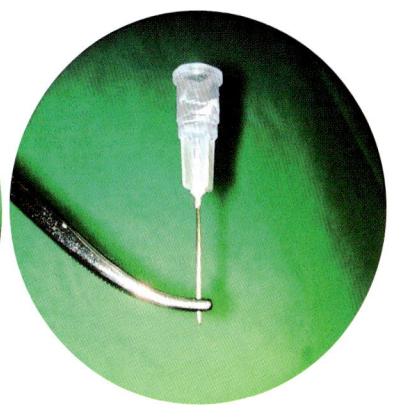

図9 角膜穿刺針
25G針の先端を0.5mmほど出してモスキート鉗子で把持して穿刺を実施した。

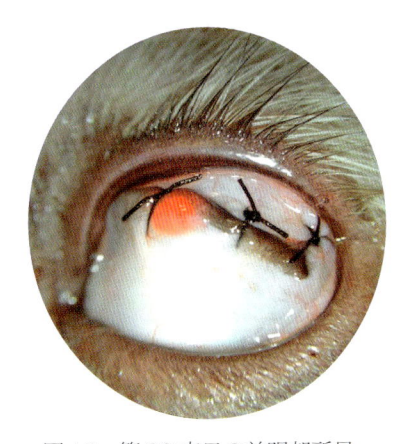

図10 第28病日の前眼部所見（左眼）
点状角膜切開術後、瞬膜弁により角膜を保護した。

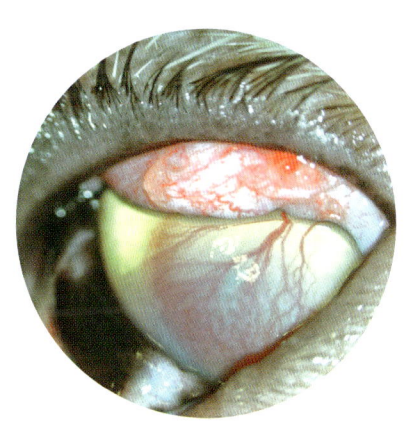

図11 点状角膜切開術実施後21日目の前眼部所見（左眼）
著しい血管新生が認められ、治癒反応が起きていた。

図12 点状角膜切開術実施42日後の前眼部（左眼）
新生血管は残存しているが、角膜の混濁は消退傾向にあった。

ボクサー潰瘍、遷延性上皮剥離、蚕食性潰瘍など、様々な疾患名がつけられている。そのどれもが疾患の特徴を表した病名であり、無痛性といわれるように病変の激しさに比べて、あまり疼痛をともなわないことも特徴の1つである。また、組織の傷害の激しさの割には病変部における血管新生などが軽度であり、反応性が乏しい[5]。加えて、再発しやすく、難治性でもある。

本症例でも、経過が比較的長く、しかも広範囲に上皮剥離がみられたにもかかわらず、角膜輪部からの血管新生は少なく、生体反応が乏しいことを疑わせた。

しかし、点状角膜切開術を実施した後には角膜潰瘍部には激しい血管新生がみられ、良好な生体反応と考えられた。

なお、この疾患の好発犬種として、ボクサーやダックスフンド、ミニチュア・プードル、ウェルシュ・コーギーなどが知られている[4,6]。しかし、猫では、その発生は犬に比べて少なく[2]、今回の症例は稀有な発生例といえるであろう。

本疾患に対する治療法としては、点状角膜切開術や格子状角膜切開術（grid keratotomy）を適応する

とよいとされている。また，La Croix ら（2001）は，表層デブライドメントを実施し，その後にコラーゲンシールドやコンタクトレンズの装用あるいは格子状角膜切開術を適用している[2]。本症例では角膜全域にわたって上皮剥離がみられたため，格子状切開では上皮をかえって引きちぎるおそれがあると考え，点状切開術を適応することにした。

通常，角膜上皮が反転剥離した部分は，乾燥綿球により，あるいは鋏切により除去（debridement）するのが常法であるが，本症例では点状角膜切開術単独とし，できる限り上皮の剥離遊離片を除去しないようにした。そして，点状切開後は，瞬膜弁による被覆で保護を図った。剥離および遊離した角膜上皮を鋏切などにより除去しないで，点状切開術の後にそのままの状態で瞬膜弁縫合を施したのは，上皮剥離が角膜全域にわたって認められていたためであり，点状切開術は剥離した上皮の上から行っている。

猫では，本疾患と猫角膜黒色壊死症（corneal sequestrum）との関連が示唆されており[2]，本症例でもその関連を疑わせる経過が観察された。猫角膜黒色壊死症の病因は明確にされていないが，慢性的な角膜への刺激がその誘因となるといわれている。本症例も左右の眼ともにその初期症状を疑わせる所見を呈しており，とくに右眼では角膜の新生血管集積部にわずかではあるが角膜の黄変が観察され，猫角膜黒色壊死症の初期症状にきわめて類似していた。

再発性角膜びらんは 50％ に再発をみるといわれており，また，その発症年齢も若齢から高齢まで広範囲にわたっている。加えて，本症の原因が十分に解明されていないことからも，本症例に関しては今後も経過観察が重要と考えている。

## 文　献

1) Gelatt,K.N.（2000）：Ulcerative keratitis. Essentials of Veterinary Ophthalmology, 129-135, Lippincott Williams & Wilkins.

2) La Croix,N.C., van der Woerdt,A., Olivero,D.K.（2001）：Nonhealing corneal ulcers in cats: 29 cases（1991-1999）. *Journal of American Veterinary Medical Associacion*, 218, 733-735.

3) Slatter,D.（2001）：Cornea and sclera. Fundamentals of Veterinary Ophthalmology 3rd ed., 260-279. W.B. Saunders.

4) Whitley,R.D., Gilger,B.C.（1999）：Diseases of the canine cornea and sclera. Veterinary Ophthalmology 3rd ed. (Gelatt,K.N. ed.), 640-646, Lippincott Williams & Wilkins.

5) Wilkie,D.A.（1997）：Surgery of the cornea, superrficial corneal ulceration. *Veterinary Clinics of North America: Small Animal Practice*, 27, 1074-1077.

6) Wyman,M.（1986）：Manual of Small Animal Ophthalmology, 72-73. Churchill Livingstone.

# 両眼に表層性角膜潰瘍を生じた猫の1例

Case 12 猫

伊藤文夫

### 要 約

猫（スコティッシュ・ホールド，雌，1歳6か月齢）において左眼の角膜に表層性角膜潰瘍が認められ，点眼薬投与による治療を行ったが，角膜の黒色壊死が起こり，さらに右眼にも表層性角膜潰瘍が発生した。そこで，外科的治療と自己血清の点眼を実施した結果，症状の改善を得ることができた。

## はじめに

角膜に発生する潰瘍の原因として，外傷や感染，眼瞼の異常，睫毛や被毛の異常，涙膜の異常，熱や化学物質による刺激などが知られている。しかし，猫においては，ときに無痛性または難治性の原因不明の表層性角膜潰瘍（上皮びらん）が認められる。

今回，猫の両眼に表層性角膜潰瘍が発生し，これに対して自己血清の点眼などの治療を試みたところ，症状の改善が認められた。

## 症 例

症例は，猫（スコティッシュ・ホールド），雌，1歳6か月齢である。

完全に室内で飼育されている。同一家屋内には犬（マルチーズ）も飼育されてがいるが，それとの接触はほとんどない。

### 1）主 訴

2日前から左眼の瞬きが多く，涙をよく流していることを主訴として来院した。

### 2）既往歴

生後2か月齢ごろから結膜炎を繰り返しており，クロラムフェニコール点眼液（クロラムフェニコール点眼液0.5%「ニットー」，日東メディック株式会社）にネコインターフェロン（インターキャット，東レ株式会社）を添加した点眼液にて治療を行っている。

### 3）一般身体検査所見

初診時の一般身体検査では，体重3.0kg，体温38.4℃，心拍数144回/分で，栄養状態等に異常は認められなかったが，緊張による流涎が観察された。

### 4）眼科学的検査所見

左眼に羞明と流涙，結膜の浮腫が認められた。角膜外側に全体の1/3ほどの面積に表層性の潰瘍がみられ，その辺縁は癒着不全の角膜上皮によって囲まれていた。ただし，眼瞼や被毛に異常は認められず，シルマー涙液試験の結果は左右の眼とも15mm/分であった。また，フルオレセイン角膜染色検査により潰瘍部分とその辺縁が染色され，染色部分は角膜全体の1/2ほどに相当した。

### 5）治療および経過

アセチルシステイン（パピテイン，千寿製薬株式会社）とゲンタマイシン硫酸塩（硫酸ゲンタマイシン点眼液0.3%「ニットー」，日東メディック株式会社）の点眼を開始した。

その結果，第10病日頃より多数の血管新生が認められ，第20病日頃には羞明はほとんど消失したが，潰瘍部分の面積に変化は認められなかった。

次いで，第30病日頃には潰瘍部分のわずかな縮小がみられたが，潰瘍中心部に褐色の色素沈着が認められるようになった。その後，色素は徐々に増加し，第50病日には潰瘍部分の1/2ほどが黒色壊死化し，その周辺の角膜には浮腫が観察された（図1）。また第55病日には，右眼にも左眼と対称の位置に，角膜全体の1/3の面積に表層性角膜潰瘍がみられた（図2）。

第60病日に全身麻酔下において，両眼のびらんした上皮を綿棒で拭い取り，左眼はさらに黒色壊死した

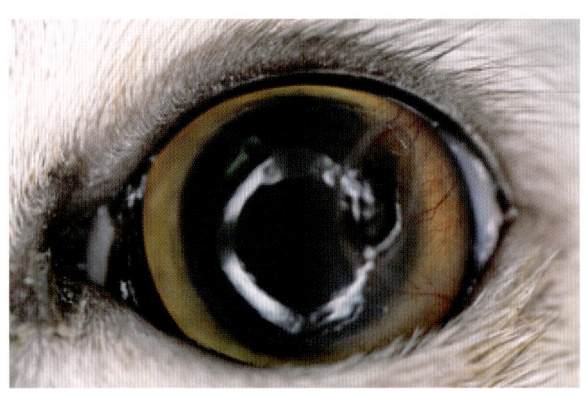

図1 第50病日の前眼部所見（左眼）
角膜潰瘍部分の黒色壊死とその周辺の角膜の浮腫が認められた。

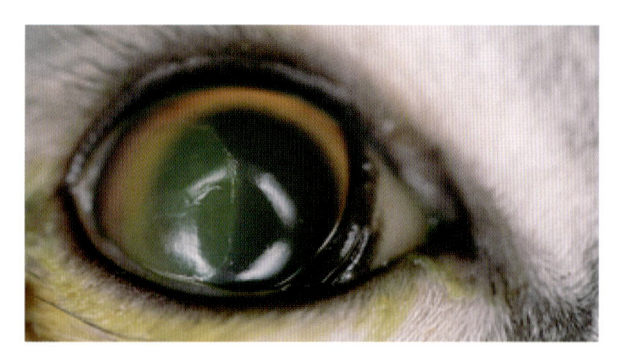

図2 第55病日の前眼部所見（右眼）
左眼と対称の位置に表層性角膜潰瘍が発生した。

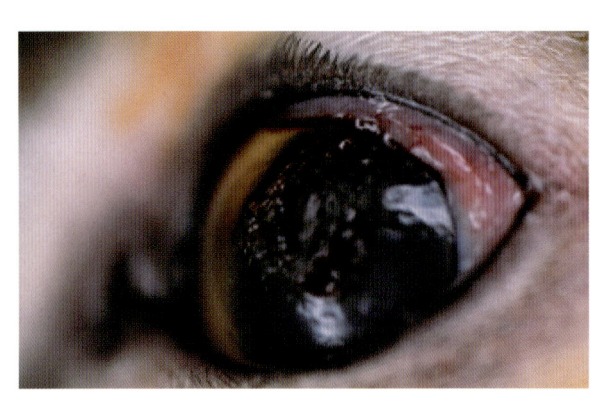

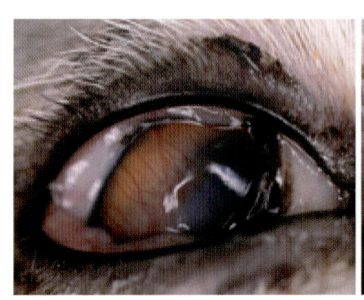

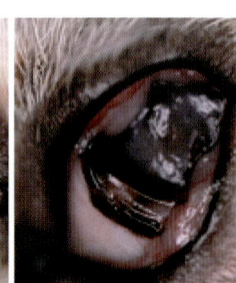

図3 第60病日における左眼に対する外科的療法
黒色壊死した角膜の上皮部分をメスを用いて剥離した。

右眼　　　　　　　　左眼
図4 第73病日における第三眼瞼フラップと瞼板縫合の抜糸後の前眼部所見
右眼では角膜の白濁と多数の血管の進入がみられた。左眼では著しい羞明と激しい角膜の白濁と血管の進入が認められた。

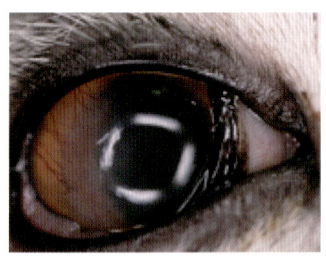

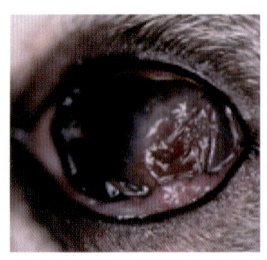

右眼　　　　　　　　左眼
図5 第90病日の前眼部所見
右眼では白濁の消失と血管の減少がみられた。左眼では羞明は少なくなり、潰瘍部分の縮小が認められた。

上皮部分をメスにて剥離した（図3）。

さらに、両眼に第三眼瞼フラップによる角膜保護を実施し、瞼板縫合を行った。なお、綿棒で拭い取ったスワブを検体として猫ヘルペスウイルス1型（FHV-1）抗原検査（マルピー・ライフテック株式会社に依頼）を行ったが、結果は陰性であった。また、採血を行い、抗猫免疫不全ウイルス（FIV）抗体および猫白血病ウイルス（FeLV）抗原の検査〔スナップ・FeLV/FIVコンボ（アイデックス ラボラトリーズ株式会社）を用いて実施〕に供したが、ともに陰性であった。

その後は、自己血清に抗菌薬としてセファゾリンナトリウム（タイセゾリン注射用1g、大洋薬品工業株式会社）を添加した点眼薬を調製して両眼に点眼を続け、第73病日に第三眼瞼フラップと瞼板縫合の抜糸を行った（図4）。

その後も自己血清とゲンタマイシン硫酸塩による点眼を続けたところ、第90病日には右眼では角膜の白濁が徐々に消失し、血管の減少がみられた。また、左眼では羞明がほとんど認められなくなるとともに、角膜の白濁は軽度になり、潰瘍部分の縮小が認められた

Case 12

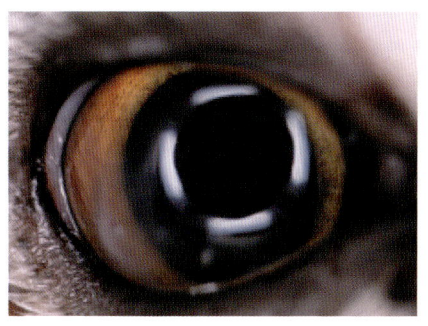

右眼 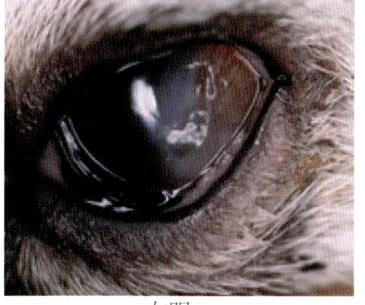　　　　　　　　　　　　　　左眼

図6　第105病日の前眼部所見
右眼では瘢痕部分と少数の血管がみられた。左眼では著しい潰瘍部分の縮小化が認められた。

右眼 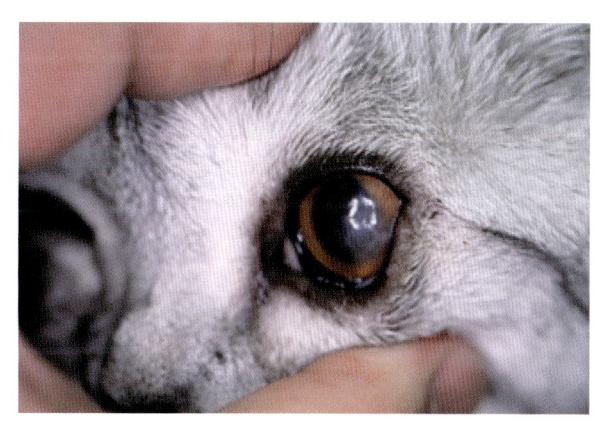　　　　　　　　　　　　　　左眼

図7　第115病日の前眼部所見
右眼ではわずかな瘢痕部分を残すのみになり，左眼でも潰瘍部分の消失がみられた。

（図5）。

第105病日には，右眼では潰瘍部分はほとんど消失し，瘢痕部分と少数の血管が残るだけとなり，一方，左眼では著しい潰瘍部分の縮小化と白濁の消失が認められた（図6）。

第115病日には，右眼ではわずかな瘢痕部分を残す程度になった（図7）ため，左眼のみへの点眼を指示した。

第130病日には左眼でも軽度の瘢痕部分を残す程度になった（図8）ため，自己血清の点眼を終了した。

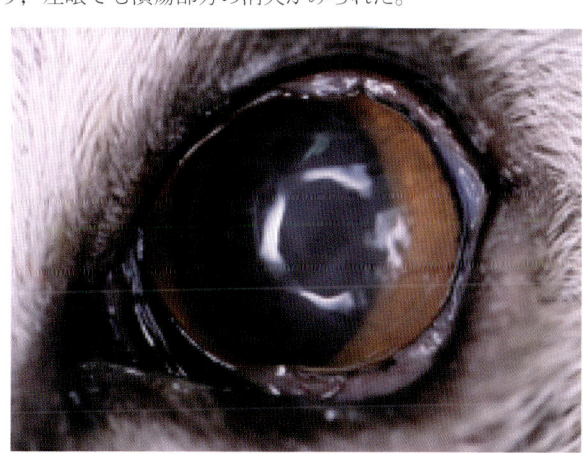

図8　第130病日の前眼部所見（左眼）
軽度の瘢痕部分が残る程度で，角膜の白濁と血管の消失が認められた。

## 考 察

 猫にはときおり原因不明の表層性角膜潰瘍（上皮びらん）が発生する。それは乾燥性角膜炎やヘルペス性角膜炎，増殖性角結膜炎，角膜黒色壊死症，ブドウ膜炎，緑内障，FIV感染症およびFeLV感染症などにともなって観察されることが多い。今回の症例は，FIVとFeLVの検査はともに陰性であり，FHV-1抗原検査も陰性であったことから，感染症にともなうものではないと判断される。また，シルマー涙液試験の結果が基準値域内にあったことから，涙液の分泌異常や角膜の乾燥などの影響もないと思われる。

 角膜黒色壊死症は，猫に特徴的に発生する原因不明の疾患であり，特定品種に多くみられることがある一方，あらゆる品種で角膜障害の後に起こる場合がある。病変部は，角膜実質が病的な金褐色に色素沈着し，その上を上皮が被う初期の病型から，限界明瞭な濃褐色または黒色のプラークを形成し，後に角膜上皮の高さより盛り上がる病型まで様々である。なお，病変の深さは実質中間を越えることはまれである。治療法としては，経過を観察して自然に脱落させるか，あるいは外科的に切除する。自然に脱落させる場合は，角膜の治癒には1～6か月間を要するとされている[1,2]。

 今回の症例では，外科的処置として上皮の剥離と第三眼瞼フラップを行った。黒色壊死部分の剥離は，FHV-1の感染があった場合，それを増悪する危険性があるが，検査結果が陰性であったため，治療期間の短縮を期待して実施した。また，第三眼瞼フラップは，角膜の保護を目的とするもので，剥離した上皮が比較的浅かったことと手技が簡便であることにより選択した。その後の自己血清を用いた点眼は，コラゲナーゼ抑制因子である$\alpha_2$-マクログロブリンなどを供給し，角膜の乾燥を防ぐこと[3]を目的として実施した。しかし，左眼では剥離した上皮は浅いと考えていたが，面積が広かったため，治癒に時間がかかり，術後約1か月にわたって羞明が続く結果となった。結膜フラップなどを用い，より長期にわたる角膜の保護が必要であったと考えられる。

## 文 献

1) Barnett,K.C., Crispin,S.M.（1998）：角膜．カラーアトラス最新ネコの臨床眼科学（朝倉宗一郎，大田充治 監訳），93-106，文永堂出版．

2) Petersen-Jones,S.M., Crispin,S.M.（1993）：涙膜と結膜および角膜の疾患．小動物の眼科学マニュアル（印牧信行訳），130-142，学窓社．

3) Severin,G.A.（1994）：角膜．獣医臨床眼科学Ⅱ（坂邊恵美子翻訳，松原哲舟 監修），165-168,173-181，LLLセミナー．

Case 13　犬

# 角膜潰瘍に対して自己血清点眼液を投与した犬の2例

西　賢

### 要約

初期治療に過誤があり，角膜潰瘍を形成した犬（雑種，雌，7か月齢）および通常の治療に反応せずに角膜潰瘍に進行した犬（シー・ズー，雄，6歳齢）に対して，自己血清の点眼を試みたところ，良好な治療効果が認められた。

### はじめに

角膜に損傷が起こると，損傷した角膜細胞や感染した細菌などからコラゲナーゼといわれる蛋白質分解酵素が放出され，角膜潰瘍が進行する。また，コラゲナーゼによる角膜融解が起こり，急激に潰瘍が進行することもある。このコラゲナーゼの活性を抑制する物質，すなわちコラゲナーゼ阻害薬を使用することにより，角膜潰瘍の進行を防止し，さらには潰瘍の治癒を図ることが行われている[1]。

コラゲナーゼ阻害薬としては，エチレンジアミン四酢酸（EDTA），アセチルシステイン，ペニシラミン，テトラサイクリン，自己血清などがあり，いずれも臨床に応用されている。とくに血清には$\alpha_2$-マクログロブリンや$\alpha_1$-アンチトリプシンという蛋白質分解酵素阻害物質が含まれているため，自己血清の点眼は角膜潰瘍に有効であると考えられる。さらにまた，血清に含まれるフィブロネクチンなども角膜損傷の治癒を促進することが知られている[2]。

今回，角膜潰瘍の犬2例に対して自己血清の点眼を試みたので，その概要を報告する。

### 症例1

第1例は，犬（雑種），雌，7か月齢である。

#### 1）主訴

7日前に右眼を猫に掻かれ，角膜の9時方向に角膜潰瘍を認め，治療を試みたが，角膜混濁が悪化したとの主訴で来院した。

#### 2）既往歴

既往歴はとくにない。

#### 3）現病歴

飼い主は医師（眼科）であったため，受傷時より手持ちのオフロキサシンの眼軟膏（タリビッド眼軟膏0.3%，参天製薬株式会社），レボフロキサシン水和物の点眼液（クラビット点眼液0.5%，参天製薬株式会社），トロピカミドおよびフェニレフリン塩酸塩の点眼液（ミドリンP点眼液，参天製薬株式会社）を投与したが，翌日には潰瘍が進行し，角膜混濁（浮腫）が著しくなった。

そこで，眼圧の上昇を疑い，チモロールマレイン酸塩（チモプトール点眼液0.25%，萬有製薬株式会社）とラタノプロスト（キサラタン点眼液，ファイザー株式会社）の点眼を開始した。

しかし，さらに角膜混濁が進んだため，イセパマイシン硫酸塩（イセパシン注射液200，シェリング・プラウ株式会社），アセタゾラミド（ダイアモックス錠250mg，株式会社三和化学研究所），濃グリセリンと果糖の配合製剤（グリセオール注，中外製薬株式会社）の投与を行うも，変化がみられなかったとのことで，受傷後7日目に来院した。

#### 4）一般身体検査所見

体重5.8 kg，体温38.5℃，元気，食欲ともに正常で，眼科疾患以外に異常は認められなかった。

#### 5）眼科学的検査所見

右眼角膜の9時の方向にデスメ膜に至る外傷性潰瘍を認めた。中等度の結膜充血，網様充血，羞明，流涙

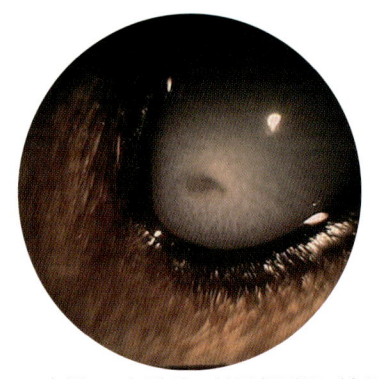

図1 症例1 初診時の前眼部所見（右眼）
浮腫が著しかった。

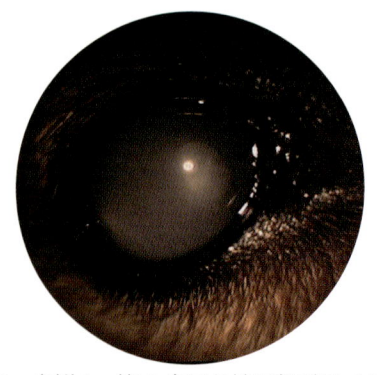

図2 症例1 第4病日の前眼部所見（右眼）
虹彩，瞳孔が透視できるようになった。

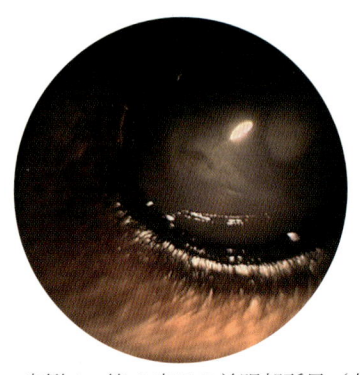

図3 症例1 第6病日の前眼部所見（右眼）
損傷部に血管新生が認められた。

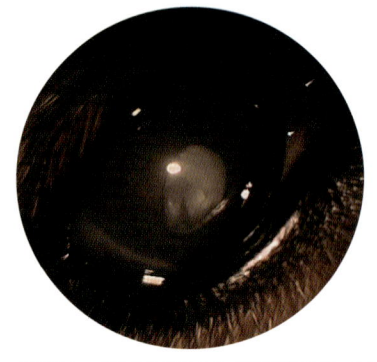

図4 症例1 第14病日の前眼部所見（右眼）
浮腫はほぼ消失した。白内障（外傷性?）が認められた。

を呈し，角膜浮腫が著明で，明室検査では前房内が観察できないほどであった。角膜浮腫により角膜はやや円錐形を呈していた。暗室検査では，眼底反射により約4 mmの瞳孔を確認することができ，また，前房内にフィブリン塊が観察された。

眼圧は浮腫が著しいために正確には測定できなかったが，緑内障は否定できた（図1）。

**6）治療および経過**

上記のように浮腫が著しく，角膜表面の変形もあるため，結膜弁の逢着またコンタクトレンズの装着は困難であると考え，自己血清点眼による治療を試みた。

自己血清は，頸静脈から血液5 mLを採取した後，遠心分離により血清を分離し，これにオフロキサシンの点眼液（タリビッド点眼液0.3%，参天製薬株式会社）を数滴加えたものを使用した。なお，自己血清の調製は無菌的に行い，調製後は冷蔵保存とした。また，血液5 mLからの自己血清を使い切るごとに，同一の方法により新たに調製した。

点眼は，診療時間である朝9時から午後7時まで，約1時間おきに実施した。加えて，オフロキサシンの点眼液を1日3〜4回，フラビンアデニンジヌクレオチドナトリウムの眼軟膏（フラビタン眼軟膏0.1%，トーアエイヨー株式会社）を1日2回，アトロピン硫酸塩水和物の眼軟膏（リュウアト1％眼軟膏，参天製薬株式会社）を1日1回，それぞれ点入し，さらにセファゾリンナトリウム（トキオ注射用，株式会社イセイ）の注射も行った。

その結果，治療開始から3日目には浮腫は軽減したが，角膜周擁充血が観察された。また，羞明や流涙は軽減していた。

Case 13

図5 症例2 初診時の前眼部所見（左眼）
角膜混濁とびらんが認められた。

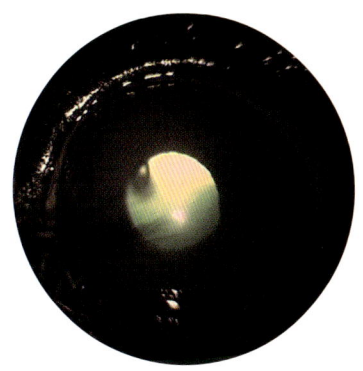

図6 症例2 第7病日の前眼部所見（左眼）
ブラシ状血管新生が認められたが、びらんが悪化した。

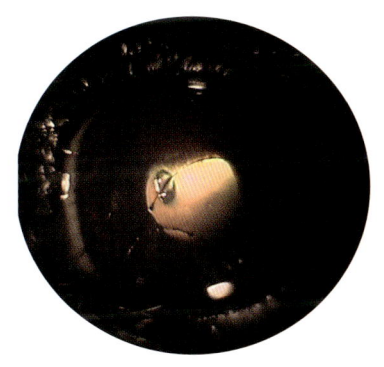

図7 症例2 第15病日の前眼部所見（左眼）

図8 症例2 第22病日の前眼部所見（左眼）

その後、4日目には、鼻側角膜上方の浮腫がさらに軽減して眼内の観察ができるようになり、角膜潰瘍の領域も小さくなっていた。このとき、水晶体に白内障と思われる混濁を認めた。これは外傷性白内障であると思われた（図2）。

6日目の所見では、角膜浮腫はかなり軽減し、前房がよく見えるようになっていた。角膜周擁充血は消失し、外傷部に血管新生が認められた。潰瘍はほぼ治癒していた（図3）。この時点で自己血清の点眼を中止した。

8日目には、フルオレセイン角膜染色検査により角膜潰瘍の治癒を確認した。ただし、角膜混濁と網様充血が依然として確認されたため、ベタメタゾンリン酸エステルナトリウム（サンベタゾン眼耳鼻科用液0.1%、参天製薬株式会社）とオフロキサシンの1日3回の点眼に変更した。

治療開始から14日目には、角膜混濁もかなり消失し、羞明、充血、流涙などの症状も認められなくなった（図4）。

## 症例2

第2例は、犬（シー・ズー）、雄、6歳齢である。

### 1）主 訴

前日から左眼が白濁し、羞明があるとの主訴で来院した。

### 2）既往歴

2歳齢のときに睫毛重生を認め、随時、抜毛による処置を行っている。

### 3）現病歴

前日から左眼の羞明がみられ、角膜が混濁してきた。

### 4) 一般身体検査所見

体重は 7.8 kg で，元気，食欲ともに低下している。ただし，軽度の外耳炎のほかは，とくに異常は認められなかった。

### 5) 眼科学的検査所見

左眼に羞明，流涙，眼脂，結膜の中等度の充血，軽度の網様充血が認められた。また，角膜混濁（浮腫）があり，角膜中央部のやや鼻側に 2mm 程度の浅い角膜上皮びらんが確認された。ただし，フルオレセイン角膜染色検査では軽度に染色されるのみであった。角膜には 10 時から 12 時の方向にかけて樹枝状の血管新生がみられたが，これは角膜びらんに起因するものではなく，シー・ズーによくみられる表層性角膜炎によるものと思われた（図 5）。

### 6) 治療および経過

ヒアルロン酸ナトリウムの点眼液（ヒアレインミニ点眼液 0.3%，参天製薬株式会社）の 1 日 5～6 回投与とオフロキサシンの点眼液（タリビッド点眼液 0.3%，参天製薬株式会社）の 1 日 4～5 回投与の併用により治療を開始した。

しかし，6 日間にわたって上記の点眼を続けたが，大きな変化は認められなかった。

7 日目には，中等度の充血，羞明，流涙がみられ，びらんがやや深くなり，潰瘍を形成した。また，角膜の 10 時から 2 時の方向にブラシ状の血管新生を認めるようになった。ブラシ状の血管新生は治癒機転だと考えたが，潰瘍の悪化のため，ヒアルロン酸ナトリウムの点眼を中止し，自己血清の点眼を開始した（図 6）。自己血清は 1 日 7～8 回の点眼を行った。

その後，11 日目には，羞明や流涙の軽減が認められた。ブラシ状血管新生は輪部から 3～4mm まで進行していた。フルオレセイン角膜染色検査により，潰瘍底の一部が染色されたが，潰瘍の領域は縮小していることが確認された。

15 日目の検査では，充血の軽減が認められ，羞明や流涙はほとんどなくなっていた。また，角膜の血管は潰瘍の直上まで侵入していた（図 7）。

22 日目には，新生血管が潰瘍を覆い，潰瘍の治癒を確認した。これ以降，点眼薬をフルオロメトロン（フルメトロン点眼液 0.02%，参天製薬株式会社）に変更し，血管の消退を図った（図 8）。

## 考 察

自己血清の点眼は，初期治療の過誤による治癒の遅延や，通常の治療に反応が悪いびらんあるいは潰瘍に対して有効であると思われる。また，今回の症例ではないが，私の経験では角膜上皮の辺縁が癒着しないような難治性角膜炎に対しても，コンタクトレンズや角膜穿刺との併用により良好な結果を得ている。

初めにも述べたように，血清中にはコラゲナーゼ阻害作用を有する $\alpha_2$-マクログロブリンや $\alpha_1$-アンチトリプシンが含まれているだけでなく，フィブロネクチンなども存在しているため，このような効果が得られるのではないかと考えられる。

自己血清の点眼液は簡単に調製することができ，冷蔵保存で 1 週間くらいは使えるようである。調製が簡単で，効果の高い自己血清点眼液は，きわめて有用であると考える。

### 文 献

1) Whitley,R.D., Gilger,B.C. (1998)：Disease of the canine correa and sclera. Veterinary Ophthalmology 3rd ed. (Gelatt,K.N. ed.), 640-646, Lippincott Williams & Wilkins.

2) Word,D.A. (1998)：Clinical ophtalmic parmacology and therapeutic Part3. Veterinary Ophthalmology 3rd ed. (Gelatt,K.N. ed.), 347-348, Lippincott Williams & Wilkins.

Case 14　犬・猫

# 犬および猫の角膜損傷 30 眼に対する治療用ソフトコンタクトレンズの装用

余戸拓也

## 要約

　角膜びらんおよび角膜潰瘍，あるいは直径が 3 mm 以下のデスメ瘤に対して治療用ソフトコンタクトレンズ（SCL）を装用した犬 24 頭 24 眼および猫 6 頭 6 眼，合計 30 頭 30 眼の治療記録を調査した。SCL の装用期間は平均 8.1 日で，30 眼中 19 眼で脱落が起こっていた。装用期間が 4 日未満の 12 眼では 7 眼で外科的処置を必要としたが，装用期間が 4 日以上の 18 眼では外科的処置を必要としたものは 2 眼のみであった。また，1 回目の再診時に SCL が装用されていた 17 眼では 13 眼で疼痛の緩和がみられたが，脱落していた 10 眼では 2 眼のみに疼痛の緩和がみられたにすぎなかった。以上の結果から，SCL は角膜損傷の治療に有用であるが，脱落しやすいことが明らかになった。また，SCL 装用の効果として，これまで唱えられていた角膜保護による治癒の促進だけでなく，疼痛緩和も期待できることが示された。

## はじめに

　小動物を対象とした眼科診療において，潰瘍をはじめとする角膜の損傷はもっとも発生頻度が高い疾患の 1 つである。犬と猫の角膜疾患のうち，角膜のびらんや軽度の角膜潰瘍の治療法としては，従来は点眼薬の投与が主であった[7]。しかし，近年，日本国内で犬および猫に用いる治療用ソフトコンタクトレンズ（SCL）の製造販売が認可され，角膜疾患の治療に新たな選択肢が加わってきた。ただし，その治療効果に関する情報はいまだ不十分であり，適応症を選択するうえで問題が残されているといわざるをえない。

　そこで，角膜損傷に罹患した臨床症例に対して SCL を装用してその後の経過を観察することにより，SCL の装用性および治療効果を検討し，角膜疾患の治療への SCL の適応の可否およびその際の問題点を考察した。

## 材料および方法

### 1）供試動物および SCL の装用方法

　角膜びらんおよび角膜潰瘍，あるいは直径が 3mm 以下のデスメ瘤に罹患し，それに対して SCL（メニわんコーニアルバンデージわん，株式会社メニワン）を装用した犬 24 頭 24 眼，および猫 6 頭 6 眼の合計 30 頭 30 眼を検討の対象とした。

　SCL を装用した 30 頭 30 眼の内訳は，犬が 24 頭 11 品種（表 1），雄 13 頭，雌 11 頭，平均年齢 8.4 歳，平均体重 8.8kg，猫が 6 頭 3 品種（表 1），雄 3 頭，雌 3 頭，平均年齢 6.0 歳，平均体重 3.6kg であった。

　本研究に使用した SCL は，規格が直径 14.0mm，曲率半径 8.50mm，含水率 72 ％のもので，犬および猫用に製造販売が認可されている製品である。

　犬，猫への SCL の装用は，いずれも点眼麻酔下で，獣医師が直接，動物の角膜上に装用した。このとき，SCL が確実に瞬膜下に入るように留意した。

### 2）治療記録の調査

　SCL の装用期間は，装用した日から取り外した日または脱落した日までとした。ただし，脱落日が確認できなかった例では最終確認が取れた日を脱落日として装用期間を算定した。また，治癒期間は，細隙灯（スリットランプ）検査にて角膜損傷の瘢痕化が確認されるまでとした。

　SCL 装用後の 1 回目の再診時における疼痛の程度の評価は，"罹患眼の触診を嫌う"，"流涙"，"眼瞼閉瞼"，"羞明"のうちのいずれか 1 つでも該当するものがある場合に疼痛を有すると判定した。

表1 供試動物の品種

| 品種 | 症例数 |
|---|---|
| 犬 | |
| シー・ズー | 10 |
| 柴 | 3 |
| ウエスト・ハイランド・ホワイト・テリア | 2 |
| ペキニーズ | 2 |
| ミニチュア・シュナウザー | 1 |
| ゴールデン・レトリーバー | 1 |
| ビション・フリーゼ | 1 |
| キャバリア・キング・チャールズ・スパニエル | 1 |
| パグ | 1 |
| ラサ・アプソ | 1 |
| 雑種 | 1 |
| 計 | 24 |
| 猫 | |
| アメリカン・ショートヘア | 3 |
| 日本猫 | 2 |
| チンチラ | 1 |
| 計 | 6 |

### 3）併用療法

SCL を装用後，抗菌薬としてロメフロキサシン塩酸塩（ロメフロン点眼液0.3%，千寿製薬株式会社）と，院内調製の自己血清点眼液を処方し，ともに1日3～4回，飼い主が投与を行った。

また，動物が自ら SCL を排除することを防ぐために，すべての症例に対して，適切な大きさのエリザベスカラーを着用した。

## 成　績

供試動物における SCL の装用期間は，犬では平均8.2日，猫では7.8日，両者を合わせた場合には平均8.1日であった（表2）。

また，供試動物における角膜疾患の治癒期間は $28.7 \pm 18.3$ 日であった。外科的治療症例を除く瘢痕化までの治癒期間は，SCL が途中で脱落した12症例では $22.1 \pm 15.8$ 日，SCL が上皮再生まで装用されていた9症例では $18.8 \pm 13.1$ 日であった。両者の治癒期間には統計学的な有意差（対応のない t 検定，$p = 0.587$）は認められなかった。

SCL を装用して治療したが，結膜有茎弁などの外科的治療が必要となった症例は30眼中9眼（30%）であり，これら9眼における SCL 装用期間は平均3.9日であった。ここで，外科的治療が必要だった症例の SCL 装用期間が平均3.9日であったことから，全例における装用期間を4日未満と4日以上に分けて検討したところ，4日未満の12眼では7眼（58%）が外科的治療を必要としたが，装用期間が4日以上の18眼では2眼（11%）のみが外科的治療を必要としており，統計学的に有意差（フィッシャーの直接確率法，$p < 0.01$）が認められた（表3）。

デスメ瘤をともなっていた角膜潰瘍の症例は30例中5例で，このうち内科的治療だけで治癒したのは2例（40%）で，手術の適用となったのが3例（60%）であった（表4）。

SCL 装用後1回目の再診時に SCL が装用されていた17眼では13眼（77%）で疼痛の緩和がみられたが，SCL が脱落した10眼では疼痛の緩和が認められたのは2眼（20%）のみであり，統計学的な有意差（フィッシャーの直接確率法，$p < 0.01$）が確認された（表5）。

表2 SCL 装用期間

| 動物種 | 症例数 | SCL 装用期間（日） | | | | |
|---|---|---|---|---|---|---|
| | | 平均 | 最小値 | 最大値 | 最頻値 | 中央値 |
| 犬 | 24 | 8.2 | 0 | 30 | 3 | 4.5 |
| 猫 | 6 | 7.8 | 3 | 17 | 6 | 6.0 |

表3 SCL装用期間と手術適応

| SCL装用期間 | 症例数 | 手術実施例数 | 手術実施率（%） | 手術の内容 |
|---|---|---|---|---|
| 4日未満 | 12 | 7 | 58 | 結膜有茎被弁(3例)　眼瞼縫合（2例）<br>放射状切開（1例）　瞬膜被覆（1例） |
| 4日以上 | 18 | 2 | 11* | 放射状切開（1例）　眼瞼縫合（1例） |

＊統計学的に有意（p＜0.01）に低下

表4 角膜の状態と手術適応

| 角膜の状態 | 症例数 | 手術実施例数 | 手術実施率（%） |
|---|---|---|---|
| びらん | 3 | 0 | 0 |
| 潰瘍 | 22 | 6 | 27 |
| 潰瘍・デスメ瘤 | 5 | 3 | 60 |
| 計 | 30 | 9 | 30 |

## 考 察

　種々の原因によって角膜に損傷が生じると，炎症性の細胞の浸潤が起こった後に周辺の角膜上皮細胞が増殖浸潤し，損傷部を覆っていく。このとき，欠損が深部にまで及んでいる場合には，角膜上皮に覆われた後に細胞の増殖が起こることになる[1,3,7]。SCLは，角膜上皮が損傷を受けた際に，角膜上皮の再付着を促すバンデージ効果を期待して装用する治療用具である[2,4,7]。

　今回，犬および猫の角膜損傷30頭の30眼に対してSCLを装用した結果，SCLは装用期間のばらつきが大きく，過半数の症例でその脱落が起こった。角膜の曲率半径に関しては，その動物の体重に比例するとの報告[5]もあり，動物の個体によって様々に異なることは明らかである。今回の治療に用いたSCLは，規格が1種類のみであったため，様々な曲率半径の角膜に対して常にはフィットしなかったと考えられ，このことが脱落の原因の1つであったと思われる。さらにまた，このSCLは高含水であり，乾きやすいことも，脱落の大きな原因であると推察される。そのため，装用期間を延ばす対策として，装用後数日は人工涙液などの頻回の点眼が必要であろう[6]。

　デスメ瘤に対しては通常，結膜有茎弁の形成が治療の第一選択肢となる[1,7]。しかし，今回の検討では，SCLの装用によって，デスメ瘤のうち40％もの症例が外科的治療の適応なしに治癒した。すなわち，犬，猫の角膜損傷に対してバンデージ効果を目的に装用したSCLによる治癒の促進が示されたといえるだろう。

　SCLは容易に装用でき，装用下においても点眼薬の投与が可能である。また，角膜病変の肉眼的な経過観察が可能であるため，病変が悪化を始めた際には速やかに次の治療プランに移行できるという利点があり，さらにデスメ瘤でもSCLの装用によるバンデージ効果で治癒する症例があることから，角膜損傷治療における有用性が高いことが示唆された。一方で，SCLは

表5 疼痛の評価成績

| 再診時におけるSCL装用の有無 | 症例数 | 疼痛緩和例数 | 疼痛緩和率（%） |
|---|---|---|---|
| 有 | 17 | 13 | 77* |
| 無 | 10 | 2 | 20 |

＊統計学的に有意（p＜0.01）に上昇

脱落しやすいために装用後数日は人工涙液などの頻回の点眼が必要で，4日以上にわたって連続して装用されない場合には外科的治療法の適用を考慮する必要性があることが示唆された。

　SCL装用の効果としては，損傷した角膜に起因する疼痛の緩和がもっとも期待できるものである。この効果は，SCLが損傷部を覆うため，乾燥や瞬目の際の損傷部への物理的刺激が抑制されることによって得られると考えられる。獣医学領域におけるSCLによる治療はこれまで，角膜保護による上皮の接着および増殖を助けるというバンデージ効果ばかりが強調されている[2, 4, 7]。しかし，今回の結果からSCL装用により疼痛の抑制効果も大きいことが明らかとなった。

### 文　献

1) Miller,W.W.（2001）：Evaluation and management of corneal ulcerations: A systematic approach. *Clinical Techniques in Small Animal Practice*, 16, 51-57.

2) Morgan,R.V., Abrams,K.L.（1994）：A comparison of six different therapies for persistent corneal erosions in dogs and cats. *Veterinary and Comparative Ophthalmology*, 4, 38-43.

3) Pfister,R.R.（1975）：The healing of corneal epithelial abrasions in the rabbit: A scanning electron microscope study. *Investigative Ophthalmology & Visual Science*, 14, 648-661.

4) Regnier,A., Toutain,P.L.（1991）：Ocular pharmacology and therapeutic modalities. Veterinary Ophthalmology（Gelatt,K.N. ed.），164, Lea & Febiger.

5) Sakanishi,K., Kudou,S., Kanemaki,N.（1998）：Measurement of refract and keratometer in dogs. *Animal Eye Research*, 17, 119-123.

6) 崎元　卓，橋本眞紀（1983）：コンタクトレンズの治療応用　－レンズ選択について－. 日本コンタクトレンズ学会誌, 25, 46-52.

7) Whitley,R.D.（1991）：Canine cornea. Veterinary Ophthalmology（Gelatt,K.N. ed.），312-318, Lea & Febiger.

Case 15　犬・猫

# 犬と猫の角膜疾患に対する角膜表層切除術の適用

奥本利美

### 要約

犬の角膜ジストロフィー，翼状片および猫の角膜黒色変性症（角膜分離症）に対して角膜表層切除術を施したところ，非常に良好な結果を得たので，その術式を紹介するとともに，術後経過について考察を加えた。

## はじめに

内科的治療に対して無反応であった角膜疾患に罹患している犬2例および猫1例に対して角膜表層切除術を施した。

角膜表層切除の手技は非常に簡便であるが，顕微鏡下での手術であり，簡単に実施可能とはいえず，やはり熟練を要するであろう。以下に簡単に術式を紹介したい。

## 症　例

症例1は，犬（シェットランド・シープドッグ），雄，7歳齢である。角膜ジストロフィーを発症していた。

また，症例2は犬（シー・ズー），雌，5か月齢で，角膜の翼状片を示していたものである。

症例3は，猫（ペルシア），雄，9歳齢であった。本症例は角膜黒色変性症（角膜分離症）に罹患しており，角膜の表層から深層の切除を実施した。

## 術　式

麻酔は，ブトルファノール酒石酸塩（スタドール注1mg，ブリストル・マイヤーズ株式会社）による前処置の後，プロポフォール（1%ディプリバン注，アストラゼネカ株式会社）で導入，ハロタン（フローセン，武田薬品工業株式会社）の吸入にて維持した。

手術にあたっては，開眼器を装着し，あらかじめ細隙灯（スリットランプ）によって広さおよび深さを精査しておいた病変部の周辺に，病変部の深さまで見当をつけ，ビーバーブレイドで垂直に角膜切開を施した。

次いで，先端部の細い有鈎の角膜縫合鑷子を用いて切開した角膜の一部をつまみ，ゴルフ刀または45度のスリットナイフで，魚を3枚におろすように剪刀を進め，切除した。

病変部が広範囲あるいは深層まで及んでいた症例においては，手術部位を保護する目的で，2週間ほどにわたって瞬膜フラップを施した。

剥離後は，抗菌薬としてオフロキサシン（ファルキサシン点眼液0.3%，キョーリンリメディオ株式会社）と抗コラゲナーゼ薬としてアセチルシステイン（パピテイン，千寿製薬株式会社）およびヒアルロン酸ナトリウム（ヒアレイン点眼液0.1%，参天製薬株式会社）の点眼を1～2か月間，継続して行った。

## 経　過

3症例とも，術後経過は良好で，6か月ほどで角膜が完全に再生された。

ただし，症例2の翼状片においては，角膜の実質1/3程度まで切除し，輪部から強膜まで切除を行ったため，角膜の再生の程度は2例に比べて悪かった。

## 考　察

今回，点眼による根治が望めなかった3症例に対して角膜表層切除を実施し，術式ならびに術後経過を検討したところ，いずれの症例においても比較的短時間で手術を行うことが可能であり，術式上も困難を要することなく，無事に手術を終了することができ，さらに術後経過も良好であった。

この3症例に代表されるような症例に対して，当

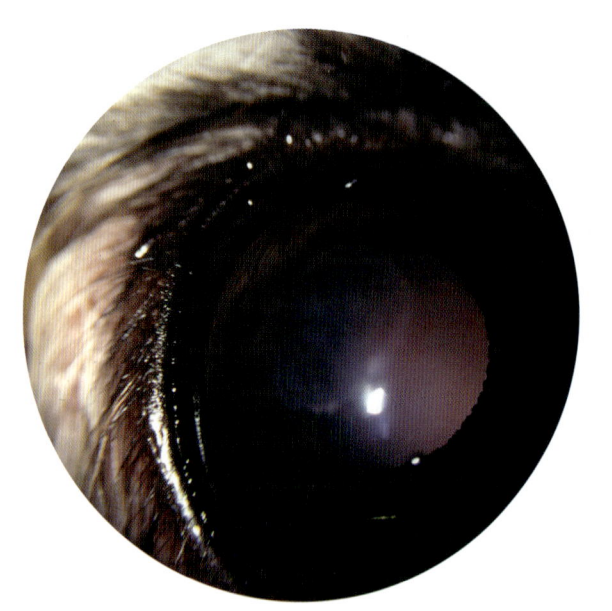

図1 症例1 前眼部所見（右眼）
中央部に薄い角膜混濁が認められた。

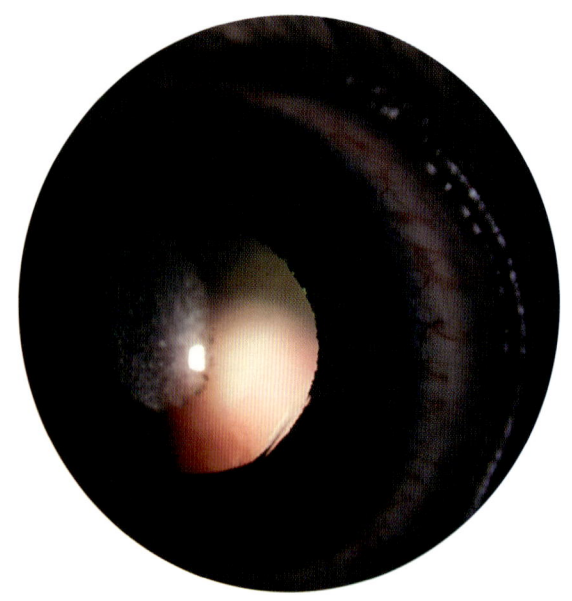

図2 症例1 前眼部所見（左眼）
中央部にスリガラス状の角膜ジストロフィーが認められた。

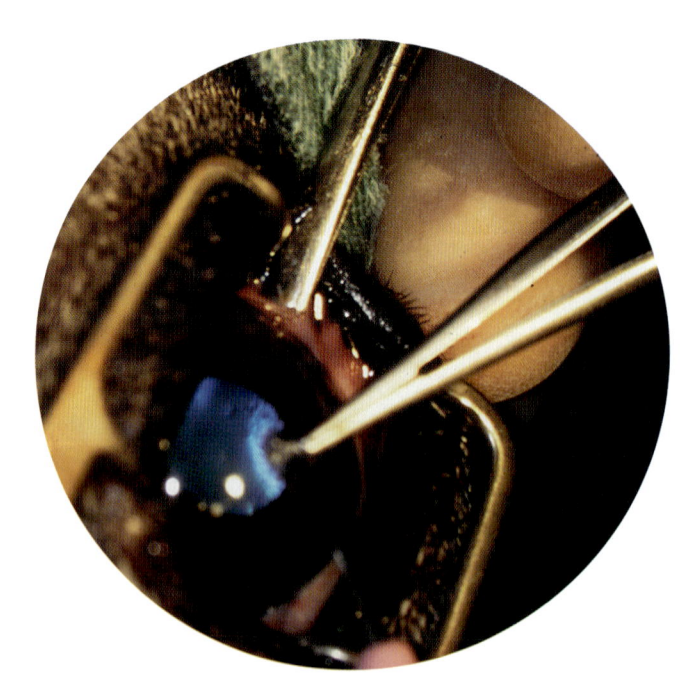

図3 角膜表層切除術

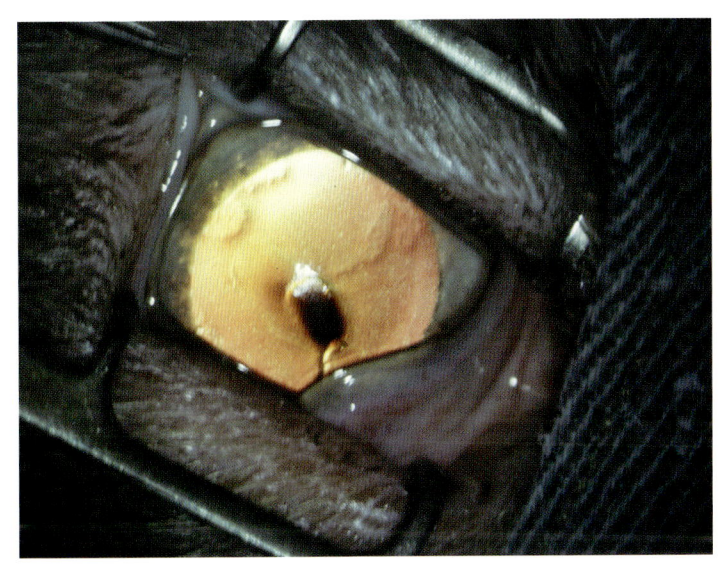

図4　症例3　術前の所見（左眼）
中央部に黒色の病変が認められた。

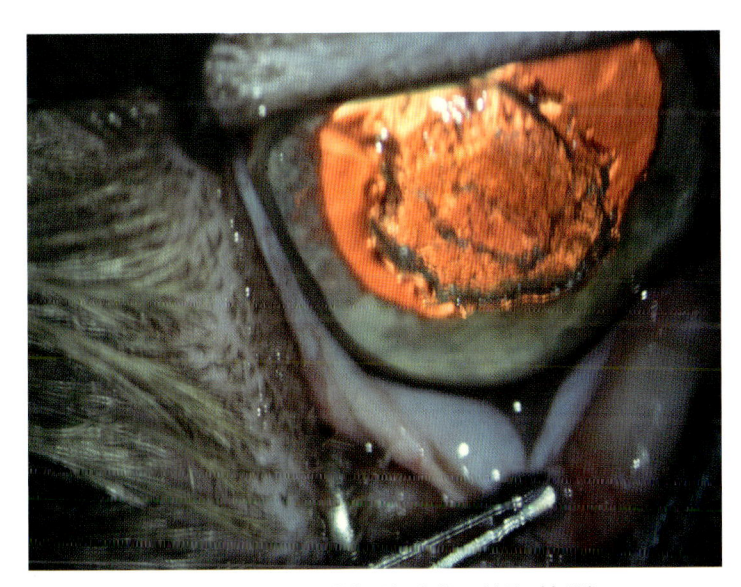

図5　症例3　角膜表層切除後の所見（左眼）

施設ではこれまでに数十例に角膜表層切除術を施しているが，術後に角膜潰瘍やブドウ膜炎，角膜穿孔，緑内障などの合併症はみていない。

　角膜表層切除術は，手術自体は簡単であるが，その一方，手術用顕微鏡，眼科器具，細隙灯などが必要不可欠であり，このような機材の整った施設で実施することが肝要である。

**参考文献**

1 ) 朝倉宗一郎（1993）：朝倉カラー原図41，42. 小動物の眼科学 －眼症状からみた診断と治療－（朝倉宗一郎 監訳），18-19，文永堂出版.
2 ) Barnett,K.C., Crispin,S.M.（2000）：角膜黒色壊死症. カラーアトラス最新ネコの臨床眼科学（朝倉宗一郎，太田充治 監訳），102-106，文永堂出版.
3 ) Gelatt,K.N.（1991）：Veterinary Ophthalmology 2nd ed., 360-372, Lea & Febiger.
4 ) Gelatt,K.N.（2000）：Essentials of Veterinary Ophthalmology, 311-312, A Wolters Kluwer.
5 ) Petersen-Jones,S., Sheila,C.S.（2006）：小動物の眼科学マニュアル 第2版（印牧信行，古川敏紀 監訳），147-151，学窓社.
6 ) Slatter,D.（1990）：Corenea and sclera. Fundamentals of Veterinary Ophtahlmology 2nd ed., 292-299, W.B. Saunders.

Case 16　犬・猫

# デスメ瘤に対して角結膜層板状移植術（Parshall 法）を適用した犬と猫の各1例

太田充治

### 要約

デスメ瘤を形成した重度な角膜潰瘍の犬（シー・ズー，雄，2歳11か月齢）および猫〔雑種（短毛），雄（去勢手術実施済み），7歳齢〕に対して角結膜層板状移植術（Parshall 法）を実施した。術後約1か月で移植片は良好に生着し，その後，角膜の透明度を維持しながら潰瘍は治癒した。

### はじめに

角膜の疾患は日常の眼科診療においてもっとも頻繁に遭遇する疾患であるが，ときに内科療法のみでは対処しきれない病態に遭遇することも少なくはない。

今回，角膜潰瘍が進行してデスメ瘤となり，その外科的治療法として角結膜層板状移植術（Parshall 法）を実施し，良好な結果を得たのでその概要を報告する。

### 症例1

症例1は，犬（シーズー），雄，2歳11か月齢である。

#### 1）主訴

1週間前にデスメ瘤を発症し，主治医にて内科的治療を行ったが好転しないため，当院を紹介されて受診した。

#### 2）既往歴

特記すべき既往症はない。

#### 3）現病歴

7日前に左眼に羞明を呈し，主治医にて角膜潰瘍と診断されて治療のために点眼薬を処方された。翌日，点眼後に急に疼痛を示し，左眼より出血を認めたため再度主治医を受診すると，潰瘍部はデスメ瘤となっていた。1週間にわたって主治医にて内科的治療（治療内容は不明）を受けたが，治癒傾向がみられない。

#### 4）一般身体検査所見

体重は5.5kgで，眼疼痛のためか元気，食欲は若干減少していた。左眼には羞明，眼脂が著明であったが，そのほかに異常はみられなかった。

#### 5）眼科学的検査所見

左眼の角膜中央部よりやや内側に直径4mmのデスメ瘤が存在しており，その内側には虹彩が癒着していた。内側の角膜輪部からは細い血管の進入が認められた（図1）。

### 症例2

症例2は，猫（雑種，短毛），雄（去勢手術実施済み），7歳齢である。

#### 1）主訴

左眼がデスメ瘤となり，3か月間にわたって内科的治療を施されてきたが，治癒傾向がみられないために外科的治療を希望して当院を受診した。

#### 2）既往歴

特記すべき既往歴はない。

#### 3）現病歴

10か月前に左眼に角膜潰瘍を発症し，いったんは治癒したものの，その7か月後に再発してデスメ瘤となり，主治医のもとで内科的治療を受け，3か月間にわたって小康状態を保っていた。

#### 4）一般身体検査所見

体重は5.2kgで，一般状態はきわめて良好であり，左眼に眼脂，羞明などの症状はまったくみられなかった。

#### 5）眼科学的検査所見

左眼の角膜中央部に直径2mm程度のデスメ瘤が存在していたが，角膜には治癒過程の反応（血管新生や肉芽形成）はまったくみられなかった。しかしながら，

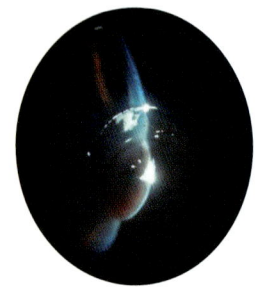

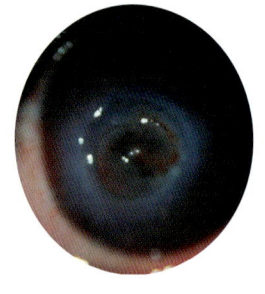

図1 症例1 初診時の前眼部所見（左眼）
左眼の角膜中央部よりやや内側に直径4mmの大きさのデスメ瘤が存在していた。デスメ瘤の内側には虹彩が癒着し，また，周囲には出血が認められたことから，このデスメ膜は過去に穿孔していると考えられた。ただし，デスメ瘤周辺の角膜は比較的透明度を維持しており，健康な状態にあると思われた。

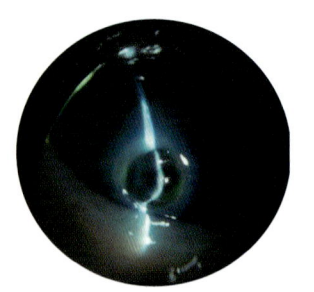

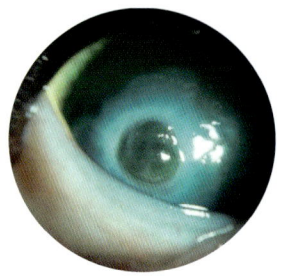

図2 症例2 初診時の前眼部所見（左眼）
左眼の角膜中央部に直径2mm程度の大きさのデスメ瘤が存在していた。角膜には治癒過程の反応はみられなかったが，デスメ瘤周辺の角膜は比較的透明で，健康な状態にあると思われた。

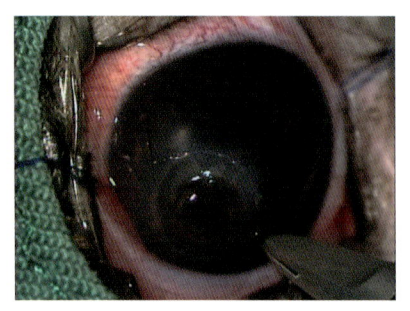

図3 角膜フラップの作成（術式①および②）
移植する部分および移植される部分の外周を角膜の1/2の深さまで切開する。

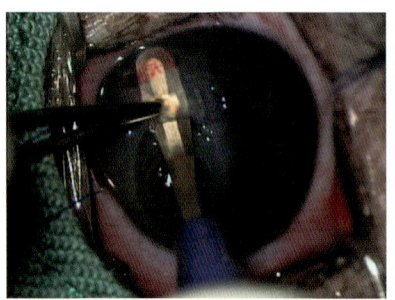

図4 角膜フラップの作成（術式③）
クレセントナイフを用いて角膜の約1/2の厚さになるように角膜フラップを作成する。

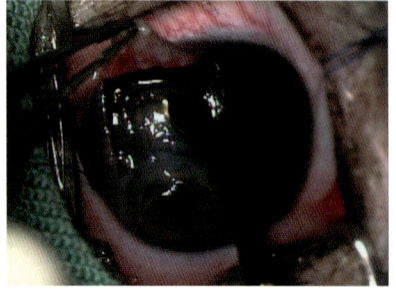

図5 角膜フラップの作成（術式③）
ゴルフ刀を用いて輪部ぎりぎりまで切開を伸ばし，角膜フラップを完成させる。

デスメ瘤周辺の角膜は比較的透明で，健康であると思われた（図2）。

## 治療

2症例ともすでに点眼治療に抵抗していたので，これ以上内科的に経過をみるよりは，早急に積極的な外科的治療を施すことが望ましいと思われた。デスメ瘤周辺の角膜が比較的透明性を維持できており，デスメ瘤の位置も中央部に近かったため，角結膜層板状移植術（Parshall法）が可能であり，考えられる方法のうちで仕上がりがもっともきれいであると考えられたので，この手術を実施することにした。

## 術式

① スライドさせる部分の角膜に輪部からデスメ瘤まで，デスメ瘤の直径と同じ幅で平行に2本，角膜の約半層に及ぶ切開を行う。

② デスメ瘤の直前で①で作った平行線に垂直に，角膜の約半層に及ぶ切開を加える。これによって移動させる角膜のフラップの外周がマークされる（図3）。

③ ②で作った切開線から輪部に向かい，クレセントナイフなどを用いて角膜の半分の厚みの角膜フラップを作成する（図4，5）。

④ 角膜フラップの長軸に平行になるように結膜に2本の切開を入れ，その下のテノン嚢を鈍性に剥離する（図6）。

⑤ 結膜を輪部まで十分に剥離した後，角膜輪部の強膜を切断して，結膜と角膜が連続した短冊状のフラップを完成させる（図7）。

⑥ デスメ瘤周囲の角膜をフラップの形に合うよう

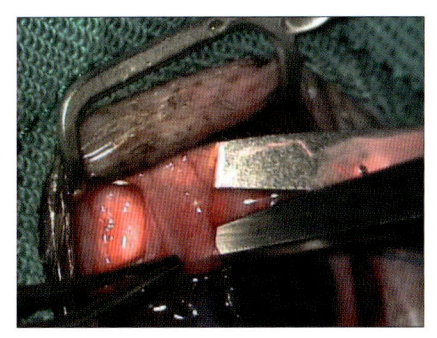

図6 結膜フラップの作成（術式 ④）
角膜フラップに連続するように結膜フラップを作成する。

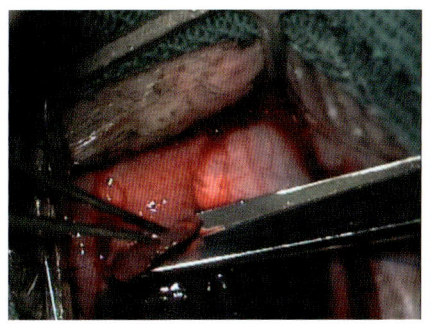

図7 角結膜フラップの作成（術式 ⑤）
結膜を輪部まで十分に剥離した後，角膜輪部の強膜を切断して，結膜と角膜が連続した短冊状の角結膜フラップを完成させる。

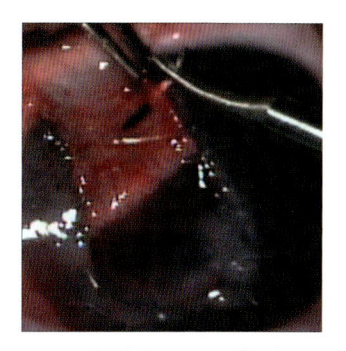

図8 角結膜フラップの逢着（術式 ⑦）
角結膜フラップを9-0ナイロン糸にて角膜に縫合する。角膜と角膜は単純結紮縫合，結膜と角膜は連続縫合で逢着する。

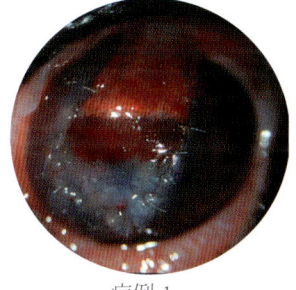

症例1　　　　　症例2
図9 手術実施直後の前眼部所見（左眼）
手術実施直後は，移植された角膜は若干の混濁を呈していた。

症例1　　　　　症例2
図10 術後1か月目の前眼部所見（左眼）
2症例とも角結膜フラップの生着は良好で，移植された結膜，角膜とも透明化してきていた。

にトリミングする。デスメ膜が破裂し，前房が虚脱する場合は，ヒアルロン酸などの粘弾性物質を前房内に注入して前房を維持する。

⑦ デスメ瘤のあった角膜欠損部までフラップを牽引して縫合する。角膜と角膜は単純結紮縫合，結膜と角膜は連続縫合を行う（図8，9）。

## 経　過

術後は入院にて抗菌薬の全身投与と，2倍濃度のグルタチオン（チオグルタン点眼液，参天製薬株式会社）および抗菌薬としてオフロキサシン（タリビッド点眼液0.3%，参天製薬株式会社）の点眼を行い，1週間後に退院させた。術後約1か月目の検診では2症例とも移植したフラップの生着は良好で，角膜は透明化しており，欠損部の角膜表面はスムーズになっていた。

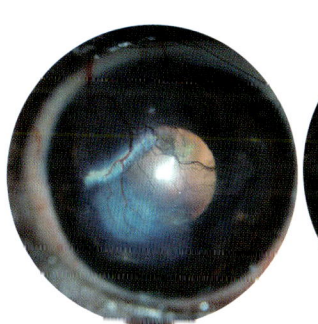

症例1　　　　　症例2
図11 術後7か月目（症例1）および6か月目（症例2）の前眼部所見（左眼）
角膜の透明度はさらに増し，2症例とも角膜への若干の血管進入は認められたが，良好に治癒していた。

症例1では結膜の血管が角膜のフラップ部分にまで侵入していたが，症例2では結膜の血管はやや萎縮気味になっており，角膜のフラップ部分には侵入して

いなかった（図10）。2症例ともこの時点で移植片を縫合した角膜の抜糸を行った。

抜糸後1週間は抜糸前と同様の点眼治療を行い，角膜がフルオレセインに染まらなくなったことを確認した後は，症例1では点眼薬をフラビンアデニンジヌクレオチドナトリウムとコンドロイチン硫酸エステルナトリウムの合剤（ムコファジン点眼液，わかもと製薬株式会社）に，症例2ではデキサメタゾンメタスルホ安息香酸エステルナトリウム（サンテゾーン点眼液（0.02%），参天製薬株式会社）に切り替え，角膜の透明化を促した。

症例1は術後7か月目に，症例2は術後6か月目に検診のために来院したが，角膜の透明度はさらに増し，2例とも若干の角膜への血管進入はみられたものの，良好に治癒していた（図11）。

## 考 察

潰瘍性角膜炎を外科的に修復する際，角膜の欠損の位置，大きさ，深さ等によって手術法を選択する必要がある[1-3]。今回の2症例のようなデスメ瘤の場合，選択できる手術法は角膜縫合，全層角膜移植術，結膜被弁等が考えられるが[2,3]，① デスメ瘤が角膜の表面から大きく盛り上がっていたこと，② デスメ瘤の大きさ（直径）が大きかったこと，③ 角膜移植のドナーがみつからなかったことから，上記の手術法では満足のいく結果が得られない可能性が高かったため，今回のParshall法がもっとも適当であると判断した。

Parshall法が適応できる条件としては，病変部よりも大きな面積の健康な角膜が存在し，周辺の角膜がある程度の透明性を保っていることが必要である[2,4]。この点に関しては，2症例ともデスメ膜周囲の角膜に若干の混濁が認められたが，十分適応できるものであった。Parshall法では，デスメ瘤周囲の角膜をトリミングする際，角膜を穿孔してしまうため，角膜全層が欠損する部分ができ，これが術後の移植部位の透明化にどれくらい影響するのか不安だったが，その影響はまったくなかったと感じている。

本法は自己移植術であるため，ドナーの確保や拒絶反応といった角膜移植における問題点もなく，難治性の深層性角膜潰瘍の治療法としては非常に満足のいく結果が得られる方法であると考えられた。

### 文 献

1) Kirk,N.G.（1995）：角膜の手術. 獣医眼科学全書（松原哲舟 監訳），379-381, LLLセミナー.
2) Kirk,N.G.（2000）：The canine cornea and sclera. Essentials of Veterinary Ophthalmology, 161-164, Lippincott W&W.
3) 荻野誠周, 沖波 聡, 松村美代（1999）：角膜移植術, 眼球の表層の再建術, 強角膜穿孔性外傷の手術. 眼科マイクロサージェリー第4版（永田 誠 監修），161-181, ミクス.
4) 太田充治（2001）：角膜の疾患Ⅳ. 獣医畜産新報, 54, 1031-1035.

## Case 17 猫

# 再発緩解を繰り返す好酸球性角結膜炎を発症した猫の1例

市岡香織

### 要約

猫（メインクーン，雄，1歳4か月齢）の左眼角結膜にプラーク状の沈着物が認められ，眼科学的検査の結果，好酸球性角結膜炎と診断された。本症は，プレドニゾロンを中心とした治療で緩解するが，再発を繰り返すため，シクロスポリンの点眼投与，トリアムシノロンアセトニドの結膜下投与，メゲステロール酢酸塩の経口投与なども行い，症状の安定を図っている。

### はじめに

好酸球性角結膜炎は，結膜および角膜の表面が独特のプラーク状の物質に被われる比較的まれな疾病である。原因は不明であるが，猫ヘルペスウイルス1型（FHV-1）の関与が疑われている。治療に際してはステロイド製剤が有効であることが多い。ただし，再発率が高く，一般に難治性である。

以下に，再発と緩解を繰り返している猫の好酸球性角結膜炎の1症例について報告する。

### 症例

症例は，猫（メインクーン），雄，1歳4か月齢である。

#### 1）現病歴

数か月前からときに左眼に羞明が認められていた。1か月前に左眼の充血と角膜混濁に気づいて近隣の動物病院を受診し，角膜潰瘍と診断され，その治療を受けている。点眼薬により多少の改善がみられるが，再発を繰り返すとのことである。

当院初診時にはデキサメタゾンメタスルホ安息香酸エステルナトリウムを有効成分とする点眼薬（サンテゾーン点眼液（0.02%），参天製薬株式会社）を使用しており，それまでに使用した点眼薬のなかでもっとも効果が高かったとのことであった。

#### 2）一般身体検査所見

体重4.9kgで，特記すべき異常は認められなかった。

#### 3）眼科学的検査所見

左眼に羞明と結膜浮腫，角膜混濁がみられ，角結膜の1～2時の方向に血管新生をともなう肉芽様増殖組織と白色プラーク状沈着物が認められた（図1）。病変の一部はフルオレセイン角膜染色検査で陽性を示した。ゴルフ刀にてプラーク状の沈着物を掻爬した後，角膜表面のスタンプスメア標本を作成して鏡検した結果，好酸球と好中球，さらに壊死した角膜組織が認められた（図2）。以上の検査結果にもとづいて，本症例を好酸球性角結膜炎と診断した。

#### 4）治療および経過

他院にてすでに0.02%デキサメタゾン点眼液を使用していたが，十分な効果が得られていないため，ステロイド製剤の全身的な投与も行うことにし，プレドニゾロン（プレドニン錠5mg，塩野義製薬株式会社）1mg/kgの1日1回経口投与を行った。さらにエンロフロキサシン（バイトリル50mg錠，バイエル薬品株式会社）5mg/kgの1日1回の経口投与とプレドニゾロン酢酸塩（Prednisolone Acetate Opthalmic Suspension 1.0% Sterile,, Pacific Pharma L.P.）およびオフロキサシン（タリビッド点眼液0.3%，参天製薬株式会社）の点眼投与も実施した。

7日後の再診時には，結膜炎症状は多少残っていたが，プラーク状の物質はほとんど認められなくなっていた（図3）。ステロイド製剤の全身的な投与に良好に反応したものと判断し，同様の治療の継続を計画した。そして，1か月をかけてステロイド製剤の投与量

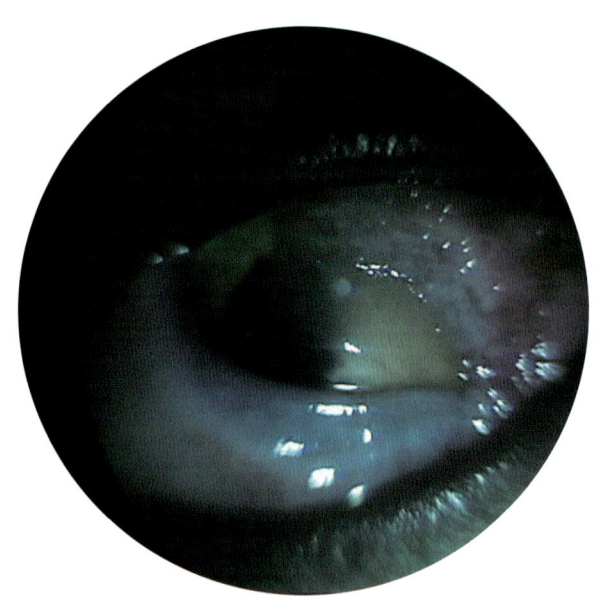

図1 初診時の前眼部所見（左眼）

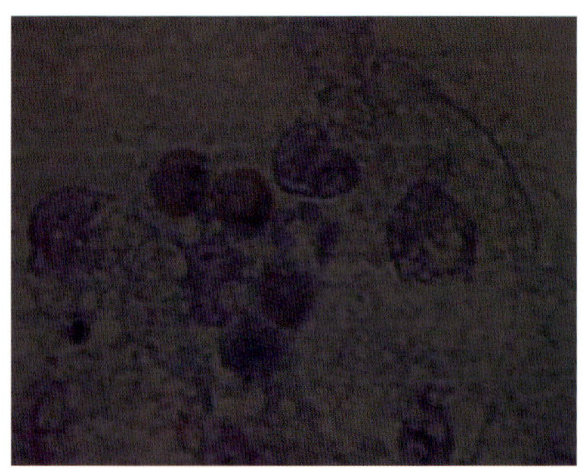

図2 初診時における角膜表面のスタンプスメア所見（左眼）

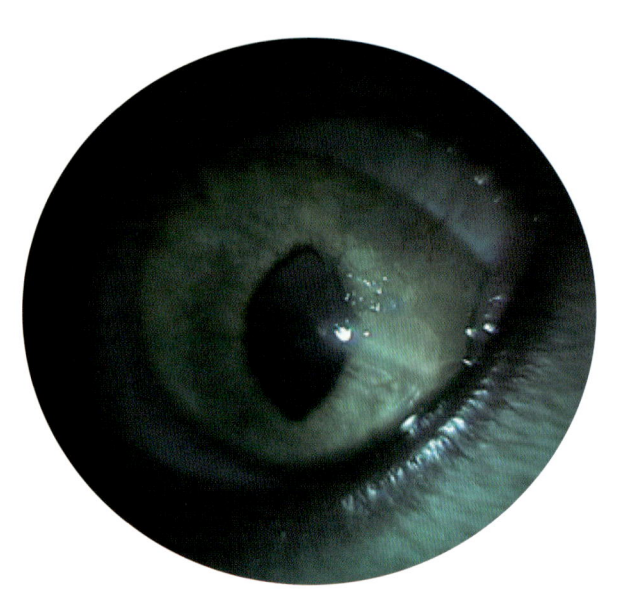

図3 初診から7日後の前眼部所見（左眼）

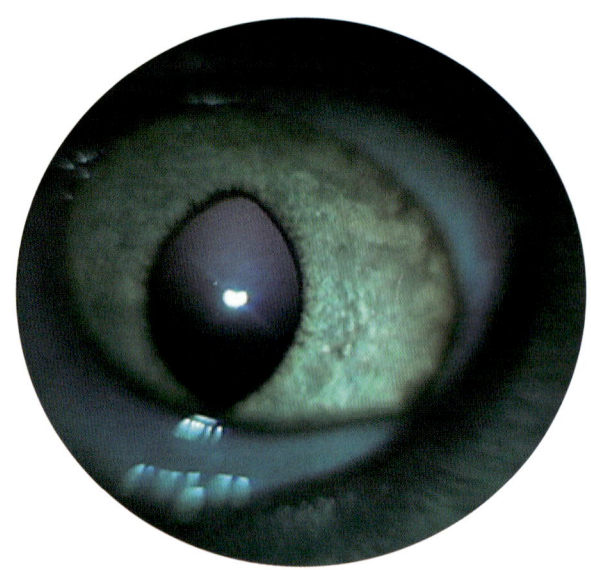

図4 初診から7週間後の前眼部所見（左眼）

を漸減した。

　その結果，治療開始から7週間後には角膜の沈着物はほぼ消失し，角膜も平滑になった（図4）。そこで，経口投与薬と点眼薬の投与をともに中止した。

　しかし，休薬から5週間後，すなわち初診から3か月後に，再び左眼に羞明が認められたため来院した（図5）。このとき，初診時と同様の部位にプラーク状物質が認められ，再度，ステロイド製剤の全身的投与と点眼投与を開始した。その後，飼い主の判断で休薬して悪化することもあったが，再発から4か月かけて投薬量を漸減し，病変が消失したため，再び休薬とした。休薬から2か月後，すなわち初診から10か月

Case 17

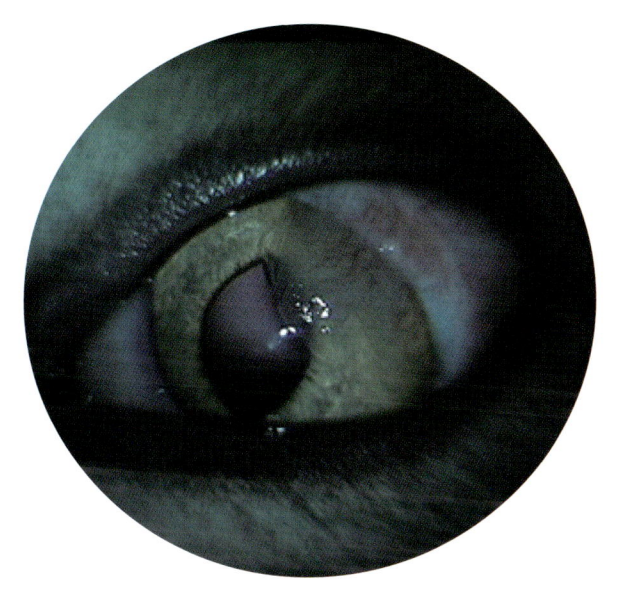

図5　初診から3か月後の前眼部所見（左眼）

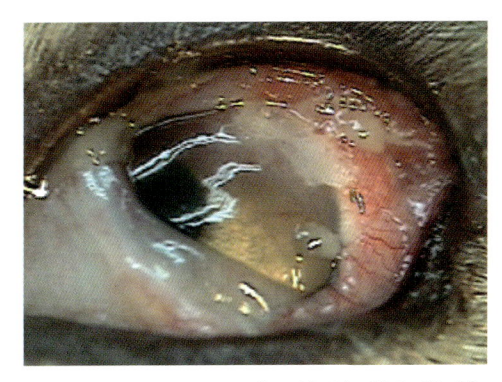

図6　初診から10か月後の前眼部所見（左眼）

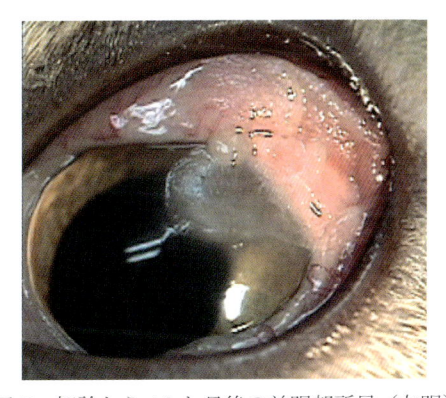

図7　初診から16か月後の前眼部所見（左眼）

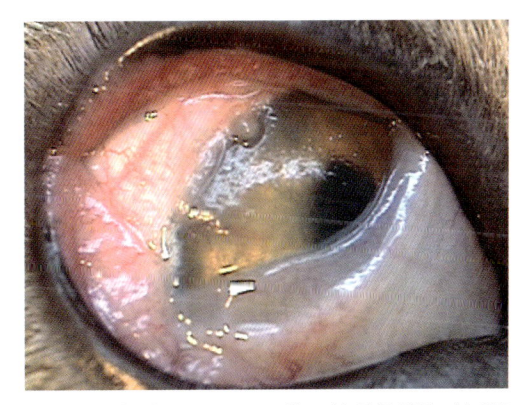

図8　初診から26か月後の前眼部所見（右眼）

後に，再び左眼に再発を認めた（図6）。これまでと同様のステロイド製剤による治療を行ったところ，1か月後には緩解したが，休薬後，初診から13か月を経過した時点で3回目の再発を認めた。

3回目の再発の際は，左眼だけでなく，右眼の結膜にもプラーク状の沈着物が認められた。これに対して，両眼の病変部にトリアムシノロンアセトニド（Vetalog Parenteral Veterinary, Fort Dodge Animal Health）の結膜下注射を実施し，ステロイド製剤の全身的投与と点眼投与は行わなかった。その結果，注射後1か月後の検診時には緩解し，良好に経過していた。

その後，初診から16か月後に，左眼のみに4度目の再発が認められた（図7）。病変部は重度の悪化を示し，羞明と眼脂の分泌が著しかったため，メゲストロール酢酸塩（Megestrol Acetate Tablets, Barr Laboratories, Inc.）を投与にすることにした。メゲストロール酢酸塩は1日1回5日間の連続投与と5日間の休薬を繰り返すこととし，投与量は0.45mg/kgで開始したが，1クールごとに漸減していった。その結果，計10クールの投与後には完全に緩解し，休薬とした。

さらに初診から23か月後に両眼の結膜に軽度の再発が認められたため，シクロスポリンの眼軟膏（オプティミューン眼軟膏，ナガセ医薬品株式会社）の投与を行った。2週間後には症状が消失したが，再発防止のため点眼投与は続行した。

26か月後には右眼に強い再発が認められた（図8）。再度，メゲストロール酢酸塩の投与を行ったが，完全な緩解は得られなかったため，トリアムシノロンアセトニドの結膜下注射を実施し緩解に導いた。

現在は，再発時に点眼麻酔下でトリアムシノロンアセトニドの結膜下注射によって維持している。

## 考 察

好酸球性角結膜炎は，慢性化すると眼瞼と瞬膜にまで病変が拡大して重症となり，また，両眼に発生するようになる。したがって，早期の的確な診断と治療が必要である[1,2]。

この疾病は独特な症状を呈するため，診断は比較的容易である。しかし，角膜浮腫や角膜びらんをともなうことから，誤った診断を下す可能性もある。確定診断は，増殖病変部の掻爬標本に上皮細胞や好酸球，肥満細胞などを確認することにより行う[1,2,4]。ただし，単純なスタンプ検査や綿棒などを使用したスメア検査では，それらの細胞を発見できないことがあるため，ゴルフ刀やサイトブラシを用いて病変の表層を掻爬した後，確実に細胞診を行う必要があろう。

本症は一般に，ステロイド製剤の局所的あるいは全身的投与に対して比較的早期に反応する。本症例もプレドニゾロンの全身投与に速やかに反応し，症状はほぼ消失していった。しかし，投薬を休止するたびに再発し，それに対して再投薬を繰り返したが，回数を重ねるごとに治癒反応が悪くなる印象を受けた。本症例のようにステロイド製剤の治療に抵抗を示す症例には，シクロスポリンの点眼やトリアムシノロンアセトニドの結膜下注射，メゲストロール酢酸塩の経口投与などが著効を示すとされているため[1,3,4]，これらの治療法を試みたが，どれも治療開始時には劇的に反応するが，その後は再発を繰り返し，現在も治療に苦慮している状況である。

ステロイド製剤やメゲストロール酢酸塩は，長期投与を行うと重度の副作用を発現する可能性が高いため，投与には注意が必要である。こうした疾病については，投薬により緩解はするが，再発率が高く，使用する薬物によっては著しい副作用がみられることを飼い主に前もって十分に伝え，その同意を得たうえで治療を開始する必要があろう。

また，本症例のように長期にわたる治療が必要な場合，治療に協力的な猫であれば，点眼麻酔下でのトリアムシノロンアセトニドの結膜下投与が他の方法に比べて反応がよく，副作用も少ないため，動物にも飼い主にももっとも負担が少なく，かつ有効な治療法と考えられた。

### 文 献

1) Barnett,K.C., Crispin,S.M.（2000）：好酸球性角結膜炎．カラーアトラス最新ネコの臨床眼科学（朝倉宗一郎，太田充治監訳），100-102，文永堂出版．

2) Gelatt,K.N.（2004）：4歳齢の猫にみられた増殖性角結膜炎．獣医眼科アトラス（太田充治監訳），216，文永堂出版．

3) 太田充治（2001）：好酸球性角膜炎．獣医畜産新報，54，819-820．

4) Severin,G.A.（2003）：猫の好酸球性角膜炎．セベリンの獣医眼科学 －基礎から臨床まで－ 第3版（小谷忠生，工藤壮六監訳），260-261，メディカルサイエンス社．

## Case 18 犬

# 急性角膜水腫を発症した犬の1例

太田充治

### 要約

急性の角膜混濁を呈した犬（シー・ズー，雌，3か月齢）が来院し，眼科学的検査を行った結果，鈍性外傷による角膜内皮障害から発展した急性角膜水腫と診断した。本症例に対して高浸透圧点眼薬（高張点眼薬）を調製して点眼したところ，比較的良好に治癒した。

### はじめに

急性角膜水腫は，障害を受けた角膜内皮細胞が房水バリアー機能を喪失し，角膜実質内に多量の房水が流入することによって生じる病態である。ヒトでは円錐角膜などの角膜形状異常にともなってみられるが，犬ではそのような報告はなく，何らかの外的な刺激によって引き起こされる可能性が高い。

今回，生後3か月齢のシー・ズーに認められた急性角膜水腫に対して高浸透圧点眼薬（高張点眼薬）を投与したところ，比較的早期に良好な結果を得たので，その概要を報告する。

### 症例

症例は，犬（シー・ズー），雌，3か月齢である。

#### 1）主訴

緑内障の疑いとのことで，他院よりの紹介を受けて当院を受診した。

#### 2）既往歴

特記すべき既往歴はない。

#### 3）現病歴

2日前に突然「キャンキャン」と鳴いたが，何が起こったかは不明とのことである。その後，数分で右眼の白濁が急激に進行した。翌日，主治医を受診したところ，緑内障の疑いがあるということで当院を紹介された。

#### 4）一般身体検査所見

体重1.8kgで，一般状態はおおむね良好であった。

#### 5）眼科学的検査所見

初診時，症例の犬は，とくに右眼に不快感を示すことはなく，その眼球径にも異常は認められなかったが，角膜が前方に突出し，著しく混濁して眼内の観察は困難であった。

細隙灯（スリットランプ）検査において，角膜は浮腫により著しく厚みを増し，そのために角膜の前面が盛り上がるように球状に突出していることが明らかになった。また，角膜の混濁が強く，角膜内皮やデスメ膜の状態は観察不可能であった。ただし，強膜と結膜の充血はわずかであった（図1）。また，眼圧は19mmHgと正常値を示した。

フルオレセイン角膜染色検査を行ったところ，右眼の角膜中央部よりやや上外側にはフルオレセインにびまん性に染色される領域が存在した。

さらに眼球の超音波検査を実施したが，水晶体脱臼や眼内出血，あるいは網膜剥離などは確認されなかった。

一方，左眼には，異常はまったく認められなかった。

#### 6）治療および経過

稟告と以上の検査所見にもとづいて，鈍性外傷による角膜内皮障害から発展した急性の角膜水腫と診断した。

治療には，3倍濃度（6％）のグルタチオン点眼液（チオグルタン，参天製薬株式会社）の1日5～6回の点眼と，リゾチーム塩酸塩（ムコゾーム点眼液0.5％，参天製薬株式会社）の1日3～4回の点眼，さらにスルベニシリンナトリウム（サルペリン点眼用，千寿製

図1　初診時の眼所見（右眼）

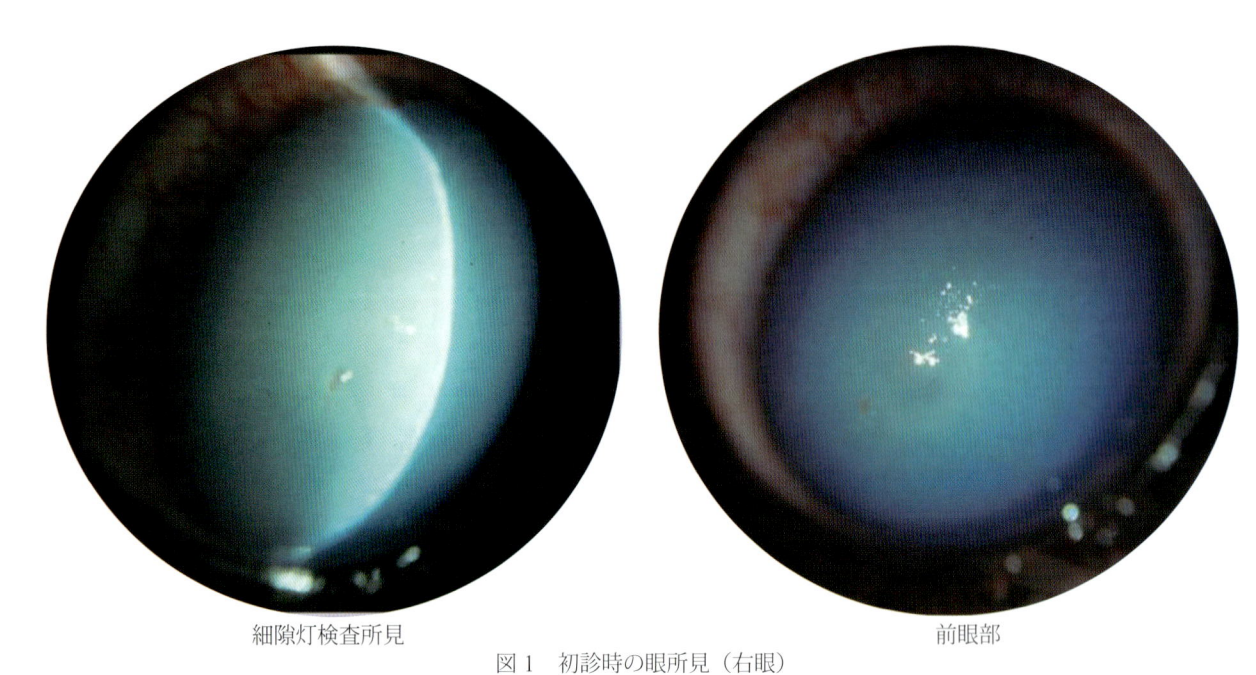

眼球径と角膜径に異常は認められなかったが，角膜が前方に突出し，著しく混濁して眼内の観察は困難であった。細隙灯検査において，角膜は浮腫により著しく厚みを増し，そのために角膜の前面が盛り上がるように球状に突出していることが明らかになった。また，角膜の混濁が強く，角膜内皮やデスメ膜の状態は観察不可能であった。

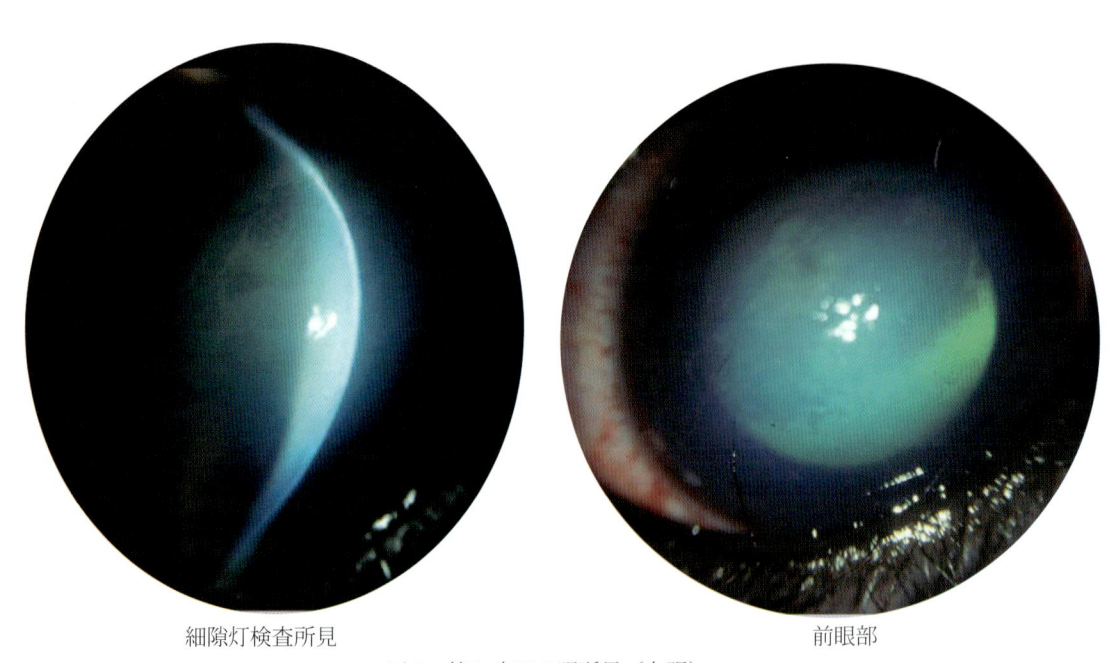

図2　第3病日の眼所見（右眼）

角膜は透明度を増して，瞳孔も観察可能となった。また，びらん部は，フルオレセインで染色されなくなったが，その周辺には依然として強い角膜浮腫が残り，角膜は部分的に厚みを増して円錐状に突出していた。細隙灯検査において，上皮は平滑に連続しているが，デスメ膜は連続性を失っていることが判明した。

Case 18

細隙灯検査所見　　　　　　　　　　　　　　　　　前眼部

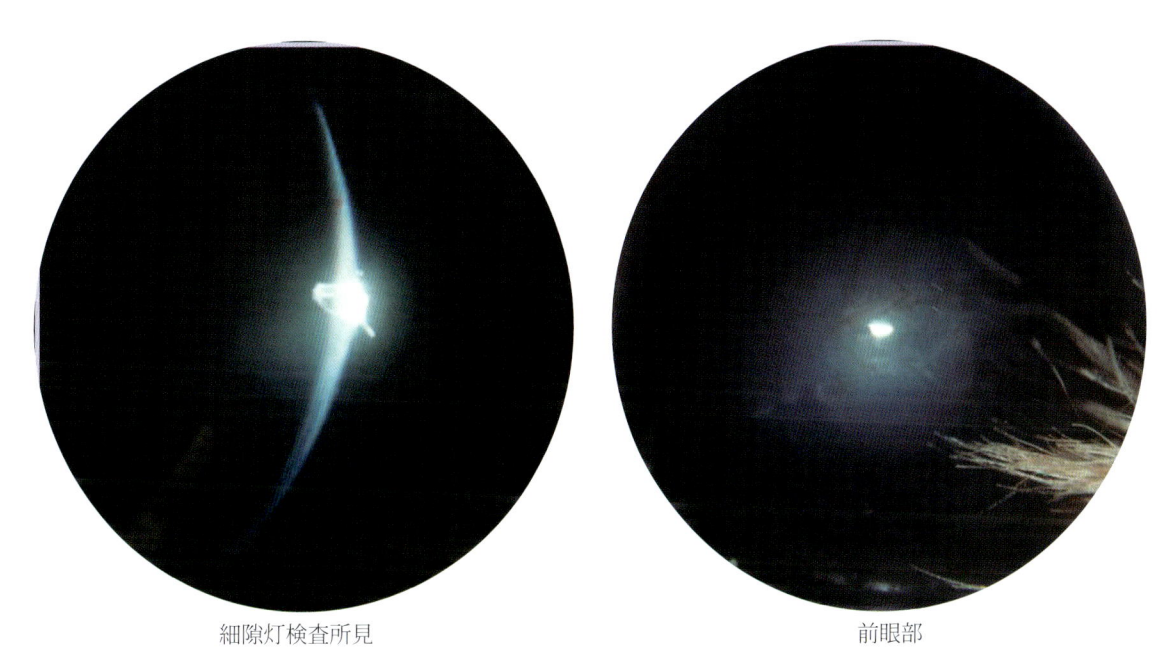

図3　第30病日の眼所見（右眼）
中央部の混濁と血管新生は完全には消失していないが，角膜の浮腫はほとんど認められなくなっていた。

薬株式会社）の1日5～6回の点眼を行った。

その結果，第3病日には，角膜は透明度を増して，瞳孔も観察可能となった。また，びらん部は，フルオレセインで染色されなくなくなったが，その周辺には依然として強い角膜浮腫が残り，角膜は部分的に厚みを増して円錐状に突出していた。このときの細隙灯検査において，上皮は平滑に連続しているが，デスメ膜は破裂して連続性を失っていることが判明した（図2）。

第12病日には，さらに角膜の透明化が進み，角膜の厚みもかなり正常に近づいたが，混濁部の背側から深層性の血管新生が認められた。

第30病日には，中央部の混濁と血管新生は完全には消失していないが，角膜の浮腫はほとんどなくなり，それ以上の変化がみられなくなったため，治療を終了した（図3）。

## 考　察

ヒトにおいては，急性角膜水腫は，高度の角膜の変形によりデスメ膜に断裂が生じ，そこから房水が浸入して発生するとされている[2]。犬においては水晶体脱臼，ブドウ膜炎，緑内障あるいは新生物が原因となり，デスメ膜の亀裂が生じることによって発生する[1]。今回の症例の場合，初診時には角膜水腫の程度が強すぎてわからなかったか，第3病日の検査でデスメ膜の亀裂を確認することができた。また，初診時に角膜上皮にも損傷があったことから，鈍性外傷による急激な角膜の変形がデスメ膜に亀裂を起こさせた結果，急性角膜水腫が生じたものと考えられた。

本症は，内皮の創傷治癒が完成するとともに自然に治癒していくことが多いが，一般に経過は長く，治癒までに6～8週間を要するのがふつうである[2]。今回の症例に対しては，瀧本（2000）の報告[3]にもとづ

き，3倍濃度のグルタチオン点眼液を調製し，これを高浸透圧点眼薬として使用したところ，早い経過で症状の緩解を得ることが可能であった。理論上，3倍濃度のグルタチオン溶液は，5％塩化ナトリウム溶液の浸透圧にほぼ等しい。高張液の点眼は，角膜上皮に欠損がある場合には，溶媒が角膜実質内に水分を移動させるために症状が悪化することがあり，高浸透圧点眼薬としての3倍濃度のグルタチオン点眼液の使用に関しては，さらなる検討が必要であろうが，角膜水腫や水疱性角膜症の治療に応用できる可能性があると考えられた。

### 文 献

1) Barnett,K.C.(2002)：Corneal oedema. Canine Ophthalmology An Atlas and Text, 87-88, W.B.Saunders.
2) 大橋裕一 (1990)：急性角膜水腫. 目でみる眼科確定診断 診断と治療の手引き（真鍋禮三，北澤克明，宇山昌延 監修), 78, メジカルビュー社.
3) 瀧本良幸 (2000)：犬の角膜水腫の11例. 日本獣医臨床眼科研究会第17回総会講演抄録集，10-12.

Case 19　犬

# 表在性点状角膜炎を発症したロングヘアード・ミニチュア・ダックスフンド

辻　登

> **要約**
>
> 他院にて角膜潰瘍と診断され，一般的な治療を受けたものの，症状が改善しなかった犬（ロングヘアード・ミニチュア・ダックスフンド，雄，8歳齢）が本院に紹介された。経過，犬種および眼科学的検査所見から，表在性点状角膜炎と診断し，免疫抑制薬による治療を行ったところ，早期に症状が改善された。

## はじめに

表在性点状角膜炎は，その多くが免疫介在性角膜炎あるいは角膜ジストロフィーにより引き起こされると考えられ，犬種としてはロングヘアード・ミニチュア・ダックスフンドにもっとも多く発生するといわれている[1]。本症の特徴的な所見としては，角膜に点状の病変が認められ，このほか，羞明，眼瞼痙攣，結膜充血，流涙あるいは眼脂などの症状を示すこともある。

一般の獣医臨床の場で表在性点状角膜炎に遭遇することは少ないが，他の角膜上皮びらんや角膜潰瘍を引き起こす疾患とは治療法が異なるため，正確な診断と的確な治療が必要である。

今回，一般的な治療では改善しなかった角膜潰瘍の症例に対し，表在性点状角膜炎と診断して治療を行ったところ，早期に症状が改善された。

## 症　例

症例は，犬（ロングヘアード・ミニチュア・ダックスフンド），雄，8歳齢である。

### 1）主　訴

羞明，流涙，眼脂および元気消失を主訴に主治医を受診したが，症状が改善しないため，本院を紹介された。

### 2）既往歴

過去にワクチン（8種混合ワクチン）接種後に急性アレルギー反応を呈しているとのことである。

### 3）現病歴

主治医にて，右眼にフルオレセイン角膜染色検査で陽性を呈する角膜潰瘍が認められている。ゲンタマイシン硫酸塩の点眼液（製剤名不明）およびアセチルシステインの点眼液（パピテイン，千寿製薬株式会社）を処方されたが，症状はほとんど改善されず，点状病変が角膜全域に広がってきた。

### 4）一般身体検査所見

体重は8.0kgで，明らかな異常は認められなかった。

### 5）眼科学的検査所見

**右眼**：羞明，眼瞼痙攣，眼脂，流涙（図1），結膜充血，毛様充血，多発する点状角膜炎（図2）が認められ，この点状角膜病変はフルオレセイン角膜染色検査の結果は陽性（図3）であった。ただし，角膜の細胞診において，細菌は検出されなかった。また，シルマー涙液試験の結果は25mm/分で，眼圧は4mmHgであった。

**左眼**：軽度に涙液量が減少していた。シルマー涙液試験の結果は8mm/分，眼圧は8mmHgであった。

### 6）治療および経過

第1病日に，右眼にオフロキサシン点眼液（タリビッド点眼液0.3％，参天製薬株式会社）およびデキサメタゾンメタスルホ安息香酸エステルナトリウム点眼液（サンテゾーン点眼液（0.1％），参天製薬株式会社）を1日3回点眼とした。

点眼により眼脂の増加などの明らかな悪化を認めなかったため，免疫抑制薬による治療を行っても大きな問題はないと判断し，第2病日からはシクロスポリ

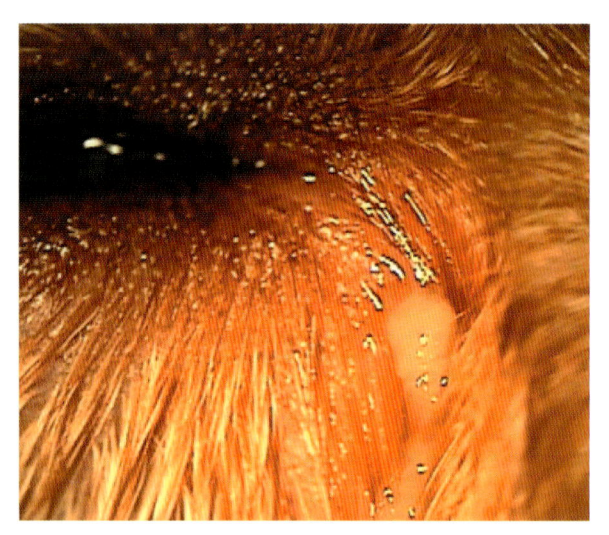

図1 初診時の外眼所見（右眼）
　　流涙と眼脂が認められた。

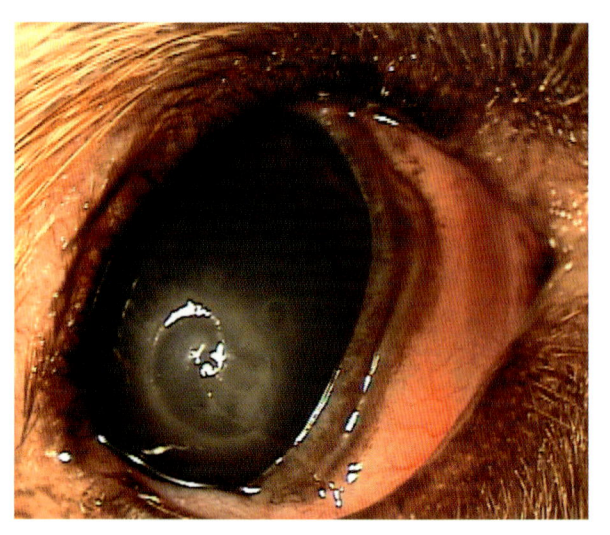

図2 初診時の角膜所見（右眼）
　　点状角膜炎が認められた。

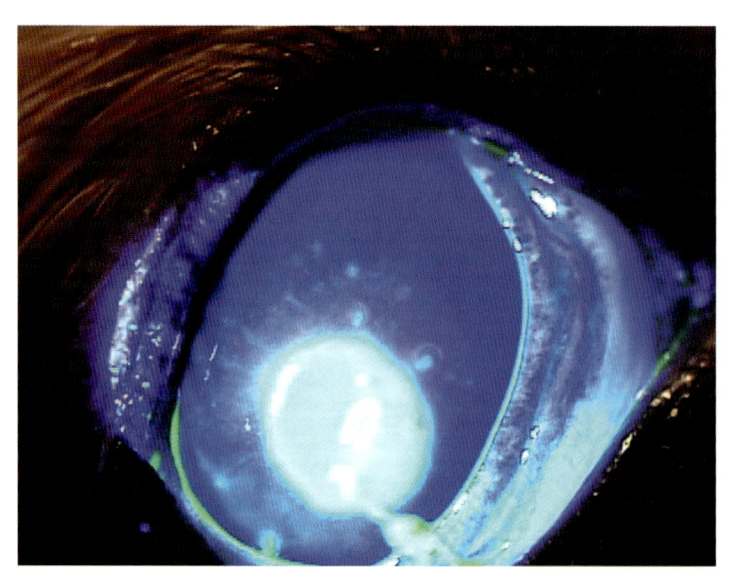

図3 初診時におけるフルオレセイン角膜染色検査所見（右眼）
　　陽性であった。

ンの眼軟膏（オプティミューン眼軟膏，ナガセ医薬品株式会社）の点眼を1日2回で追加した。

　第8病日には，羞明や眼瞼の痙攣等の症状は改善し，フルオレセイン角膜染色検査も陰性となった（図4,5）。

　さらに第15病日には，日常生活において以前と変わりがなくなり，眼科学的検査においてもフルオレセイン角膜染色検査は陰性で，病変があった領域に上皮のわずかな混濁を残すのみであった（図6）。このことから，オフロキサシンの点眼を中止し，デキサメタゾンメタスルホ安息香酸エステルナトリウムの点眼も漸減して中止とした。また，シクロスポリンの眼軟膏の点眼も2日に1回まで徐々に漸減したが，再発は認められなかった。

Case 19

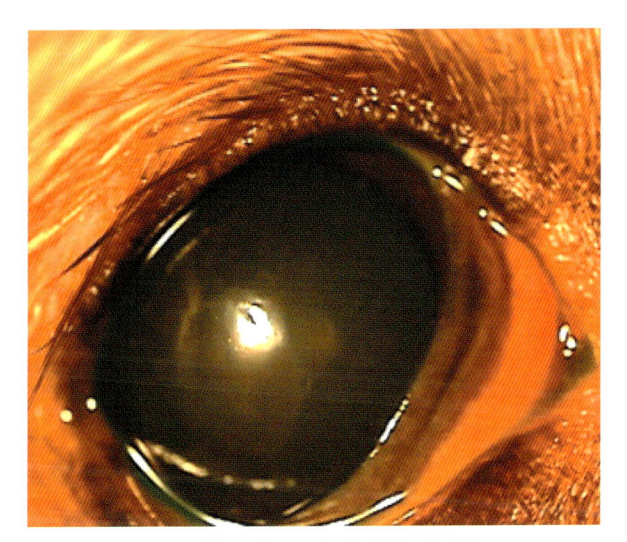

図4 第8病日の角膜所見（右眼）

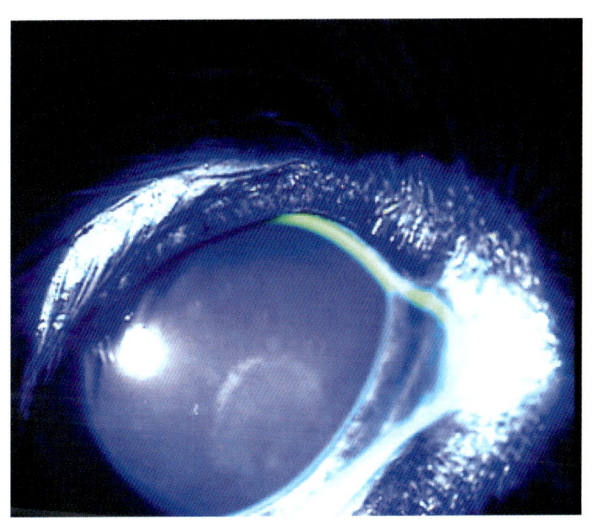

図5 第8病日におけるフルオレセイン角膜染色検査所見（右眼）
陰性となった。

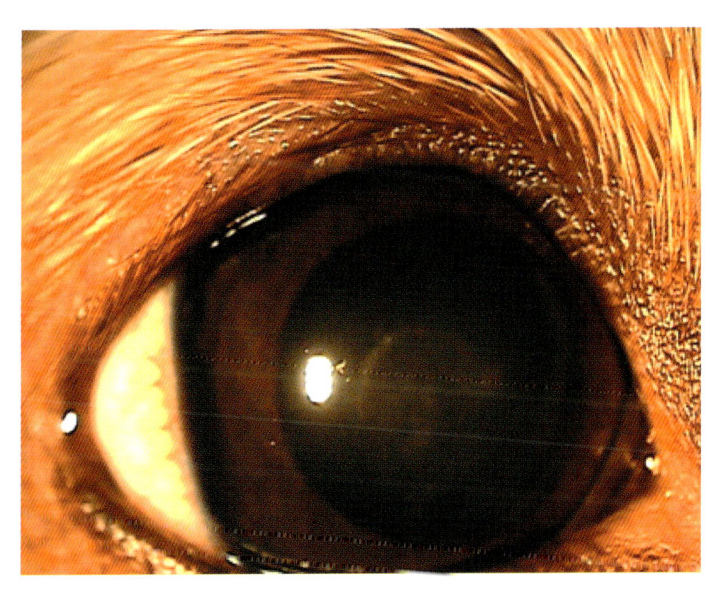

図6 第15病日の角膜所見（右眼）
わずかな混濁を残すのみであった。

## 考 察

　本症例において，フルオレセイン角膜染色検査が陽性であった点状の角膜病変は，免疫介在性の表在性点状角膜炎であり，免疫抑制薬を中心とした点眼治療により非常に早期に症状の改善が認められた。今後は，シクロスポリンの眼軟膏の点眼回数を漸減しながら再発に留意する必要があると考えられる。

　多発している点状の角膜病変に対して一般的な治療を行っても改善がない場合，表在性点状角膜炎を類症鑑別リストに加えることを考慮しなければならない。しかし，犬種および所見から免疫介在性の角膜炎の可

能性が高いと思われる場合であっても，診断が誤っている場合には治療により症状が悪化することも考えられるため，慎重に経過を観察し，異常の早期発見に努める必要がある。

## 文 献

1) Bjerkås,E., Ekesten,B., Narfström,K., Grahn,B.H.（2009）: Visual impairment. Small Animal Ophtalmology（Peiffer,R., Petersen-Jones,S. eds), 167-168, Saunders.

Case 20 犬

# 犬の角膜浮腫に対する高浸透圧点眼薬の使用例

秋田征豪，成田正斗

### 要約
右眼に角膜浮腫を呈した犬〔ロングヘアード・ミニチュア・ダックスフンド，雄（去勢手術実施済み），2歳齢〕に対して，通常の3倍濃度に調製したグルタチオンを高浸透圧点眼薬（高張点眼薬）として投与することにより，症状を良好にコントロールすることが可能であった。

## はじめに

角膜浮腫は，角膜上皮あるいは内皮に障害が発生し，それによって角膜の水分調節機能が阻害されることによって生じる病態である。

今回，右眼に角膜浮腫が発生した犬に対して，通常の3倍濃度に調製したグルタチオンを高浸透圧点眼薬（高張点眼薬）として投与する対症療法を試みた結果，症状を良好にコントロールすることが可能であったので，その概要について報告する。

## 症例

症例は，犬（ロングヘアード・ミニチュア・ダックスフンド），雄（去勢手術実施済み），2歳齢（図1）である。

### 1）主訴
右眼に何かできたとのことで来院した。

### 2）既往歴
特筆すべき既往歴はない。

### 3）現病歴
裏告以外に，特記すべき点はない。なお，5種混合ワクチン（デュラミューン5，共立製薬株式会社）の接種済みである。

### 4）一般身体検査所見
体重4.7 kgで，元気，食欲ともにあり，一般状態は良好であった。

### 5）眼科学的検査所見
右眼の角膜の1時の方向から中心よりの部分に混濁が認められた。ただし，羞明や眼脂，結膜の充血は観察されなかった。また，血管新生はなく，対光反射も正常であり，眼球径に異常は認められなかった。

フルオレセイン角膜染色検査を実施したところ，陰性であり，また，眼圧は14mmHgであった。

細隙灯顕微鏡検査では，角膜の混濁部に肥厚が認められたが，角膜表面はスムーズであった。

### 6）治療および経過
オフロキサシン（タリビッド点眼液0.3%，参天製薬株式会社）の1日3回の点眼にて経過を観察した。

第5病日：病変部は拡大し，角膜の透明度が低下した。また，病変部に淡いび漫性の混濁が認められるようになった。フルオレセイン角膜染色検査の結果は陰性，細隙灯顕微鏡検査では角膜表面はスムーズな形状を呈していた。また，内皮層に接する実質層の2か所に水疱様の構造が認められた（図2）。

第7病日：病変の拡大は認められなかったが，角膜が混濁が進行し，透明度がさらに低下していた（図3）。

第9病日：病変部がさらに拡大し，混濁の進行が認められた。角膜は前方に隆起し，円錐状を呈していた（図4）。抗菌薬の点眼薬をオフロキサシンからトブラマイシン（トブラシン点眼液0.3%，日東メディック株式会社）に変更し，1日3回の点眼とした。

第10病日：病変はわずかに進行した（図5）。トブラマイシン製剤の点眼に加えて，角膜浮腫への対症療法のため，高浸透圧点眼薬として，通常の使用の3倍の濃度に調製したグルタチオン（タチオン点眼

図1 症例の犬の外貌

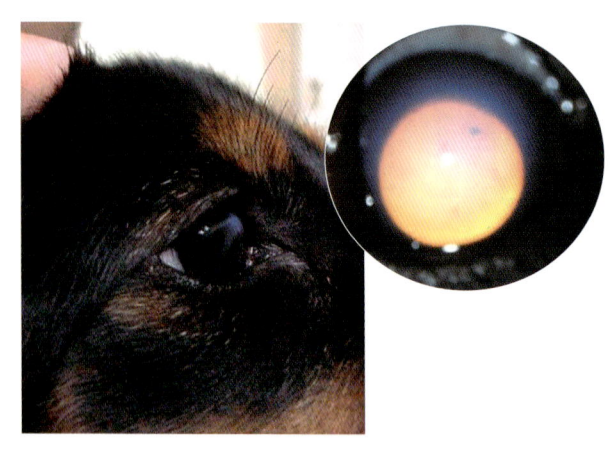

図2 第5病日の顔貌と前眼部所見（右眼）

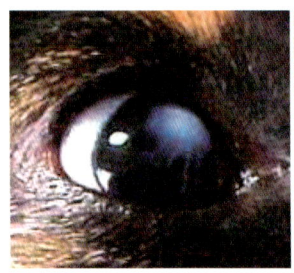

　　左眼　　　　　右眼

図3 第7病日の前眼部所見
　　左眼は正常である。

図4 第9病日の外貌と前眼部所見（右眼）

用2%，アステラス製薬株式会社）の1日3回の点眼と，さらに角膜内皮ジストロフィーの可能性を考慮し，1%濃度としたシクロスポリン〔サンディミュン内用液10%（ノバルティスファーマ株式会社）をオリーブ油で希釈して1%に調製〕の1日2回の点眼を開始した。

　第13病日：第10病日ととくに変化は認められなかった。

　第15病日：病変部の縮小は認められないが，辺縁の混濁がやや薄くなっていた（図6）。

　第19病日：病変部は明らかに縮小し，角膜の厚みも減少していた（図7）。

　第23病日：内皮層に2か所の痕跡が認められ，角膜はわずかにテント状を呈したが，病変部の混濁はほぼ消失していた（図8）。

　第30病日：病変の進行が認められなかったので，1%に調製したシクロスポリンの点眼を1日2回から1回に，トブラマイシンの点眼を1日3回から2回

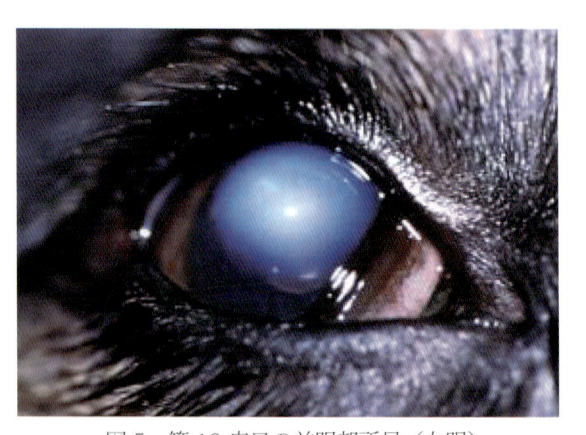

図5 第10病日の前眼部所見（右眼）

に変更した。

　第37病日：1%にしたシクロスポリンの点眼を1日1回から隔日に漸減した。

　第45病日：1%としたシクロスポリンの点眼を中

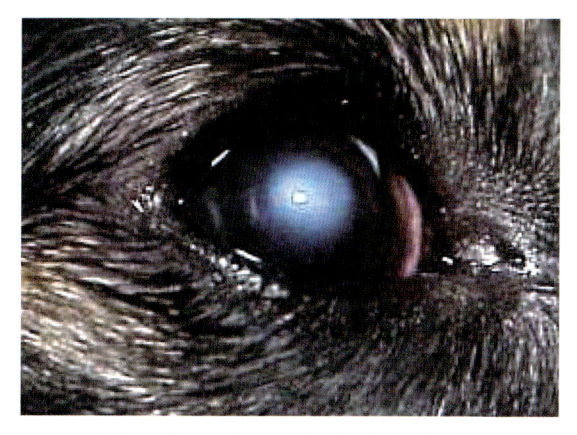

図6 第15病日の前眼部所見（右眼）

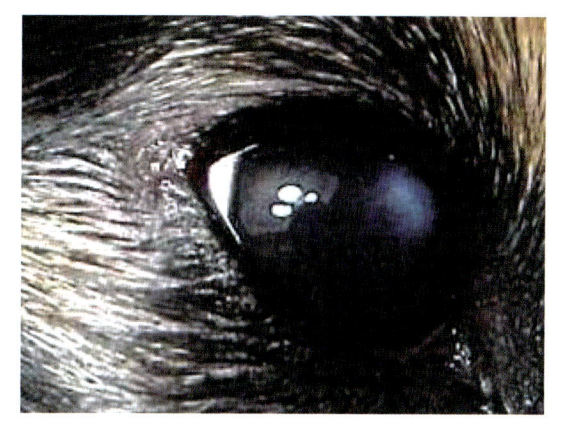

図7 第19病日の前眼部所見（右眼）

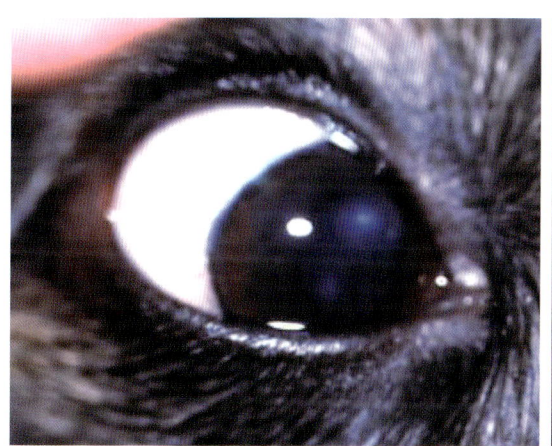

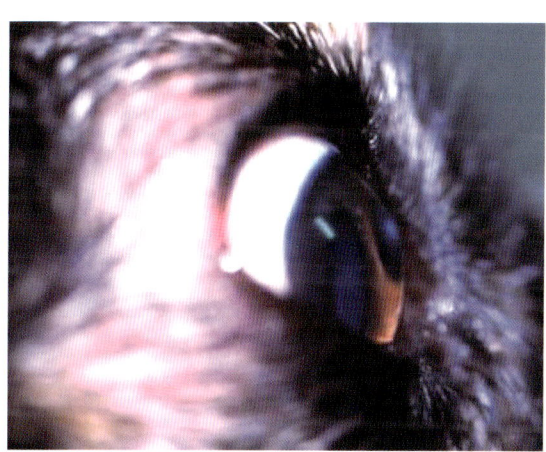

左眼　　　　　　　　　　　　　　　右眼
図8　第23病日の前眼部所見
　　　左眼は正常である。

止し，トブラマイシンの点眼を1日2回，3倍濃度のグルタチオンの点眼を1日3回とした。

**第94病日**：角膜浮腫が生じたときにのみ3倍濃度のグルタチオンを点眼することにより，浮腫は消失するとのことであった。

**第184病日**：内皮層に2か所の痕跡が認められるが，無処置でも角膜浮腫は生じないとのことであった。

## 考　察

角膜は上皮とその基底膜，実質，デスメ膜，内皮から構成されており，このうち上皮と内皮が角膜の水分調節機能を担っている。角膜浮腫は，上皮ないしは内皮の障害によって実質層に過剰な水分が備蓄されて生じる病態である[1,4,8]。

本症例は，浮腫により角膜に混濁と著しい肥厚が生じていたものである。上皮はスムーズで損傷は認められず，内皮層に接する実質層に2か所の水疱様の構造が認められ，最終的に同部位の内皮層に2か所の痕跡が残った。このことが原因で内皮に障害を引き起こし，角膜浮腫が生じたと考えられた。

角膜内皮は壊れやすい組織であるが，通常は比較的高い再生能力を有し，ポンプ作用によって角膜実質の水分バランスを調節している。しかしながら，一定以上の障害を受けた場合には修復が不能となり，水分調節機能が低下し，その結果，角膜浮腫を引き起こす[4,8]。

内皮に生ずる障害の原因としては，機械的損傷やブドウ膜炎，緑内障等の眼球内部の疾患による二次的なもの，さらに加齢性あるいは角膜内皮ジストロフィー

などの内皮細胞の変性症があげられる。本症例では眼球内部の異常や眼圧の上昇は認められなかった。また，角膜内皮ジストロフィーは通常は両眼性の遺伝性疾患で，一般に点眼薬による治療の反応が悪いものである[5,8]。したがって，本症例の治療経過から，角膜内皮ジストロフィーである可能性も低いと思われる。加えてこの症例は2歳齢であり，加齢による変性症の可能性も低い。

今回，高浸透圧点眼薬として通常の3倍濃度のグルタチオン点眼液を調製し，これを点眼することにより，急速に進行した角膜浮腫の症状をコントロールすることが可能であった。この点眼治療によく反応したことから，外傷および感染等による内皮損傷の可能性が高いと考えられるが，稟告および眼科学的検査においてそのことを示唆する所見は得られず，原因を明らかにすることはできなかった。

高浸透圧点眼薬には5%滅菌食塩液を使用するのが一般的である。しかし，1本分の溶解液に3本分のグルタチオン粉末を溶解した通常の3倍濃度の点眼液は，理論上5%食塩水と同等の浸透圧となる[4]。これは高張液ではあるが，本症例において刺激症状を示すことはなかった。また，グルタチオンは，角膜に外傷がある場合にもその修復に対して有効であると考えられる。今回のような角膜浮腫を呈した症例に対しては，対症療法として早期に3倍濃度のグルタチオン点眼液を用いることにより，症状の緩和や良好な回復が期待できると思われる。

## 文献

1) Gelatt,K.N.（1995）：獣医眼科学全書（上田裕亮 訳，松原哲舟 監訳），337-387，LLL セミナー．
2) 印牧信行（2000）：獣医臨床眼科，91-98，学窓社．
3) 太田充治（2001）：小動物の眼科学 角膜の疾患Ⅰ．獣医畜産新報，54，719-724．
4) 太田充治（2001）：小動物の眼科学 角膜の疾患Ⅱ．獣医畜産新報，54，815-820．
5) 太田充治（2001）：小動物の眼科学 角膜の疾患Ⅲ．獣医畜産新報，54，895-899．
6) 太田充治（2001）：小動物の眼科学 角膜の疾患Ⅳ．獣医畜産新報，54，1031-1035．
7) Severin,G.A.（2003）：セベリンの獣医眼科学 －基礎から臨床まで－ 第3版（小谷忠生，工藤壮六 監訳），245-297，メディカルサイエンス社．
8) Slatter,D.(2000)：獣医眼科学(江島博康ら 訳，松原哲舟 監訳)，267-313，LLL セミナー．

Case 21　犬

# 角膜内皮細胞のスペキュラーマイクロスコピーが診断に有用であった犬の角膜疾患の3例

藤野和彦

### 要約

原発性と考えられた犬の角膜疾患3例において，非接触型スペキュラーマイクロスコープを用いて角膜厚の測定と角膜内皮細胞の観察を実施した．その結果，症例の犬には角膜厚の増減巾ないしは角膜内皮障害が存在することが確認され，スペキュラーマイクロスコピーにより角膜内皮の総合的機能あるいは角膜代謝障害を推測することが可能であると考えられた．

### はじめに

角膜内皮細胞は，pump-leak system，すなわちポンプ機能とバリア機能により角膜の含水率を一定に保つとともに，角膜の透明性，さらには角膜機能の維持のために重要な役割を果たしている．角膜内皮細胞はまた，増殖能に乏しいため〔動物種により大きく異なるが，ヒトではほとんど増殖能（再生能）を欠如している〕，臨床的にも重要視されているものである．角膜厚は，こうした角膜内皮細胞の総合的な機能を即時に反映するもっとも重要な指標とされている[7]．

今回，老齢犬にみられた角膜疾患3例について，スペキュラーマイクロスコープによる検査および解析を行い，臨床におけるスペキュラーマイクロスコピーの有用性について検討した．

### 症例

症例は，原発性の角膜内皮障害が推測された犬3例で，第1例は水疱性角膜症（図1），第2例は角膜退行性変性（図2），第3例はびらんをともなう角膜退行性変性（図3）と診断されたものである．

#### 1）スペキュラーマイクロスコピー所見

各症例に対してスペキュラーマイクロスコープ SP-2000P（株式会社トプコン）を用いて角膜内皮細胞のスペキュラーマイクロスコピーを実施した結果，表1に示す所見が得られた．なお，全例に共通して，肉眼的または一般眼科学的検査で角膜の浮腫，混濁，白濁および角膜厚の増減巾が観察されたが，いわゆる明らかな赤目および角膜における血管新生はみられなかった．また，スペキュラーマイクロスコピーでは，角膜厚の増減巾（0.405〜0.916mm）や，細胞密度の著減（870〜1500個/mm$^2$）および細胞面積の変動係数の増大（63〜84%）が数値として客観的に認められた（表1）．

#### 2）治療および経過

治療の概略および使用した点眼薬を表2に示した．4系統の薬物による点眼を開始したが，系統内の薬物およびその濃度は，1〜2週間ごとに眼症状にもとづいてその効果を評価し，適宜に変更した．

3症例のうち，第1例（水疱性角膜症）に対しては点眼のみによる治療を行ったが，第2例（角膜退行性変性）に対しては片眼に外科的処置を施し，第3例（びらんをともなう角膜退行性変性）に対しては両眼に外科的処置を適用した．

治療開始から8か月ないし2年が経過した現在，全例ともに，角膜混濁等はみられるが，角膜厚等は治療前に比べて一定となり，形態上は安定している．また，この間に新たに生じたびらんなども短期で治癒し，全例ともにいわゆる臨床的視覚（日常の生活，散歩など）は保たれた状態にある．

### 考察

角膜内皮細胞のスペキュラーマイクロスコピーは，医学においては1968年から[7]，犬と猫に対しては

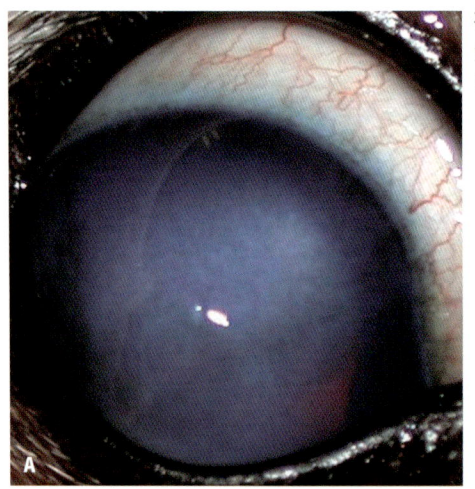

**初診時（A）**
角膜は円錐状を呈し、小水疱および潰瘍が認められた。

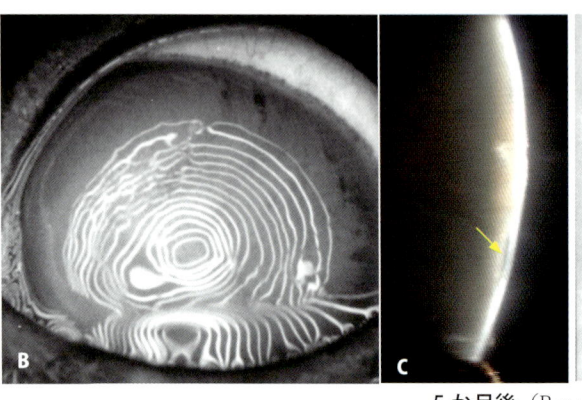

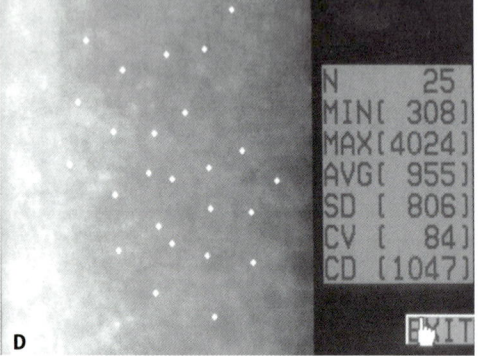

**5か月後（B～D）**
B：フォトケラトスコープにより角膜表面形状の不整と輪部における色素沈着が認められた。
C：細隙灯（スリットランプ）検査により実質内浮腫および水疱形成（矢印）が認められた。
D：スペキュラーマイクロスコピーによる角膜内皮所見としては、細胞が不明瞭であり、細胞密度の著減がみられた。

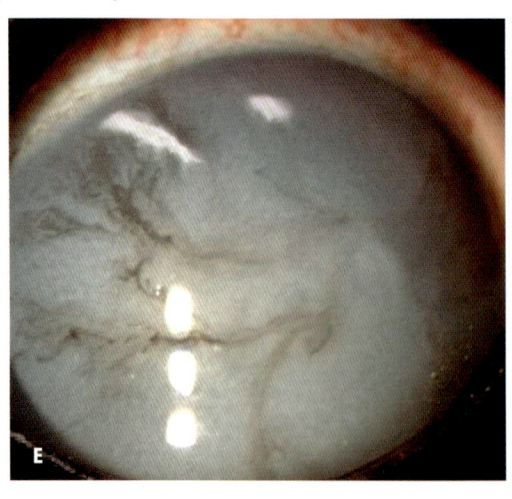

**1年6か月後（E）**
角膜全体に白濁が進行した。輪部の色素沈着はやや軽減したが、中央にも沈着がみられた。角膜厚は一定で、水疱等は認められなかった。また、臨床的な視覚は有していた。

図1　症例1（水疱性角膜症）の眼所見

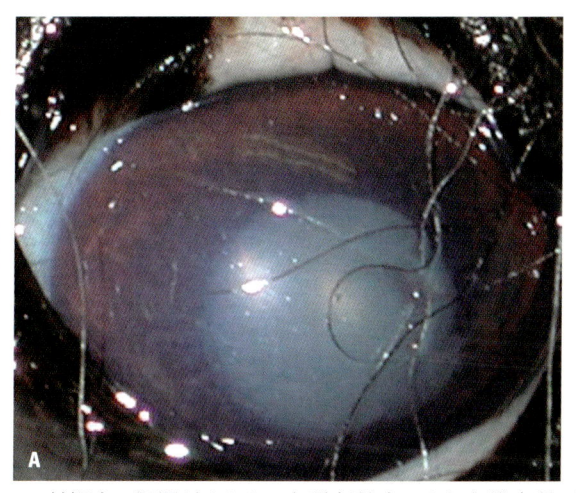

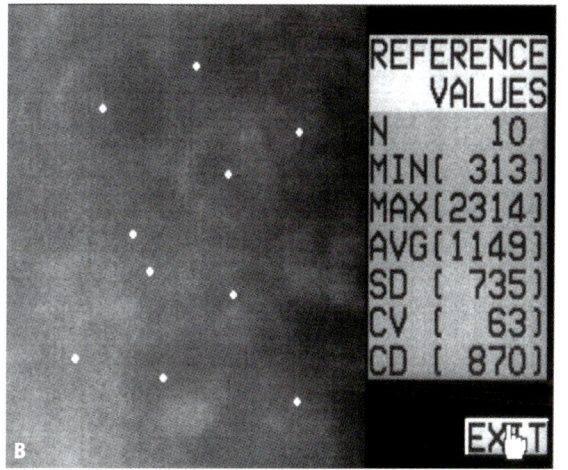

A：外観上，混濁がみられ，細隙灯検査により角膜実質の浮腫ないし肥厚が認められた。
B：スペキュラーマイクロスコピーによる角膜内皮所見としては，細胞密度の著減と細胞面積の増加がみられた。角膜厚は増巾（0.940 mm）していた。

図2　症例2（角膜退行性変性）の初診時の眼所見

表1　症例の概要

|  | 症例1 | 症例2 | 症例3 |
|---|---|---|---|
|  | 日本テリア（雄，15歳齢） | 雑種（雄，10歳齢） | 雑種（雄，9歳齢） |
| 診断名 | 水疱性角膜症 | 角膜退行性変性 | びらんをともなう角膜退行性変性 |
| 治療年数 | 1年6か月 | 2年 | 8か月 |
| 主症状 | 羞明 | とくになし | 羞明（重度），流涙，眼瞼痙攣 |
| 視覚 | 瞳孔の対光反射，交互対光反射，威嚇反射，眩惑反射，明所迷路検査，すべて陽性または正常。また，注視も認めた。 | | |
| 主な眼科学的所見 | 角膜表面不整・突出，角膜全域不均質に混濁・浮腫，小水疱・潰瘍の散在，角膜厚の増減巾 | 角膜全域均質に混濁・浮腫，角膜は軽度同程度に増巾 | 角膜全域不均質に混濁・浮腫，6〜7 mmに達する角膜びらんの形成（2〜3か所），角膜厚の増減巾 |
| スペキュラーマイクロスコピー所見 | | | |
| 角膜厚（mm） | 測定不可 | 0.940 | 0.405〜0.916 |
| 細胞密度（個/mm²） | 1047 | 870 | 1500前後（目視） |
| 細胞面積　最小値（μm²） | 308 | 313 | 得られた画像が不鮮明なため，解析不能 |
| 　　　　　最大値（μm²） | 4024 | 2314 | |
| 　　　　　平均値（μm²） | 955 | 1149 | |
| 　　　　　標準偏差（μm²） | 806 | 735 | |
| 　　　　　変動係数（%） | 84 | 63 | |

表2 症例3に対する治療の概要

**眼科用薬物の投与**（以下の4系統からそれぞれ選択し，適宜に組み合わせて使用）

■内因性由来コラゲナーゼ阻害薬

| 0.2～1.0％アセチルシステイン院内調製点眼液 | ムコフィリン吸入液20％（サンノーバ株式会社）を人工涙液マイティア点眼液（千寿製薬株式会社）にて調製 |
|---|---|
| 2.0～4.0％グルタチオン点眼液濃度調製 | タチオン点眼用2％（アステラス製薬株式会社）を溶解時に濃度を調製 |
| 0.25～0.5％グリコサミノグリカン多硫酸塩院内調製点眼液 | アデクァン（ノバルティスアニマルヘルス株式会社）を人工涙液マイティア点眼液（千寿製薬株式会社）にて調製 |
| 0.5～1.0％ヒト胎盤抽出物（ヒト胎盤酵素分解物の水溶性物質）院内調製点眼液 | ラエンネック（株式会社日本生物製剤）を人工涙液マイティア点眼液（千寿製薬株式会社）にて調製 |
| 10～25％自己血清点眼液 | 自己血清へのタリビッド点眼液0.3％（参天製薬株式会社）添加にて調製 |

■外因性由来コラゲナーゼ阻害薬（抗菌薬）

| 2.0％クロラムフェニコール眼軟膏 | 動物用・マイコクロリン眼軟膏（佐藤製薬株式会社） |
|---|---|
| オキシテトラサイクリン塩酸塩30mg/g・ポリミキシンB硫酸塩10000単位/g軟膏 | テラマイシン軟膏（ポリミキシンB含有）（株式会社陽進堂） |
| 0.3％オフロキサシン | タリビッド眼軟膏0.3％（参天製薬株式会社） |
| トブラマイシン3mg/mL | トブラシン点眼液0.3％（株式会社日東メディック） |

■角膜保護薬

| 0.05～1.0％ヒアルロン酸ナトリウム院内調製点眼液 | ヒアレインミニ点眼液0.1％（参天製薬株式会社），ヒアレインミニ点眼液0.3％（参天製薬株式会社），アスリカン関節注25mg（シオノケミカル株式会社）を注射用生理食塩液にて調製 |
|---|---|
| 0.5～3.0％コンドロイチン硫酸エステルナトリウム点眼液 | アイドロイチン1％点眼液（参天製薬株式会社），アイドロイチン3％点眼液（参天製薬株式会社）を人工涙液マイティア点眼液（千寿製薬株式会社）にて調製 |

■高張性製剤　（脱水作用を期待）

| 5.0％塩化ナトリウム眼軟膏 | Sodium Chloride 5% Ophthalmic Ointment（Akorn, Inc.） |
|---|---|
| 3.0～10.0％塩化ナトリウム液濃度調製 | 注射用10％食塩液を注射用精製水にて調製 |
| 4.0～8.0％グルタチオン点眼液濃度調製 | タチオン点眼用2％（アステラス製薬株式会社）を溶解時に濃度を調製 |

**上皮と実質の接着の促進**

| 多穿刺角膜切開（一部は格子状切開） |
|---|

**角膜と眼球の保護**

| 瞬膜フラップの作成 |
|---|
| 瞼板縫合 |

**疼痛の軽減**

| コラーゲン角膜シールドの装着 | 72時間で溶解する豚の非架橋コラーゲン（Vet Shield 72, I-MED Pharma Inc.）を使用 |
|---|---|

表3 犬の正常眼44頭77眼におけるスペキュラーマイクロスコピー所見（平均値±標準偏差, 変動係数）[1,3]

| 角膜厚 | 細胞密度 | 細胞面積 |
|---|---|---|
| 1歳齢未満 | | |
| 0.4933 ± 0.0212mm<br>4.3% | 2755.2 ± 331.5個/mm$^2$<br>12.0% | 369.2 ± 47.9μm$^2$<br>13.0% |
| 1～5歳齢 | | |
| 0.5180 ± 0.0721mm<br>13.9% | 2495.5 ± 356.3個/mm$^2$<br>14.3% | 407.9 ± 56.0μm$^2$<br>13.7% |
| 6～10歳齢 | | |
| 0.5192 ± 0.0566mm<br>10.9% | 2423.8 ± 338.5個/mm$^2$<br>14.0% | 420.6 ± 65.9μm$^2$<br>15.7% |

加齢にともない，細胞密度は減少し，細胞1個の面積が増大して五角形～四角形の細胞が増加傾向を示す。

1990年に入ってから報告されている検査方法である[1,3]。本法によって客観的な所見を得ることができるため，臨床上，詳細な検討が行えるようになったといえるだろう。すなわち，角膜の退行性変性ないし角膜疾患の病態の把握や，眼内手術後の経時的な角膜の評価が可能になり，手術手技の検討や改善のための判断根拠として利用されている[7]。

今回の全例を通じて，小動物臨床における角膜内皮細胞のスペキュラーマイクロスコピーの意義ないしは有用性について検討し，以下の諸点について考察した。

診　断：角膜の疾患は，他の検査法では，明らかに続発性の場合は鑑別診断ができるが，角膜原発性については推定の域を脱しないという問題がある。しかし，本法を実施することにより，今回の全例においてある程度の確定診断が可能であった。

病　態：水疱性の角膜症とは，ヒトの基準では角膜内皮細胞数が500個/mm$^2$以下になり，角膜代謝機能が不可逆的に障害され，角膜が退行性変性に陥った状態をいう[7]。今回の症例は全例とも，角膜厚の著増（0.916～0.940mm，症例1で測定不可，症例3でときに減巾あり），細胞密度の著減（870～1500個/mm$^2$），細胞面積の著増（平均値955～1149μm$^2$，症例3は画像不明瞭にて解析不能）および細胞面積の変動係数の増加（63～84%，症例3は計算不可）が認められ，角膜内皮機能は著しく低下して

いた（基準値は表3参照[1,3]）。したがって，角膜全体の代謝も保持できない状態であることが推測された（ヒトでは1000個/mm$^2$以下で機能障害惹起，500個/mm$^2$以下で角膜移植必要[7]）。

原因（鑑別）：全例において，続発性の角膜内皮障害（白内障等の手術，ブドウ膜炎等の慢性炎症，緑内障等の疾患などに関連する）を惹起する疾患あるいは病態が認められないことから，原発性の角膜内皮障害（分類上の角膜内皮ジストロフィー）[2]が疑われた。

治療方針：角膜の代謝障害をもっとも重要視し，まず点眼薬による治療を開始した。ただし，角膜の状態が著しく悪化した例に対しては外科的処置を施した。

点眼薬：胎盤抽出物製剤および自己血清の点眼については，その効果に関して文献等で是非が問われている。しかし，今回の使用経験から判断する限り，濃度などによって多少の刺激感が認められたことはあったが，症状が悪化した例はなく，総じて臨床上有用と思われた。

外科的処置：症例3での多穿刺角膜切開[2,5]は，角膜実質を露出し，上皮との接着を促進するもので，栄養および酸素の供給を主たる目的とするが，その術後経過として角膜厚が一定化し，透明性が増大したこと，びらんなどの表面の障害がただちに治癒したことから，適切な治療法であったと考えられた。すなわち，この方法は，機能面においても多少は有益であったと

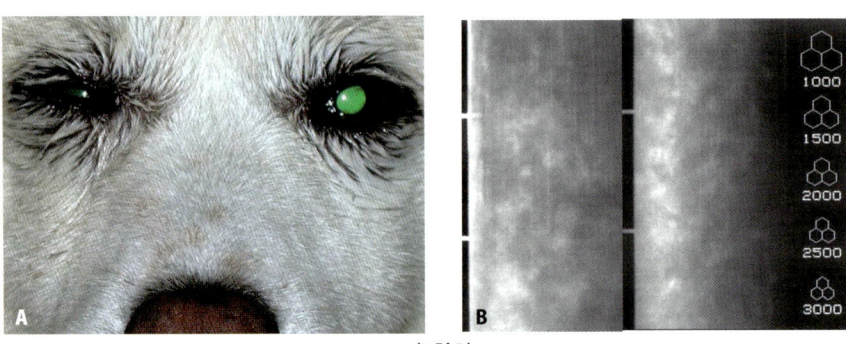

初診時
A：外観上，両眼に明らかな羞明と眼瞼痙攣が認められた。
B：スペキュラーマイクロスコピーによる角膜内皮所見としては，角膜厚が部位により増減巾（0.405〜0.916mm）を示した。なお，撮影画像からは細胞は不明瞭で，細胞密度は減少（目視によりおよそ1500個/mm² と推定）していた。

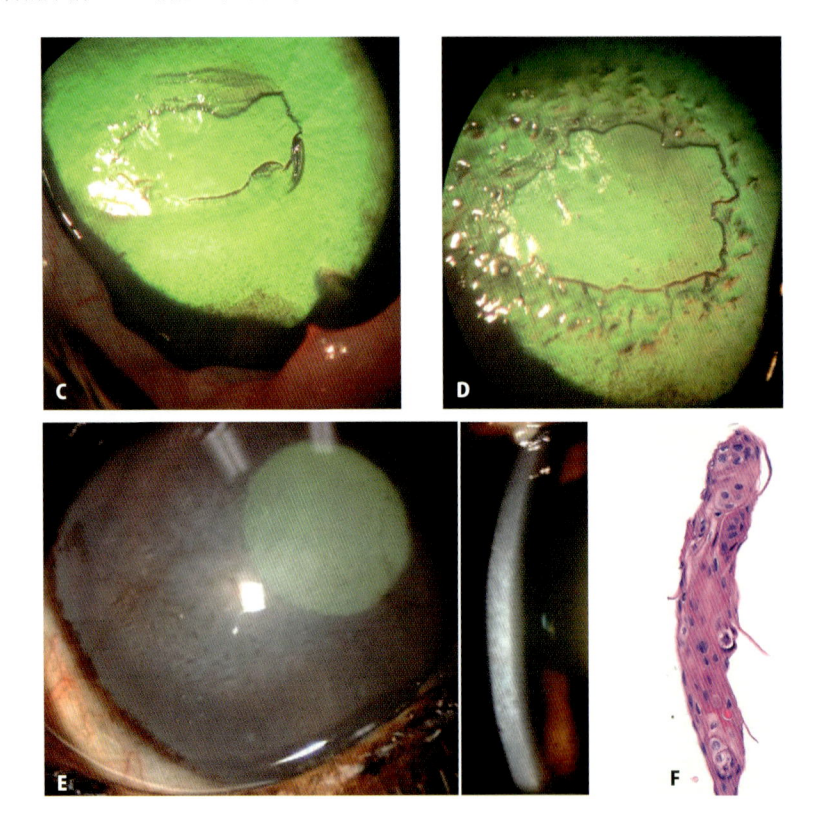

手術時
C：細隙灯検査により角膜全域の混濁およびびらん（中央部に広範囲に1か所，輪部に狭範囲に2か所），角膜後面への沈着物が認められた。
D：遊離上皮の切除および多穿刺（一部は格子状）角膜切開を実施した。

手術実施3か月後
E：拡大および細隙灯検査によりび漫性混濁および色素沈着が認められたが，びらん等はまったく確認できなかった。また，角膜厚は一定で，切開部は透明性が増加していた。
F：遊離上皮の組織学的所見では，上皮層の軽度の配列不整がみられ，異型性および炎症所見は認められなかった。

図3　症例3（びらんをともなう角膜退行性変性）の眼所見

推測された。

**予後および展望**：治療当初に比べて，全例において角膜におけるび漫性の白濁はやや進行した。今後，角膜の恒常性が維持できなくなれば，栄養を十分に補給し，角膜全体としての総活性を上げること，ないしは内皮細胞を補うことが必要になろう。この場合，外科的には構築移植あるいは表層および深層角膜移植は理論上不適用であり，全層角膜移植あるいは角膜内皮移植が適切であると考えられる[4,6]。ただし，犬や猫は角膜の透明性が低くても日常の生活や散歩には困らない程度の視覚を長期にわたって維持するため，この段階でヒトと同様の移植を実施することは，術後の管理や合併症の予防と治療のためにそれまで以上の労力と費用を要することになり，是非が問われるところである。視覚障害が重度になった際に選択肢の1つとして考慮すべきであろう。

## 文 献

1) 朝倉宗一郎（1993）：犬角膜内皮細胞のスペキュラーマイクロスコピー．第11回 日本獣医臨床眼科研究会総会講演抄録集，39-40．

2) Gelatt,K.N. (2007)：Noncrystalline cornea opacities. Veterinary Ophthalmology 4th ed. (Gelatt,K.N. ed.), 731-739, Blackwell.

3) 五十嵐 治（2000）：非接触型マイクロスコープによるイヌ角膜内皮細胞，加齢変化を中心とした検討，シーズーについての検討．第20回 比較眼科学会年次大会講演要旨集，21-22．

4) 川島素子，山田晶和（2003）：全層角膜移植の合併症とその対処法．日本眼科手術学会会誌，16，315-319．

5) Magrane,W.G. (1977)：角膜および強膜の疾患と外科．犬の眼科学（朝倉宗一郎，加藤 元 監訳），105-157，医歯薬出版．

6) 佐野洋一朗（2003）：角膜内皮移植．日本眼科手術学会会誌 16, 301-305．

7) 澤 充（2002）：角膜内皮細胞 最近の知見と展望．眼科診療プラクティス，88，文光堂．

Case 22　犬

# 輪部黒色腫を生じた猫の 1 例

辻　登，清良井昭子，尾崎英二

## 要約

　眼脂を主訴として来院した猫（雑種，雌，9歳齢）に対して詳細な眼科学的検査を実施したところ，網膜変性および輪部黒色腫が認められた。本例は，各種検査により腫瘍の転移が確認されなかったことと，視覚の回復が望めなかったことから，眼球摘出の適用としたが，その結果，経過は良好に推移した。

## はじめに

　猫の眼に発生する腫瘍は腫瘍全体の0.34%にすぎない[3]が，眼と周囲組織の腫瘍は患者の視覚あるいは生命にとって大きな問題となる。眼の輪部における黒色腫の発生は，ブドウ膜における黒色腫よりも少なく，ほとんどの場合は局所的に浸潤するのみであるが，診断の時点で付属リンパ節に転移しているという報告もある[2,4]。そのため，診断にあたっては，付属リンパ節の吸引細胞診や胸部X線検査，腹部超音波検査などを実施する必要がある。

　今回，眼脂を主訴に来院した猫に対して眼科学的検査を実施した結果，輪部に黒色の腫瘤が認められた。そこで各種検査の後，眼球摘出を行ったところ，経過は良好に推移した。

## 症例

　症例は，猫（雑種），雌，9歳齢である。

### 1）主訴
両眼の眼脂を主訴として来院した。

### 2）既往歴
既往歴はとくにない。

### 3）現病歴
数日前から眼脂の増加が認められている。

### 4）一般身体検査所見
体重5.0kgで，明らかな異常は認められなかった。

### 5）眼科学的検査所見
　右眼には，軽度の結膜充血と散瞳，網膜変性（血管の狭細化およびタペタムの反射亢進（図1）がみられ，さらに輪部の10時方向に黒色腫瘤（図2）が認められた。また，綿球落下試験，眩目反射および対光反応は陰性であった。

　左眼には，右眼と同様の軽度の結膜充血と散瞳および網膜変性（図3）が認められ，綿球落下試験，眩目反射および対光反応は陰性であった。

### 6）追加検査所見
　下顎リンパ節の吸引細胞診，胸部X線検査および腹部超音波検査を実施したが，明らかな異常は認められなかった。

### 7）治療および経過
　治療方針を決定するにあたっては，① 眼科学的検査から結膜あるいは強膜の黒色腫が強く疑われること，② 重度の網膜変性により患眼の視覚回復が望めないこと，③ 各種検査により眼外への明らかな転位が認められないことの3点を考慮に入れ，また，飼い主が患猫の生命を重視していたことから，病変が結膜に限局していなければ，より安全な選択肢として眼球摘出を実施し，可能な限り転移を防ぐこととした。

　麻酔下において結膜を一部剥離したところ，黒色腫瘤は強膜に浸潤していることが明らかになったため，術式を経眼瞼アプローチによる眼球摘出に決定した（図4）。

　術後は，オルビフロキサシン（ビクタスS錠10mg，大日本住友製薬株式会社）を5mg/kg，メロキシカム（メタカム錠1.0mg，ベーリンガーインゲルハイムベトメディカジャパン株式会社）を0.1mg/kg

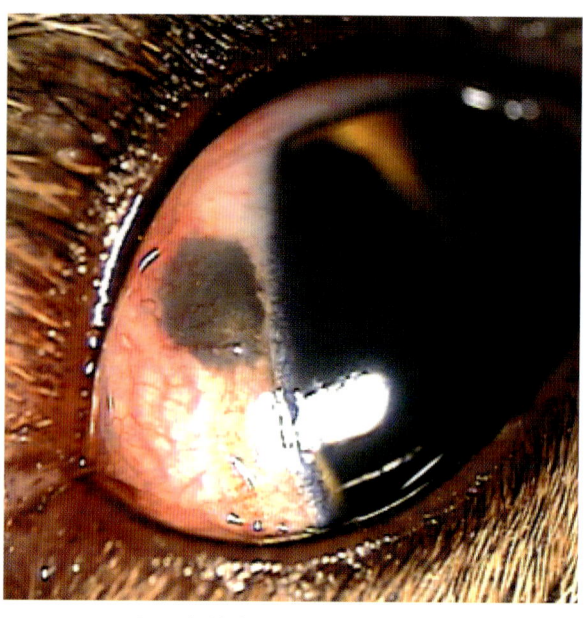

図2 初診時の前眼部所見（右眼）

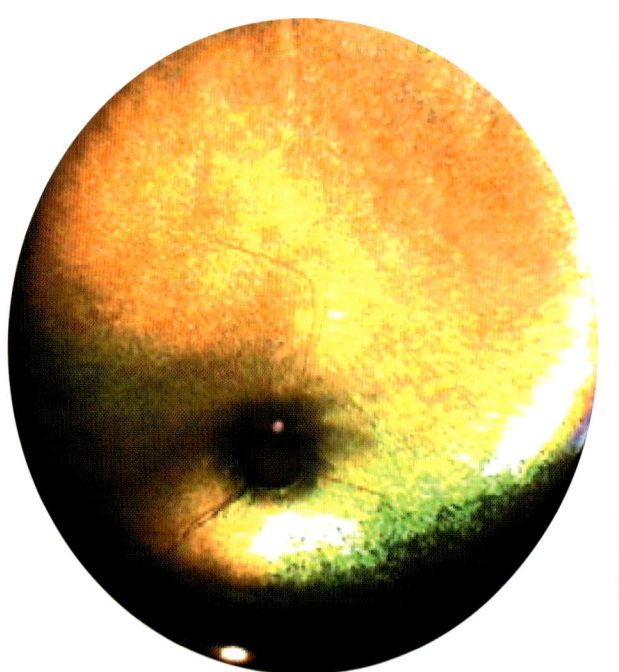

図1 初診時における眼底検査所見（倒像，右眼）

図3 初診時における眼底検査所見（倒像，左眼）

Case 22

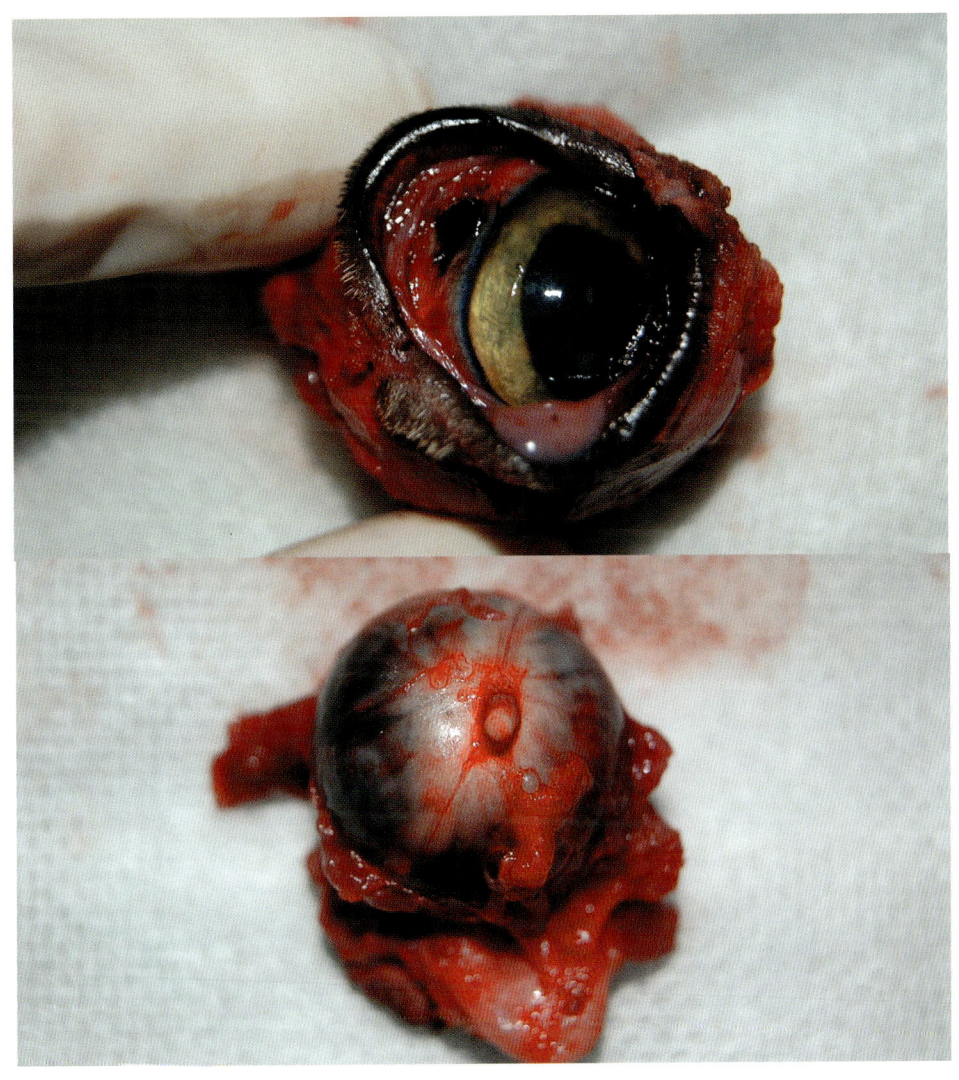

図4　摘出した眼球

の用量でそれぞれ1日1回，3日間にわたって経口投与し，12日後に抜糸を行った。

　術後の数日間は食欲不振が認められたが，その後の経過は良好で，第180病日の時点で腫瘍の転移は認められていない。

　なお，網膜の変性に関しては，問診，既往歴および眼科学的検査からその理由が明らかにならず，治療は行っていない。

### 病理組織学的検査結果

　診断：黒色腫

　細胞自体の分化は高く，腫瘍の境界は明瞭であり，眼球内への浸潤は認められない。摘出状態は良好であり，今回の摘出により予後は良好と考えられる。

　網膜は，び漫性に萎縮し，外顆粒層以外の神経細胞層は認められなかった。

## 考 察

 本症例では，網膜変性による視覚の喪失が認められたことから，眼球摘出を選択するにあたって飼い主からの大きな抵抗はなかった。しかし，もし患眼が視覚を有する場合には，腫瘍の局所切除も治療の選択肢として考えなければならないかもしれない。

 過去には，3頭の猫に対して強膜角膜の層状切除単独術または凍結手術の術後併用の治療を行ったところ，術後30か月間は再発や転移が認められなかったが，31か月後に1頭に広範な転移が認められたとの報告がある[1]。また，他の報告でも，腫瘍の局所摘出が不成功であった例があり[4]，これらの猫では術後に遠隔転移が認められている。

 したがって，輪部の黒色腫は，早期であれば侵襲的な局所手術を考慮すべきであり，十分な手術マージンが得られない場合や，本症例のように眼球を温存するメリットが少ない場合には，眼球摘出を先送りするべきではないと考えられた。

### 文 献

1) Betton,A., Healy,L.N., English,R.V., Bunch,S.E. (1999): Atypical limbal in a cat. *Journal of Veterianry Internal Medicine*, 13, 379-381.
2) Cook,C.S., Rosenlrantz,W., Preiffer,R.L., MacMillan,A.(1985): Malignant melanoma of the conjunctiva in a cat. *Journal of American Veterinary Medical Association*, 186, 505-506.
3) MacEwen,G.E., Withrow,S.J. eds (1989): Small Animal Clinical Oncology 2nd ed., W.B.Saunders.
4) Patnaik,A.K., Mooney,S. (1988): Feline melanoma: A comparative study of ocular. oral. and dermal neoplasms. *Veterinary Pathology*, 25, 105-112.

Case 23 犬

# 慢性角強膜炎にともなって角膜腫瘍を生じた犬の1例

竹内祐子，斑目広郎，印牧信行

## 要約

肉芽腫性の角膜腫瘍を形成した犬（シェットランド・シープドッグ，雌，12歳齢）に対して局所ステロイド療法を施したが，この治療に反応しなかったため，腫瘍の切除生検を行って病理組織学的検査に供した。その結果，この腫瘍は未分化癌と診断されたが，飼い主が眼球の温存を強く希望したことと，臨床的に腫瘍の増大速度が緩徐であったことから，眼球摘出を保留し，非ステロイド性消炎鎮痛薬の全身投与と局所ステロイド療法による経過観察とした。本症例は，長期にわたって腫瘍切除部の拡大もみられず，眼球が温存された。

## はじめに

犬の角膜に生ずる結節性病変には，乳頭腫や偽腫瘍性肉芽腫性組織球腫，輪部黒色腫，扁平上皮癌，結節性筋膜炎，角膜膿疱などがある。

今回，腫瘍が疑われる慢性角強膜炎に対して，腫瘍部の切除と抗炎症薬の投与を行った結果，眼球を温存することが可能であった。

## 症 例

症例は，犬（シェットランド・シープドッグ），雌，12歳齢である。

### 1）主 訴

左眼の角膜に腫瘍が出現したとの主訴で来院した。

### 2）既往歴

6歳齢のとき，猫により右眼に角膜裂傷を受け，治療が施されている。また，高コレステロール血症の指摘を受けている。

### 3）現病歴

左眼の流涙と羞明を主訴として他院を受診し，角膜炎の治療を受けたが，改善が認められず，さらに眼圧の上昇が疑われたため，その治療も行われていた。

しかし，左眼の角膜炎に変化はなく，さらに最初の症状が出てから2か月後には，左眼角膜の2時の位置に隆起物が認められたとのことで来院した。

なお，先の他院にての治療中に，右眼の前眼房に蓄膿が認められたが，これは抗菌薬の投与により治癒したという。

### 4）一般身体検査所見

初診時の一般身体検査では，体重12kg，体温39.2℃，脈拍数66回／分で，栄養状態は良好であった。

### 5）眼科学的検査所見

右眼は，瞳孔が散大しており，対光反射はわずかであった。細隙灯（スリットランプ）検査では皮質後嚢下に未熟白内障が認められた。また，倒像鏡による眼底検査では，囲管性病変をともなう網膜の滲出性病変および視神経乳頭の不明瞭化をともなう網脈絡膜炎の所見が観察された。

一方，左眼は，強膜および角膜の10時から2時の位置にかけての部位に，乳白色から淡赤色を呈し，表面が粗造な肉芽様の隆起物が限局して存在していた。また，角膜の混濁が著しく，前眼房と虹彩は観察することができず，さらに瞳孔対光反射も確認できなかった。ただし，触診眼圧と涙のメースカスに関しては正常であった。腫瘍の細胞診としてブラッシュサイトロジーを行ったところ，多数の形質細胞が認められた。

### 6）臨床病理学的検査所見

血液学的ならびに血液生化学的検査では，総コレステロール濃度が536mg/dLと高値であったが，このほかにとくに異常は観察されなかった。

### 7）治療および経過

臨床経過と検査所見から，右眼は網脈絡膜炎ならび

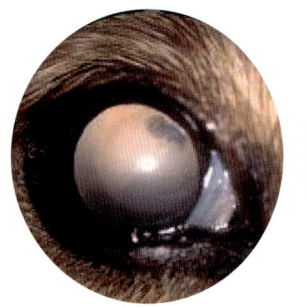

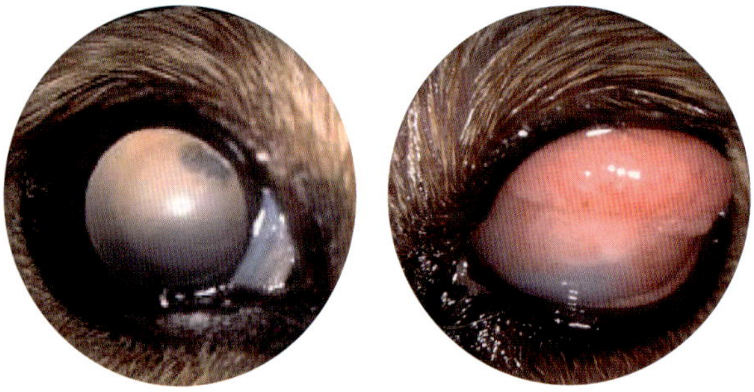

右眼　　　　　左眼
図1　初診時の前眼部所見

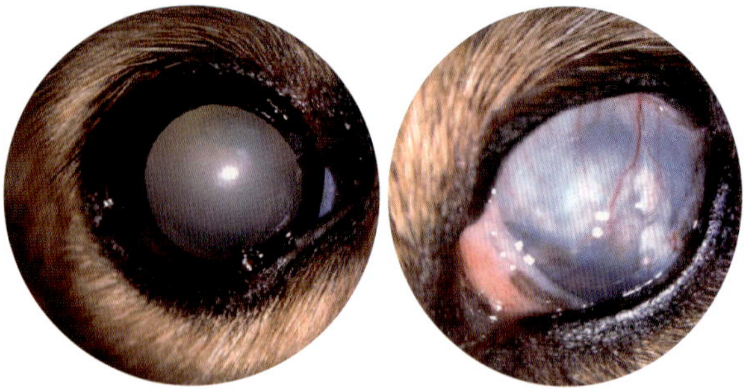

右眼　　　　　左眼
図3　術後6か月目の前眼部所見

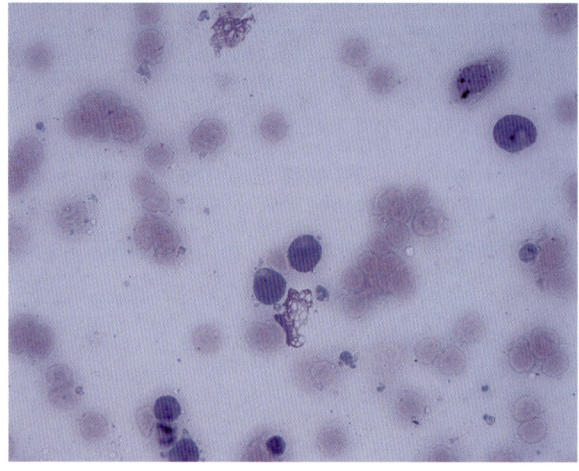

図2　腫瘍のブラッシュサイトロジー所見

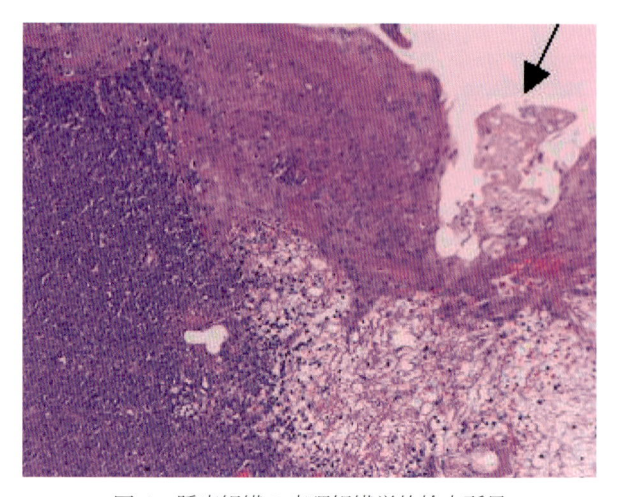

図4　腫瘍組織の病理組織学的検査所見
　　　　　　（ヘマトキシリン・エオジン染色）
矢印：潰瘍があったと考えられる部分から腫瘍への連続移行

に未熟白内障，左眼は肉芽腫性角強膜炎と仮診断し，内科的に抗炎症療法としてプレドニゾロン酢酸エステルの眼軟膏（プレドニン眼軟膏，塩野義製薬株式会社）と，細菌の二次感染予防としてオフロキサシンの眼軟膏（タリビッド眼軟膏0.3%，参天製薬株式会社）の投与（ともに1日3回）を開始し，反応がなければ外科療法の適応となることを飼い主に説明した。

**7日後所見および処置**：右眼は対光反射が消失し，ノンタペタム領域において色素斑が認められた。

また，左眼は，腹側の角膜の透明性は改善したが，角膜輪部を中心に腫瘍が増大していた。

そこで，左眼に対して，腫瘍の切除生検ならびに結膜被覆術を施した。すなわち，角膜実質のおよそ2/3をクレセントナイフで層板状に表層切除し，欠損部を覆って縫合した。

**病理組織学的検査所見**：左眼の摘出組織を病理組織学的検査に供した結果，未分化癌と診断された。

組織標本上，腫瘍組織のほとんどは，大型の核小体を含む異型核を有する腫瘍細胞集団の包巣状増殖で占められていた。また，空胞化したマクロファージの多数の浸潤がみられ，分裂像やアポトーシス，大型塊状壊死が目立って認められた。角膜上皮には水腫性変性や囊胞あるいは膿疱形成も観察され，潰瘍があったと考えられる部分から腫瘍への連続移行（図4）が示唆された。

**治療方針**：飼い主は，当初から眼球摘出には消極的

Case 23

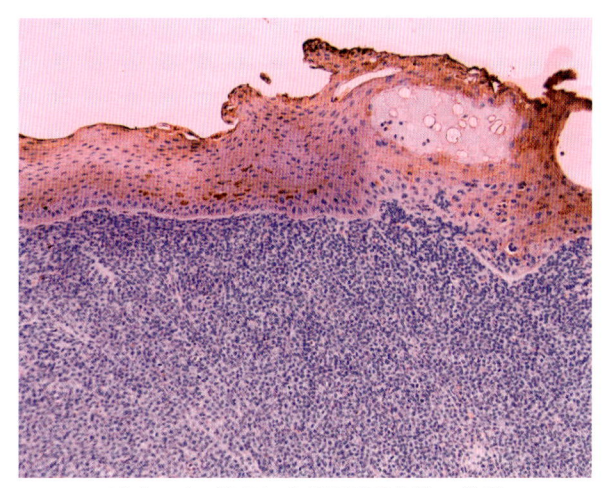

ビメンチン染色による間葉系細胞の検出
（結果：陰性）

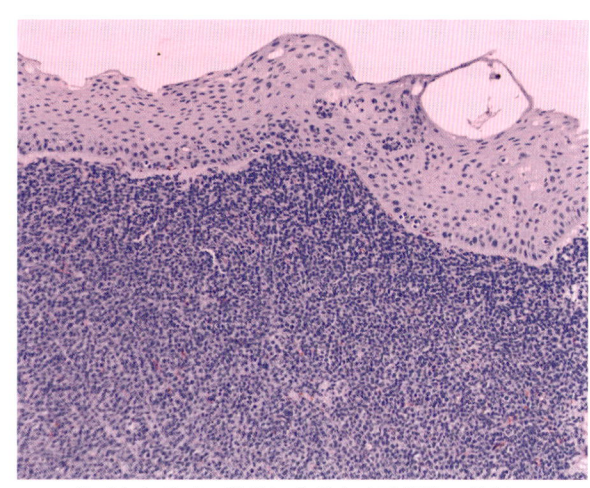

サイトケラチン染色による上皮系細胞の検出
（結果：陰性）

図5　腫瘍組織の免疫染色所見

で，眼球の温存を強く希望していた。こうした飼い主の希望をふまえ，さらに臨床経過と病理学的な診断にもとづき，初期に肉芽腫性角強膜炎を疑っていたことや，激しい炎症が存在する場合には未分化癌に相当するような病理所見を呈することがあるということを考慮し，眼球温存を第一目的として治療を進めていくことにした。

そこで，抗炎症の目的でピロキシカム（バキソカプセル10，富山化学工業株式会社）を0.3mg/kgの用量で1日1回経口投与し，さらにプレドニゾロン酢酸エステルの眼軟膏とオフロキサシンの眼軟膏の1日3回の投与を指示し，要経過観察とした。

ただし，眼圧の上昇や眼球の変形などの変化がみられた場合には，ただちに眼球摘出を実施するという方針をたてた。

**31日後所見**：角膜全体の混濁と，結膜被覆術を実施した部位における血管新生が認められた。

**6か月後所見**：腫瘍の再発は認められず，結膜被覆後の角膜の凹凸も軽減していた。

**腫瘍組織の免疫染色所見**：眼球の温存ができていたため，切除標本の病理学的再検討を実施し，間葉系細胞を検出するビメンチン染色と上皮系細胞を検出する

サイトケラチン染色の2種類の免疫染色を試みた。結果はどちらの染色も陰性であった（図5）。

## 考　察

角膜における腫瘤あるいは腫瘍の発生は犬や猫では比較的まれであるが，犬の角膜に生ずる結節性病変として，初めにも述べたように，乳頭腫や偽腫瘍性肉芽腫性組織球腫，輪部黒色腫，角膜嚢胞，扁平上皮癌，結節性筋膜炎，角膜膿疱などある。このうち，扁平上皮癌は予後が不良であるが，その他は通常，内科的治療または病変部位の切除によって良好に治癒させることが可能である。ただし，眼の腫瘍はたとえ良性のものであっても，発生した位置によっては，視覚の喪失を起こすことがあるため，臨床的判断と飼い主の希望を考慮し，症例のQOL（quality of life）の向上を第一に考えていく必要がある。

今回の症例に対しては，角膜腫瘍による疼痛の緩和と二次的炎症の軽減，ならびに慢性炎症による発癌リスクを抑制する目的で，非ステロイド系抗炎症薬であるピロキシカムを投与した。炎症が生じている場合，シクロオキシゲナーゼが過剰に発現し，それによって産生されるプロスタグランジンが炎症をさらに増悪さ

せたり腫瘍血管新生を促進するとともにアポトーシスを阻害するが，ピロキシカムはプロスタグランジン産生を触媒する酵素であるシクロオキシゲナーゼを阻害する薬物である。

今回の症例の腫瘍は，病理学的には未分化癌と診断されたが，慢性炎症による肉芽腫性変化ではないかと推察した。しかし，腫瘍が増大した場合には，眼球の摘出が必要になると考えていた。術後，長期にわたって腫瘍が再発せず，患眼の状態を比較的良好に維持できたのは，手術による病巣の切除ならびにピロキシカム投薬による抗炎症効果と発癌リスク軽減という相乗作用があったことによると考察している。

なお，対側眼（右眼）の変化は，過去に角膜に受傷していることと，発症年齢およびその経過から，後天性疾患であろうと思われる。

本症例は，病理学的な診断にもとづいて考えれば，眼球摘出が適応となるといえる。しかし，臨床判断と眼球温存への飼い主の強い希望を考慮した結果，腫瘍切除と結膜被覆術を施し，これによって再発することなく，長期にわたって眼球の温存ができたものである。

### 参考文献

1）Flory,A.B.（2005）：The role of cyclooxygenase in carcinoenesis and anticancer therapy. *Compendium* 27, 616.
2）Gellatt,K.N.（2000）：Corneal manifestations of systemic diseases, Corneoscleal masses and neoplasms. Essentials of Veterinary Ophthalmology（Gelatt,K.N. ed.）, 148-154, Lippincott Williams & Willkins.
3）Latimer,C.A.（1986）：Azathioprine in the management of fibrous histocytoma in two dogs. *Journal of American Animal Hospital Association*, 19, 155-158.
4）Paulsen,M.E.（1987）：Nodular granulomatous episclerokeratitis in dogs:19 cases（1973-1985）. *Journal of American Veterinary Medical Association*, 190, 1581-1587.
5）Smith,J.S.（1976）：Infiltraitive corneal lesions resembling fibrous histocytoma: Clinical and pathologic findings in six dogs and one cat. *Journal of American Veterinary Medical Association*,169, 722-726

Case 24　犬

# 角膜に扁平上皮癌が発生したシー・ズー

西　賢

### 要約

　シクロスポリンの点眼により乾性角結膜炎を治療中の犬（シー・ズー，雄，10歳齢）の角膜に肉芽様組織の増殖が認められた。ベタメタゾンリン酸エステルナトリウムの点眼を行ったが，肉芽様組織の増殖がみられたため，角膜表層切除を実施した。病理組織学的検査で肉芽様組織は扁平上皮癌であった。術後の角膜は通常の角膜潰瘍の治療で回復した。術後1年4か月は再発，転移もなく良好な経過を取っていたが，その後，左頬に扁平上皮癌の転移が起こり，1か月後に死亡した。

## はじめに

　犬の角膜や強膜に認められる原発性腫瘍には扁平上皮癌や乳頭腫，悪性リンパ腫，血管腫などがあるが，これらの腫瘍の発生はまれであり，また，角膜上皮細胞から発生して基底膜などには浸潤しない，いわゆる in situ であるといわれている[1]。また，これらの腫瘍は短頭種の犬に発生することが多いが，これは眼球が露出していることによる外部からの刺激が関係していると思われる。

　今回，乾性角結膜炎（ドライアイ）を治療中のシー・ズーの角膜に扁平上皮癌の発生があり，それに対して外科な治療を行い，比較的良好な経過を得た。

## 症例

　症例は，犬（シー・ズー），雄，10歳齢である。

### 1）主訴

　右眼の角膜中央に肉芽様組織がみられたことが今回の主訴である。

### 2）既往歴

　現病歴に関係する眼科領域の既往歴は以下のとおりである。

　2000年6月に眼科依頼症例で来院した。その際，左眼は，シルマー涙液試験の値（STT値）が2mm/分であり，乾性角結膜炎を発症していた。このとき，シクロスポリン（サンディミュン内用液10%，ノバルティスファーマ株式会社）をコーン油で希釈して1％点眼液として使用を続けた。また，角膜血管新生と眼脂に対しては，フルオロメトロン（フルメトロン点眼液0.02％，参天製薬株式会社）とオフロキサシン（タリビッド点眼液0.3%，参天製薬株式会社）の点眼を適宜に行っている。

　その後，2001年10月からは，右眼も乾性角結膜炎（STT値：6mm/分）のため，同様の処置を継続している。その結果，シクロスポリンの投与により，STT値には若干の上昇がみられ，QOL（quality of life）は改善されていた（図1）。

### 3）現病歴

　2007年4月に，右眼の角膜中央に大きさ約2mmのピンク色の肉芽様組織が認められた。

### 4）一般身体検査所見および血液生化学的検査所見

　体重7.0kgで，乾性角結膜炎による眼病変のほかに，軽度の皮膚疾患が認められた。

　ただし，手術に際して行った術前検査では，特記すべき異常は確認されなかった。また，この際の血液生化学検査においても，とくに異常は認められなかった。

### 5）治療および経過

　右眼の角膜中央に肉芽様組織が認められたため，以前から投与していたフルオロメトロンをベタメタゾンリン酸エステルナトリウム（サンベタゾン眼耳鼻科用液0.1％，参天製薬株式会社）へ，オフロキサシンをロメフロキサシン塩酸塩（ロメワン，千寿製薬株式会

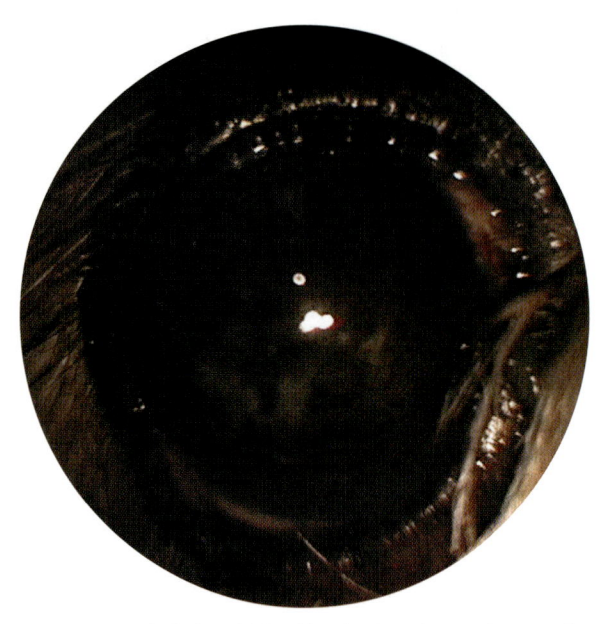

図1　扁平上皮癌発生前の前眼部所見（2006年11月）
乾性角結膜炎の治療のためシクロスポリンの点眼を継続していた。

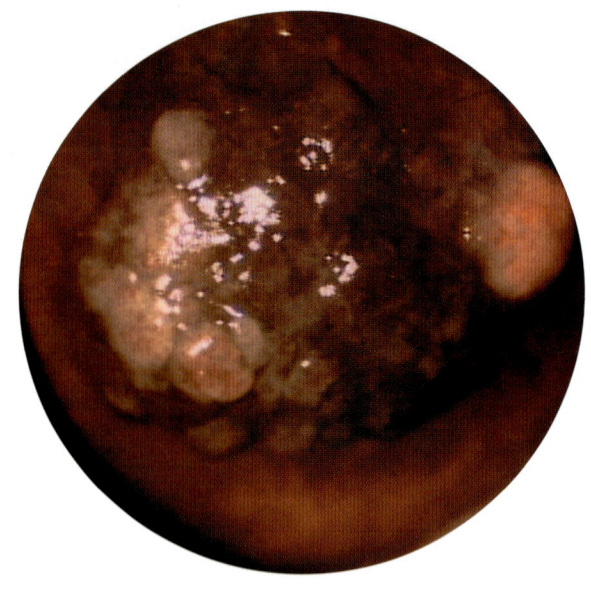

図2　角膜表層切除術実施直前の前眼部所見
（2007年6月）
角膜表面にピンク色の肉芽様病変が認められる。

社）に変更したところ，初期にはこの肉芽様組織がやや減少したようにみえたが，その後，2か月を経過するうちに増殖が確認された（図2）。そこで，綿棒による角膜擦過標本により細胞診を行ったところ，腫瘍が疑われたので，角膜表層切除を実施することとした。

手術に際して，麻酔は，前投与としてジアゼパム（セルシン注射液10mg，武田薬品工業株式会社）1mg/kgの静脈内注射を行い，次いで，プロポフォール（2％プロポフォール注「マルイシ」，丸石製薬株式会社）0.4mL/kgの静脈内投与で導入後，イソフルラン（エスカイン，マイラン製薬株式会社）の吸入麻酔で維持した。

角膜表層切除は，腫瘍の周辺を深さ0.4mmの角膜ナイフで切開した後，クレセントナイフを用いて切開部位の内部を切除した。出血は，ウェットコアギュレーションによりコントロールした。

表層切除後（図3）は，治療用ソフトコンタクトレンズ（メニわんコーニアルバンデージわん，株式会社メニワン）を14日間装用し，自己血清およびオフロ

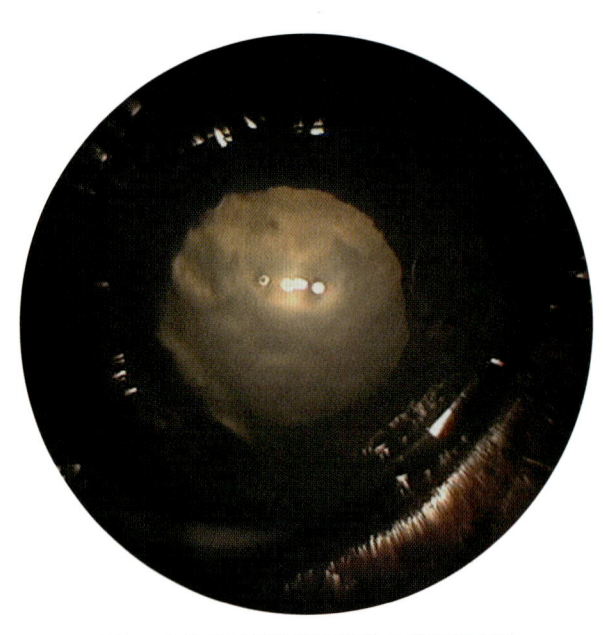

図3　角膜表層切除術実施後の前眼部所見
腫瘍を切除した結果，瞳孔と虹彩が確認できるようになった。切除部は，上皮を失ったため，潰瘍となっている。

キサシンの点眼を行った。術後2週間を経た後に血管新生と上皮再生が活発になり，25日後には中央に約1mmの潰瘍を残すのみとなり，37日目には潰瘍

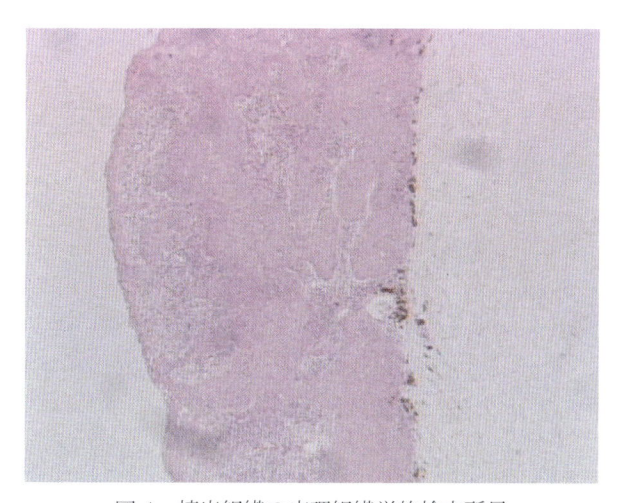

図4 摘出組織の病理組織学的検査所見
　　（角膜の弱拡大所見）
　　　　　　　（ヘマトキシリン・エオジン染色）
扁平上皮癌は角膜上皮組織内にのみ増殖していた。基底膜より内側への腫瘍の浸潤は認められなかった。

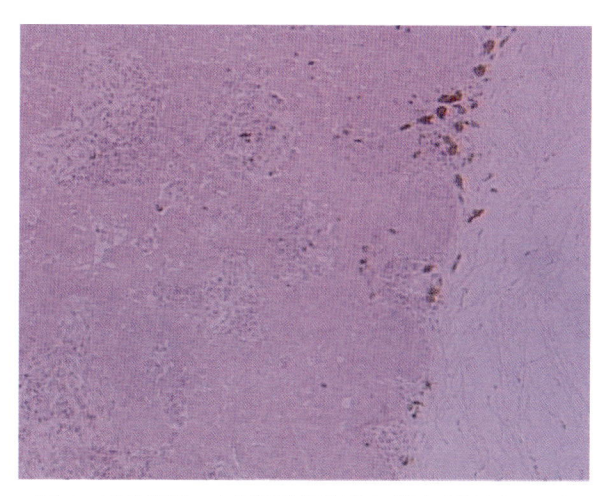

図5 摘出組織の病理組織学的検査所見（強拡大所見）
　　　　　　　（ヘマトキシリン・エオジン染色）

の消失を確認したので，乾性角結膜炎治療のためシクロスポリンの点眼を再開した。

この間，摘出した肉芽様組織の病理組織学的検査を実施し，扁平上皮癌との診断を得た（図4，5）。

術後の潰瘍の治癒後は，シクロスポリンとロメフロキシシン塩酸塩，ヒアルロン酸ナトリウム（ヒアロンサン点眼液0.1％，東亜薬品株式会社）を使用した。

その後，2008年10月までの1年4か月の経過において再発はみられなかった（図6）が，10月22日に飼い主より3〜4日前から元気食欲がなく，左頬が腫れているとの連絡があり，近医での診察の結果，扁平上皮癌の転移が疑われた。その1か月後に死亡したとのことである。

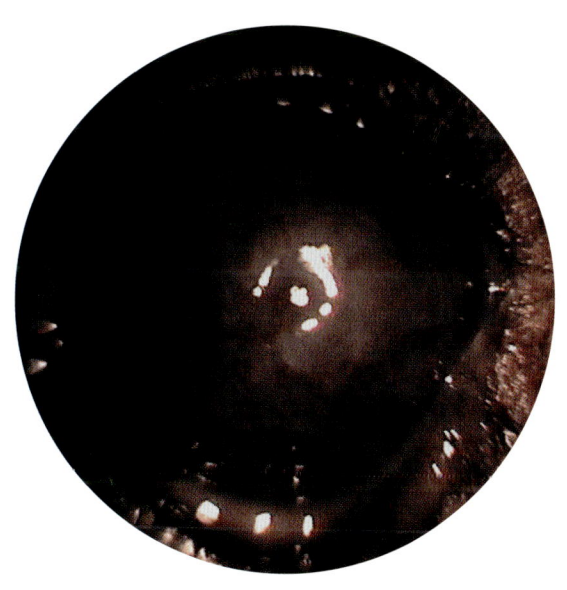

図6 角膜表層切除術実施後1年3か月目の前眼部所見
角膜中央部に陥凹がみられたが，腫瘍の再発は認められなかった。乾性角結膜炎のため，色素沈着と血管新生の状態は術前と同様になっている。

## 考　察

犬の角膜における腫瘍の発生はまれであり，文献的に多くの情報を得ることはできなかったが，角膜の扁平上皮癌は角膜上皮内から発生する腫瘍で，今回のようにピンク色や白色を呈する多くの葉片が連なった形で発生し，表層性の角膜血管新生をともなっていると

のことである[1]。角膜上皮内からの発生であることは，基底膜に傷害が起こっていないことから裏づけられると成書にあり[1]，今回の症例も「角膜上皮細胞の増殖が起きており，上皮下には硝子間質層がやや厚くみられ，少数のリンパ球，形質細胞が浸潤していた。増殖する細胞が深部へ浸潤する明らかな像は認められな

かった」との病理組織学的検査所見に一致する。

　本症例では，眼球表面の腫瘍に対してマイトマイシンCの点眼も考慮したが，表層切除後の角膜へ使用すると角膜再生が阻害されるのではないかとの不安があったため，使用を控えた。

　角膜扁平上皮癌は，筆者にとって2例目の経験で，第1例の犬種はパグであった。また，本症例と同じく，このパグも乾性角結膜炎を発症しており，シクロスポリンの点眼を継続していた。

　シクロスポリンと腫瘍の関連については，シクロスポリンにより腫瘍が発生したという報告がいくつかみられる[2]。今回の場合がそれに当たるかどうかは不明であるが，シクロスポリンを長期間にわたって投与する場合には注意が必要であるかもしれない。しかしながら，シクロスポリンは乾性角結膜炎には非常に有効であるために，乾性角結膜炎に対する使用については，これを控えるべきではないと考えている。

### 文 献

1) Gilger,B.C.（2007）：Squamous cell carcinoma. Veterinary Ophthalmology 4th ed.（Gelatt,K.N. ed.）, 739-740, Blackwell Publishing.

2) Herring,I.P.（2007）：Lacrimostimulants. Veterinary Ophthalmology 4th ed.（Gelatt,K.N. ed.）, 339-340, Blackwell Publishing.

Case 25 犬

# 前房混濁を呈したミニチュア・シュナウザー

都築明美, 斎藤陽彦

### 要約

両眼の前房混濁を呈した犬〔ミニチュア・シュナウザー, 雌（避妊手術実施済み）, 7歳8か月齢〕に対して眼科学的な検査を実施したが, ブドウ膜炎の徴候はなく, 血液生化学的検査により高脂血症が認められた。本症例に対して食餌の改善を図ったところ, 症状が改善した。

## はじめに

前房混濁とは房水が混濁した状態である。前房フレア, 前房出血, 前房蓄膿などに分類され, いずれも炎症性疾患に特徴的な症状であるといえる。

一般にブドウ膜炎が存在すると, 血液－房水関門が崩壊して房水中の蛋白質濃度が上昇することにより, 房水が混濁することが知られている。

以下に, ブドウ膜炎の徴候を欠いているが, 両眼の前房混濁を呈したミニチュア・シュナウザーの症例について報告する。

## 症例

症例は, 犬（ミニチュア・シュナウザー）, 雌（避妊手術実施済み）, 7歳8か月齢である。

### 1）主訴

両眼が急に白くなったとの主訴で来院した。

### 2）既往歴

眼科領域における既往歴は不明である。それ以外には, 半年前に膀胱結石（シュウ酸カルシウム結石）の摘出手術を受けている。その際の術前検査において, 高脂血症（総コレステロール濃度450mg/dL以上, トリグリセリド濃度500mg/dL以上）が認められた。手術後には特別療法食（プリスクリプション・ダイエット u/d, 日本ヒルズ・コルゲート株式会社）を常食している。

### 3）現病歴

両眼が白濁を呈して2日後にかかりつけの動物病院を受診した。軽度の結膜炎に対してグリチルリチン酸二カリウム点眼薬（ノイボルミチン点眼液1%, 参天製薬株式会社）が処方されたが, 前房の白濁は改善されず, 2日後に本院を紹介されて受診した。

### 4）一般身体検査所見

体重6.4kgで, 元気, 食欲, その他の全身状態に異常は認められなかったが, 栄養状態は肥満傾向であった。

### 5）眼科学的検査所見

外観上は, 羞明や流涙, 眼脂の増加などは認められず, 犬自身が不快感を呈している様子はなかった。また, 対光反射と視覚も正常であった。

涙液量は, 綿糸法による検査では右眼が40mm/15秒, 左眼が30mm/15秒, シルマー涙液試験では右眼が21mm/分, 左眼が21mm/分と, いずれも正常な値が得られた。眼圧も右眼が18mmHg, 左眼が14mmHgで, 正常であった。

前房混濁は肉眼でも確認され, 混濁の程度は下方に濃く, 上方に薄く認められた（図1）。ただし, 細隙灯（スリットランプ）顕微鏡検査では前房深度は正常で, フレアはみられず, 角膜後面沈着物や前房蓄膿も観察されなかった。また, 虹彩の色調や瞳孔径にも問題はなく, ブドウ膜炎の所見[4]は得られなかった（図2）。

なお, 角膜にローズベンガル染色検査で陽性所見が認められ, 軽度の角膜上皮障害が示唆された（図3）。しかし, 強膜および角膜の周囲に毛様体充血や強膜周囲血管の充血などを認めないことから, 眼内に炎症を波及させる病態ではないと判断された。加えて, 結膜

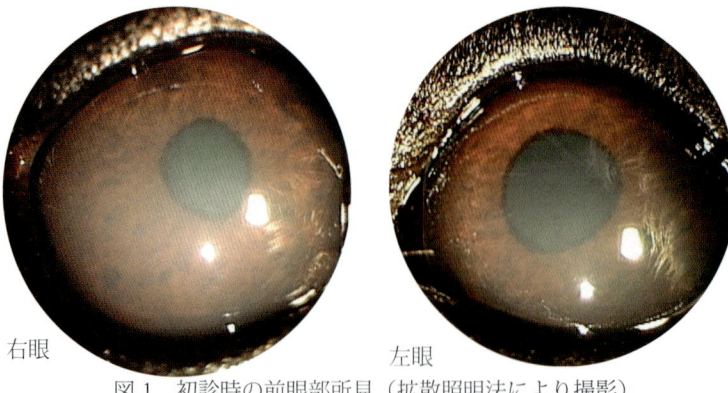

図1 初診時の前眼部所見(拡散照明法により撮影)
前房の混濁は肉眼でも観察された。混濁は両眼に確認され，白濁は下方に濃く，上方に淡く認められた。

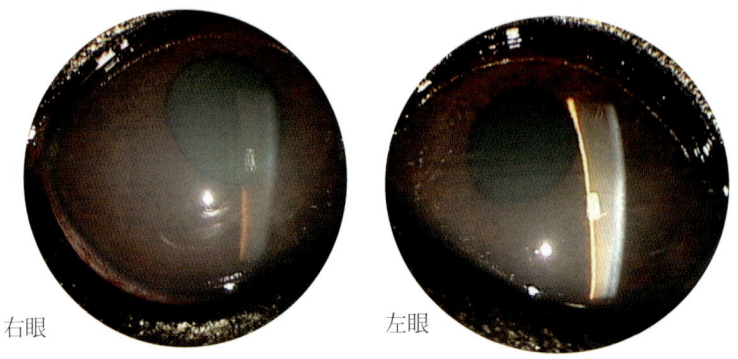

図2 初診時の前眼部所見(スリット照明法により撮影)
角膜から虹彩までを通過する光が白濁を呈していた。細胞や結晶成分などの所見は認められなかった。前房深度は正常で，虹彩，瞳孔径に異常はなく，ブドウ膜炎の所見である縮瞳や虹彩の腫脹などの所見も認められなかった。

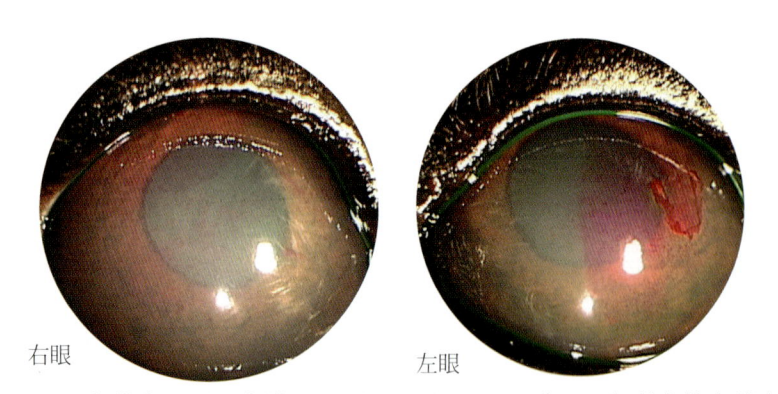

図3 初診時における角膜のフルオレセイン・ローズベンガル染色検査所見
ローズベンガル染色陽性所見が認められた。涙液量は正常であったが，涙液層は不安定な状態で，上皮障害の潜在が示唆された。

にも充血や浮腫などの炎症所見は認められず，水晶体，網膜，視神経の異常も認められなかった。

#### 6) 臨床病理学的検査所見

採血後に分離した血漿は，肉眼でも白濁が認められた。

血液学的ならびに血液生化学的検査の結果，高脂血症の所見(総コレステロール濃度387mg/dL，トリグリセリド濃度>500mg/dL)とアルカリ性ホスファターゼ活性の上昇(726U/L)が認められた以外，異常値は確認されなかった(表1)。なお，一般全身状

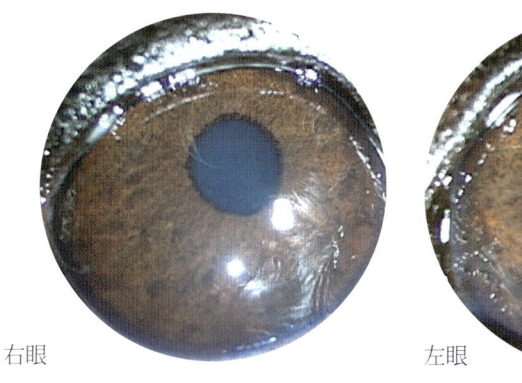

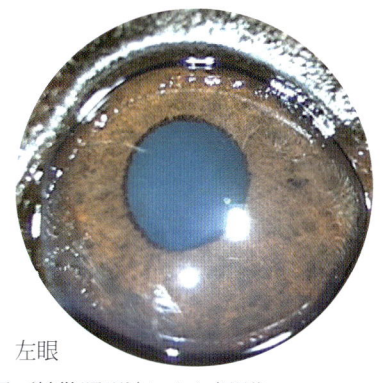

図4　第10病日の前眼部所見（拡散照明法により撮影）
前房の混濁は認められず，虹彩の色調が明瞭に観察された。

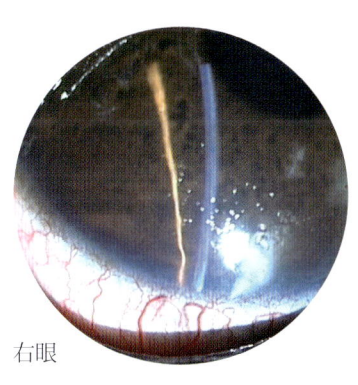

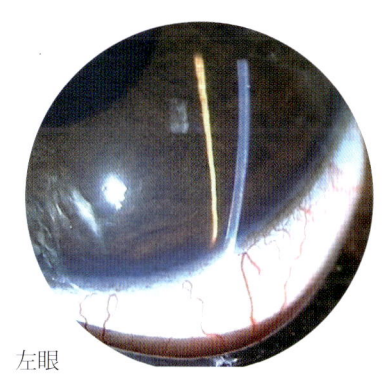

図5　第10病日の前眼部所見（スリット照明法により撮影）
角膜と虹彩の間に光の通過を妨げる濁りは存在していなかった。

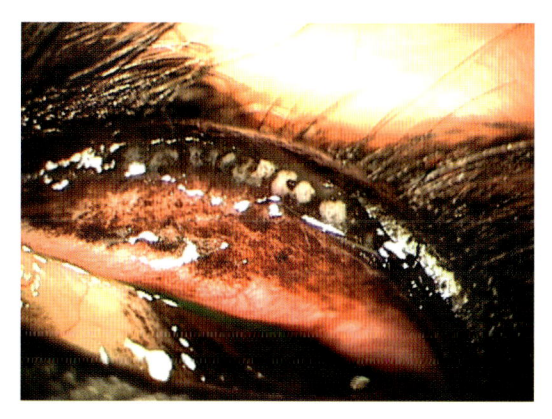

図6　初診時における上眼瞼縁圧迫後の所見（左眼）
眼瞼縁の腫脹，マイボーム腺開口部の角化，閉塞，眼瞼結膜の色素沈着が認められた。瞼板部を圧迫すると変性したマイボーム腺内容物（不透明で粘稠性が強い）が圧出され，マイボーム腺機能不全の状態を呈していた。

態にも問題がないことから，高脂血症の鑑別に必要な追加検査は，今回は実施しなかった。

脂質に関する血液生化学的検査所見について，本院を受診する半年前および2日前と比較した結果を表2に示した。ここに明らかなとおり，本症例は，前房混濁を呈する半年前から，総コレステロール濃度が450mg/dL以上，トリグリセリド濃度が500mg/dL以上であり，眼症状の発現時には総コレステロール濃度が584mg/dL，トリグリセリド濃度8256mg/dLと，ともに高値を示していた。

### 7）治療および経過

高脂血症に対する食餌療法のみを行った。すなわち，低脂肪食として，常食の特別療法食に，おからを混合するよう指示した。

その結果，その10日後に検診した際には，前房の白濁は消失していた（図4，5）。

## 考　察

一般に，高脂血症のみで前房混濁を呈することはまれであり，ブドウ膜炎の併発によって前房混濁が生じ

表1 初診時における血液学的および血液生化学検査所見

| 赤血球数 | 6680000 /μL | 総蛋白質濃度 | 6.7 g/dL |
|---|---|---|---|
| ヘマトクリット値 | 49 % | アルブミン濃度 | 3.1 g/dL |
| ヘモグロビン濃度 | 17.9 g/dL | 尿素窒素濃度 | 4.1 mg/dL |
| 白血球数 | 10400 /μL | クレアチニン濃度 | 0.6 mg/dL |
| 桿状核好中球数 | 82 /μL | グルコース濃度 | 112 mg/dL |
| 分葉核好中球数 | 8107 /μL | 総コレステロール濃度 | 387 mg/dL |
| 好酸球数 | 491 /μL | トリグリセリド濃度 | >500 mg/dL |
| 好塩基球数 | 0 /μL | 総ビリルビン濃度 | 0.5 mg/dL |
| 単球数 | 246 /μL | アスパラギン酸アミノトランスフェラーゼ活性 | 50 U/L |
| リンパ球数 | 1474 /μL | アラニンアミノトランスフェラーゼ活性 | 77 U/L |
|  |  | アルカリ性ホスファターゼ活性 | 726 U/L |

血液学的検査は自動血球計数装置 ERMAX-18 および血液塗抹標本の鏡検により実施。血液生化学的検査は富士ドライケム 3500V により実施。

表2 脂質に関する血液生化学検査所見の推移

| 検査時期 | トリグリセリド濃度 (mg/dL) | 総コレステロール濃度 (mg/dL) |
|---|---|---|
| 半年前* | 500以上 | 450以上 |
| 2日前* | 8256 | 584 |
| 本院初診** | 500以上 | 387 |

\* 他院にて実施。検査法は不明
\*\* 富士ドライケム 3500V により実施

ると考えられている。しかし，本症例では，高脂血症と前房混濁がみられたが，ブドウ膜炎の徴候は認められなかった。また，治療として脂肪を制限した食餌を給与したのみで症状が改善したことから，高脂血症が前房混濁の原因と判断された。

ミニチュア・シュナウザーは，特発性高リポ蛋白血症の好発犬種として知られている[1]。そのような犬種特異性に加え，脂肪含有量の多い食餌を負荷した結果，血中脂質濃度が異常に上昇（トリグリセリド濃度 8256mg/dL）し，前眼房に脂質が漏出したものと考えられた。

なお，角膜の上皮障害は，変性したマイボーム腺分泌物の停滞所見などから，マイボーム腺機能不全に起因するものと思われる。紹介元の動物病院で認められた軽度の結膜炎は，おそらくはマイボーム腺機能不全に由来する結膜充血[2,3]であったと推測される。

**文献**

1) Duncan,J. (2001)：脂質の異常代謝. 犬と猫の内分泌疾患診療マニュアル（竹村直行 監訳），187-190，ファームプレス.
2) 島崎 潤（1996）：Meibom 腺機能不全による上皮障害. 眼科診療プラクティス 7 眼表面疾患の診療（木下 茂 編），66-69，文光堂.
3) 島崎 潤（1998）：油層の異常によるドライアイ. 眼科診療プラクティス 41 ドライアイのすべて（渡辺 仁，田野保雄 編），66-69，文光堂.
4) 宗司西美（1993）：前眼部所見の解釈. 眼科診療プラクティス 8 ぶどう膜炎診断のしかた（臼井正彦 編），30-33，文光堂.

# Case 26 猫

# 猫伝染性腹膜炎にともなって眼症状を呈した猫の1例

滝山 昭

### 要約

前房出血を主徴として猫（日本猫雑種，雄，4歳齢）が上診された。前房出血に加え，角膜後面への沈着物と虹彩ルベオーシスが観察され，血液生化学的検査，抗猫コロナウイルス抗体価の測定，X線検査の成績を総合的に判断し，猫伝染性腹膜炎と診断した。また，最終的な診断は，剖検により採取した検体の病理組織学的検査により確定した。

### はじめに

猫伝染性腹膜炎（FIP）は，コロナウイルス属のFIPウイルスの感染により発症し，家庭飼育猫のほか，野生のネコ属動物にとっても致命的となる疾患である。FIPは滲出型（wet type）と非滲出型（dry type）に分けられ，非滲出型のものに眼症状の発現が多く認められる。

ここに報告するものは，その眼所見がFIPに特徴的であり，さらに病理組織学的にも確定診断を行うことができた典型的な症例である。

### 症例

症例は，猫（日本猫雑種），雄，4歳齢である。

#### 1）主訴

眼内の出血を主訴として来院した。

#### 2）現病歴

10日ほど前から食欲が低下し，元気がなく，寝ていることが多い。3日前から眼内に出血している。

#### 3）一般身体検査所見

体重3.2kgで，特記すべき異常は認められなかった。

#### 4）眼科学的検査所見

右眼は，結膜と瞬膜が蒼白で貧血状態を呈していたが，球結膜の外側部の一部には充血した部位が認められた。角膜は透明性を維持しており，前房内にフィブリン塊があり，一部に血液凝固塊を認めた。虹彩は充血し，瞳孔縁は不整であった（図1）。眼底は，瞳孔領域にフィブリン塊が存在したため，透見することができなかった。眼圧は19mmHgであった。

一方，左眼は，結膜と瞬膜が蒼白で貧血を示すとともに，浮腫状態であった。角膜はすりガラス状に混濁していた。前房内には血液凝固塊が充満し，透見できる虹彩には充血が認められた（図1）。ただし，この凝固塊により，それより後部を透見することはできなかった。眼圧は7mmHgであった。

#### 5）臨床病理学的検査所見

初診時の血液生化学的検査では，血清総蛋白質濃度 10.7g/dL，血清アルブミン濃度 2.6g/dL，血清グロブリン濃度 8.1g/dL（γ-グロブリン 50.0%），アルブミン/グロブリン比 0.32，血液尿素窒素濃度 36mg/dL，アスパラギン酸アミノトランスフェラーゼ活性 30 IU/L，アラニンアミノトランスフェラーゼ活性 32 IU/L，抗猫コロナウイルス抗体価 6400，猫白血病ウイルス抗原 陰性，抗猫免疫不全ウイルス抗体 陰性，抗トキソプラズマ抗体価 <80 であった。以上の検査所見からFIPを疑った。

#### 6）治療および経過

治療にあたっては，プレドニゾロン（プレドニゾロン注射液「KMK」，川崎三鷹製薬株式会社）2mg/kg/日の皮下注射を行い，さらにマクロライド系抗菌薬であるタイロシンリン酸塩（タイロシンP200「KMK」，川崎三鷹製薬株式会社）10mg/kg/日の筋肉内注射を併用した。

第12病日におけるX線検査では，明らかな腹水や

図1 初診時の所見
a 顔貌
b 前眼部（右眼） 前房内に血液を含むフィブリン塊が認められた。 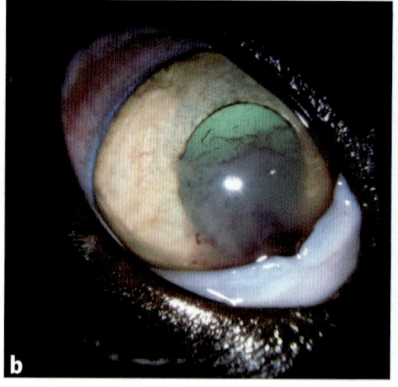 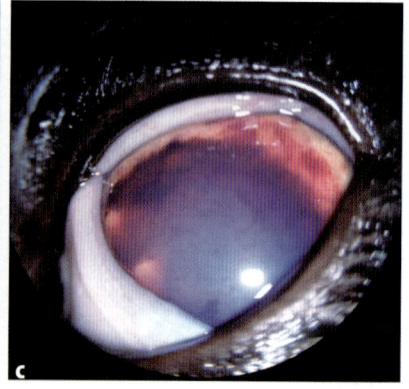
c 前眼部（左眼） 前房出血および角膜混濁が認められた。

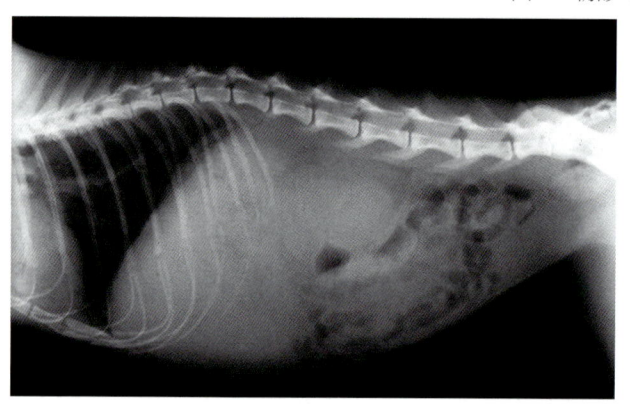

図2 第12病日におけるX線検査所見
腹水および胸水の貯留は認められないが，腹部が不鮮明であった。

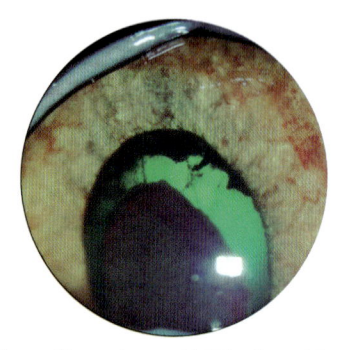

図3 第18病日の前眼部所見（右眼）
角膜後面への沈着物および虹彩ルベオーシスが認められた。フィブリン塊は減少していた。

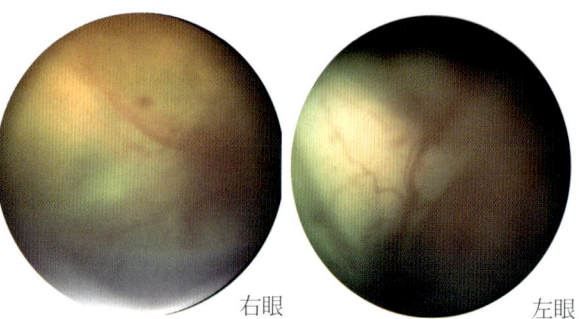

図4 第31病日における眼底検査所見
両眼ともに漿液性網膜剥離がみられ，網膜血管からの出血も認められた。
右眼　左眼

胸水の貯留は認められなかったが，腹部臓器が不鮮明で，すりガラス状であった（図2）。

その後，第18病日には前房内のフィブリン塊は次第に凝集して縮小し（図3），第31病日頃から眼底の透見が可能となった。その結果，右眼では，網膜下への漿液貯留による網膜剥離に加えて，網膜の血管からの出血も観察された。また，左眼も同様の所見であったが，剥離，出血ともに右眼に比べて重度であった（図4）。これ以降，網膜剥離はさらに進行し，胞状に全剥離となった。

第68病日に死亡したため，剖検に付したところ，約100mLの腹水の貯留が認められた。全身臓器の病理学的検査を行った結果，延髄，頸髄，眼球，肺，胃，大網，腎臓，膀胱などの病変は一貫して好中球，マクロファージ，リンパ球，形質細胞からなる慢性の肉芽腫性病変を示し，非滲出型FIPと診断された。とくに

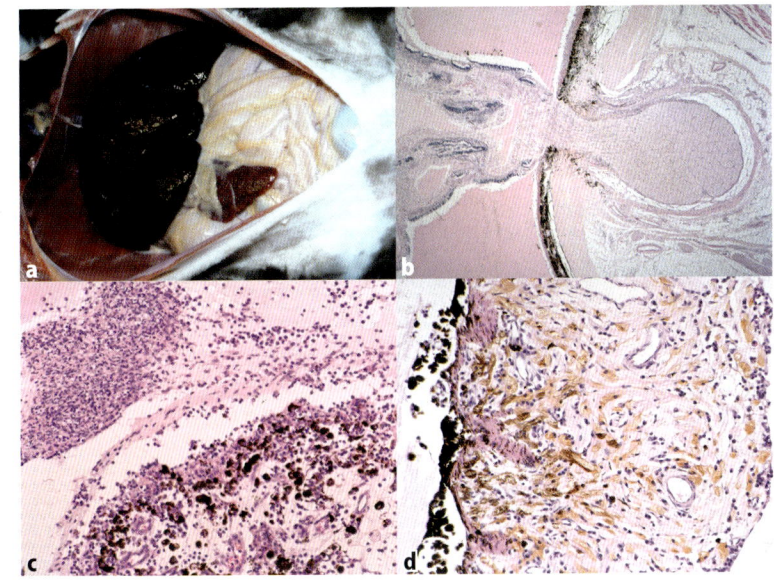

図5 第68病日における肉眼病理学的および病理組織学的検査所見
（ヘマトキシリン・エオジン染色）
a：剖検時の腹腔所見　約100 mLの腹水が貯留していた。
b：視神経乳頭　網膜剥離が認められた。
c：硝子体　好中球，リンパ球，マクロファージなどの浸潤が認められた。
d：虹彩　リンパ球の浸潤が認められた。

眼球では，網膜剥離が認められ，脈絡膜炎，毛様体炎，虹彩炎，結膜炎，角膜炎，毛様体浮腫などが観察された（図5）。

## 考　察

FIPは，猫の品種や性別，年齢を問わずに発生が認められるが，とくに3か月齢から3歳齢の猫が原因ウイルスに対する感受性が高く，なかでも1歳齢未満の猫における発症が多いとされている。また，純血種の雄に高い発生率が認められるともいわれている[4]。

FIPの症状としては，食欲不振，体重減少，嗜眠，抗菌薬に反応しない軽度の発熱などがあげられ，加えて胸水あるいは腹水の貯留，血液生化学的検査におけるアルブミン濃度の低下，グロブリン濃度（とくにγ-グロブリン濃度）の上昇が特徴的である。

眼症状は，滲出型にも認められるが，通常は非滲出型に多く発現する。非滲出型FIPにおける眼病変としては，主にブドウ膜が侵される結果，虹彩炎，毛様体炎，脈絡網膜炎，さらには全眼球炎が生ずる[8]。この際の眼症状は，血液－眼関門が破壊されることによる化膿性肉芽腫性ブドウ膜炎や前房内への線維性滲出によるもので，眼痛や角膜浮腫，角膜後面への沈着物，房水フレア，フィブリン塊，前房蓄膿，前房出血，縮瞳，眼圧低下，虹彩の充血あるいは血管新生，虹彩後癒着，脈絡網膜炎，血管周囲のカフィング（袖口様白血球集合），視神経乳頭炎，網膜剥離などが知られており，ブドウ膜全体が侵されるが，とくに前部ブドウ膜の症状がより顕著である[1]。

これらの眼症状を正確に評価するには良質な診断機器が必要であり，たとえば良い光源を有するトランスイルミネーターや細隙灯（スリットランプ）による前眼部の検査を行い，また，眼圧計や直接および間接検眼鏡などを用いることが重要である[6]。

本症例では，発病初期から死に至るまで眼科学的検査を実施することが可能であったため，前眼部所見とともに網膜剥離という後眼部所見も観察することができた。ただし，これらの臨床所見を備えていたとしても，その確定診断は，生存中であれば組織バイオプシにより，死亡後であれば剖検による病理組織学的検査によらなければ下すことができない[2,8]。猫コロナウイルスに対する抗体価が1：1600であっても，FIPの可能性は94％との報告もあり[7]，臨床所見のみによる確定診断は困難である。Shellyら（1988）によれば，猫に認められた胸腔または腹腔滲出液59例のうち，12例はFIPに由来するものであったが，13例はリンパ肉腫以外の新生物，10例はリンパ肉腫，14例は心

不全，5例は敗血性漿膜炎，5例はそれぞれ異なる原因により発生していたという。さらにこの滲出液の分析により，アルブミンが48％以上，アルブミン／グロブリン比が0.81以上，γ-グロブリンが32％以下であれば，FIP以外の原因が強く考えられるとしている[9]。

また，Campbellら（1975）は6か月齢という若齢猫のFIP 2例にみられた眼所見について報告している。この2例はともに嗜眠，貧血，食欲不振，体重減少などを主訴として上診されたものであるが，両症例とも視神経乳頭炎を病理組織学的に認めている[5]。これに対して，今回の症例では視神経乳頭炎は確認されなかった。

一般に，眼症状を呈する非滲出型のほうが滲出型に比べて慢性経過をたどるといわれている[8]。しかし，著者の経験によれば，本症例を含め，非滲出型において眼症状を呈したFIP感染猫の経過は決して長くはなく，慢性的とはいえないと思われる。

FIPに対する治療法としては，眼症状を呈するものに対しては，眼症状の軽減のためのプレドニゾロンあるいはデキサメタゾンの点眼に加えて，ステロイド製剤の全身的な投与が中心となる。このほか，組換えヒトインターフェロン-αの投与により効果があったという例もあるが，いずれにしても致死的であることに変わりはない[1,3]。

Watariら（1998）は，自然発生滲出型FIPの2例に対して，トロンボキサン合成酵素阻害薬であるオザグレル塩酸塩5～10 mg/kgの1日2回投与にプレドニゾロン2 mg/kg/日の併用を試みた結果，血清総蛋白質濃度やγ-グロブリン濃度，抗FIPウイルス抗体価が低下し，腹水も消失したと報告している[10]。非滲出型FIPも滲出型IPと同様に免疫介在性の広汎な壊死性および化膿肉芽腫性脈管炎を主体とした病態であるため，今後は非滲出型FIPあるいはFIPの眼症状に対して，この治療法の有効性を検討していきたいと考えている。

**文 献**

1) Andrew,S.E.（2000）：Feline infectious peritonitis. *Veterinary Clinics of North America: Small Animal Practice*, 30, 987-1000.

2) Barlough,J.E.（1984）：Do feline coronavirus antibody tests provide a conclusive diagnosis？ *Veterinary Medicine*, 79, 1027-1035.

3) Barlough,J.E., Stoddart,C.A.（1988）：Cats and coronaviruses. *Journal of American Veterinary Medical Association*, 193, 796-977.

4) Benetka,V., Kubber-Heiss,A., Kolodziejek,J., Nowotny,N., Hofmann-Parisot,M., Mostl,K.（2004）：Prevalence of feline coronavirus types 1 and 2 in cats with histopathologically verified feline infectious peritonitis. *Veterinary Microbiology*, 99, 31-42.

5) Campbell,L.H., Reed,C.（1975）：Ocular signs associated with feline infectious peritonitis in two cats. *Feline Practice*, May-June, 32-35.

6) Colitz,C.M.H.（2005）：Feline uveitis: Diagnosis and treatment. *Clinical Techniques in Small Animal Practice*, 20, 117-120.

7) Hartmann,K., Binder,C., Hirschberger,J., Cole,D., Reinacher,M., Schroo,S., Frost,J., Egberink,H., Lutz,H., Hermanns,W.（2003）：Comparison of different tests to diagnose feline infectious peritonitis. *Journal of Veterinary Internal Medicine*, 17, 781-790.

8) Olsen,C.W.（1993）：A review of feline infectious peritonitis virus: Molecular biology, immunopathogenesis, clinical aspects, and vaccination. *Veterinary Microbiology*, 36, 1-37.

9) Shelly,S.M., Scarlett-Kranz,J., Blue,J.T.（1988）：Protein electrophoresis on effusions from cats as a diagnostic test for feline infectious peritonitis. *Journal of American Animal Hospital Association*, 24, 495-500.

10) Watari,T., Kaneshima,T., Tsujimoto,H., Ono,K., Hasegawa,A.（1998）：Effect of thromboxane synthetase inhibitor on feline infectious peritonitis in cats. *Journal of Veterinary Medical Science*, 60, 657-659.

## Case 27 犬

# 免疫介在性が疑われる網膜剥離を生じた秋田犬

相澤早苗, 中島 亘, 森 俊士

### 要約

突然の視力低下を示して来院した犬（秋田，雌，4歳齢）について種々の眼科学的ならびに臨床病理学的検査を実施した結果，除外診断的に免疫介在性網膜剥離が疑われた。本症例に対して副腎皮質ホルモン製剤を投与したところ，速やかに症状が改善し，第700病日を過ぎた現在も視力は良好に維持されている。

### はじめに

網膜剥離は，網膜が脈絡膜から分離した状態であり，その多くは光受容器層と色素上皮層の間で生じる。

犬に後天的に発生する網膜剥離の原因としては，重度の全身性感染や腫瘍および腫瘍随伴症候群，高血圧，免疫系の異常，外傷などが知られており，さらに一部には原因が特定できない特発性のものも認められている。

また，本症はその発生機序により，ブドウ膜血管由来の液体が貯留して生じる滲出性と網膜の機械的剥離により生じる牽引性，液化した硝子体が網膜下に貯留して生じる裂孔原性に大別されている[3]。このうち，獣医臨床上もっとも多く認められるのは滲出性網膜剥離で，この病態では網膜は平坦もしくは水疱状に剥離する。

網膜剥離は緊急を要する眼疾患であり，早期に原因を特定し，迅速かつ適切な治療を行わなければ，網膜の再付着および視力の回復が困難となる。このため，その原因を特定するには，眼科学的な検査のみならず，全身の精査が必要である。

今回，突然の視力低下を示し，除外診断的に免疫介在性網膜剥離を疑った秋田犬を診療する機会を得た。この症例に対し，副腎皮質ホルモン製剤を投与したところ，症状の改善が認められ，第700病日をこえた現在も視力は良好に維持されている。以下にその概要を報告する。

### 症例

症例は，犬（秋田），雌，4歳齢である。

#### 1）主訴

突然の視力低下と眼周囲の瘙痒を主訴とした。

#### 2）既往歴

特記すべき既往歴はない。

#### 3）現病歴

2日前から歩行時に物にぶつかるようになり，左右の眼の周囲を前肢で擦る様子が観察されている。

#### 4）一般身体検査所見

初診時一般身体検査では，体重24 kg，体温38.8℃，心拍数84回/分で，全身状態は良好であった。また，体表リンパ節の腫大，外傷，その他の異常は認められなかった。

#### 5）眼科学的検査所見

両眼ともに，結膜および強膜に軽度の充血が認められた。また，綿球落下試験は陰性で，威嚇瞬目反射は消失し，直接および間接対光反射は減弱していた。眼圧は，左右ともに10mmHgと，軽度の低下がみられた。ただし，細隙灯（スリットランプ）検査では，角膜，前眼房，虹彩，水晶体に著変は認められなかった。

眼底検査を行った結果，両眼の網膜の数か所が水疱状に剥離しており，滲出性網膜剥離が観察された（図1）。加えて，眼球の超音波検査も実施し，両眼に網膜剥離を確認した（図2）。

なお，眼内および眼窩に腫瘍や異物は認められなかった。

右眼　　　　　　　　　　　　　　　　　左眼

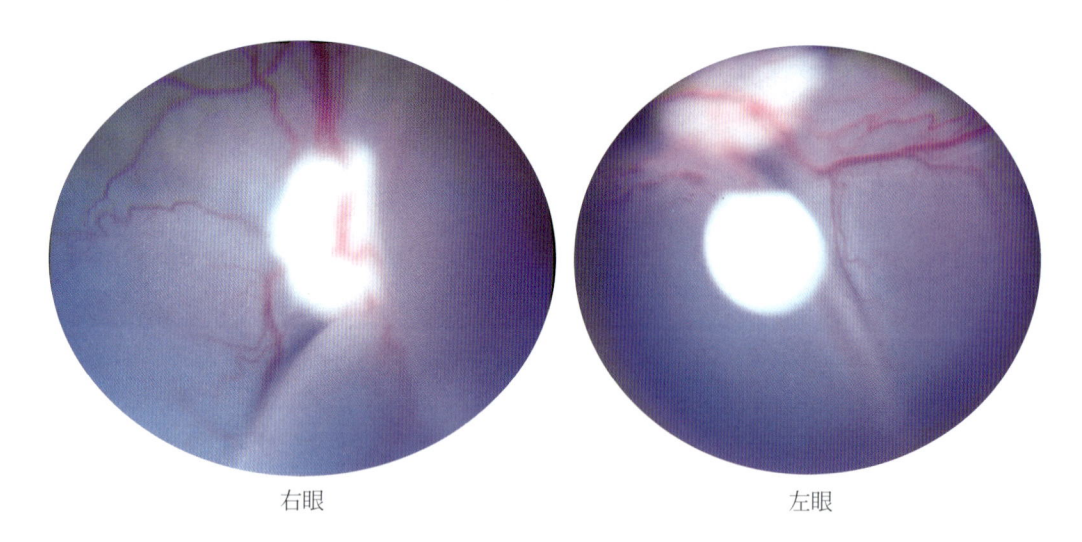

図1　初診時における眼底検査所見

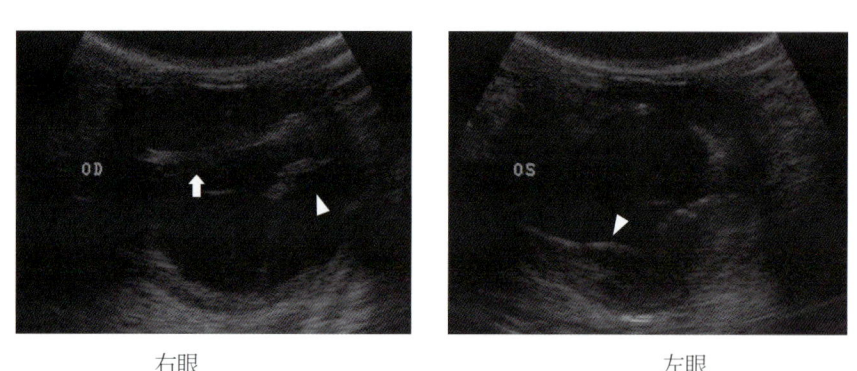

右眼　　　　　　　　　　　　　　　　　左眼

図2　初診時における眼球の超音波検査所見
矢印：レンズ　矢頭：剥離した網膜

## 6）臨床病理学的検査所見

血液学的検査として，セルタックα（日本光電工業株式会社）により赤血球数，ヘマトクリット値，ヘモグロビン濃度，白血球数，血小板数を測定し，さらに血液薄層塗抹標本を作成してその観察を行ったところ，とくに異常は認められなかった。

また，血液生化学的検査として，富士ドライケム3500V（富士フイルム株式会社）によりアルブミン，尿素窒素，クレアチニン，グルコース，総コレステロール，トリグリセリド，総ビリルビン，無機リン，カルシウム，アスパラギン酸アミノトランスフェラーゼ，アラニンアミノトランスフェラーゼ，アルカリ性ホスファターゼの測定を行ったが，いずれの項目も犬の正常値の範囲内であった。加えて，血清蛋白の電気泳動も実施したが，高γ-グロブリン血症などの異常は認められず，さらにC反応性蛋白〔Laser CRP-2（株式会社アローズ）を用いて測定〕の値も基準値域内にあり，全身性の炎症を示唆する所見は得られなかった。

このほか，非観血式血圧計（COLIN BP-508，日本コーリン株式会社）による血圧測定では，平均収縮期圧が136mmHg，平均拡張期圧が68mmHgで，高血圧は認められなかった。

さらに，胸部および腹部のX線検査においても著変は認められなかった。

右眼 左眼

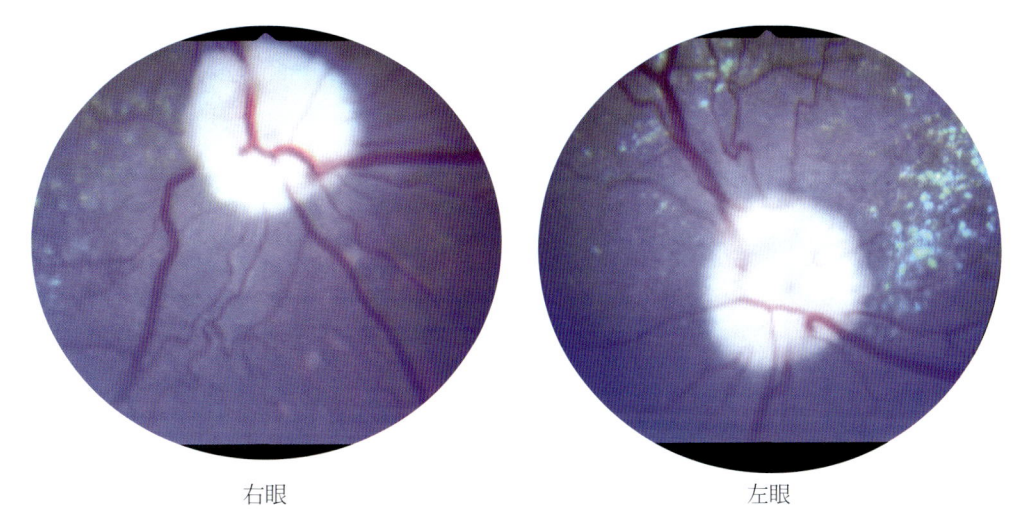

図3 第9病日における眼底検査所見

### 7）治療および経過

臨床病理学的検査成績からは両眼の網膜剥離の原因となる明らかな疾患は認められなかった。このため，除外診断的に免疫介在性もしくは特発性網膜剥離を疑い，第1病日より，プレドニゾロン（Prednisone Tablet, West-Ward Pharmaceutical Corp.）1mg/kgの1日2回経口投与とエンロフロキサシン（バイトリル50mg錠，バイエル薬品株式会社）5mg/kgの1日1回の経口投与を開始した。

その結果，第5病日には，両眼ともに，対光反射および威嚇瞬目反射がわずかながら認められるようになり，眼底検査では剥離病変が軽度に改善していた。

また，第9病日には，対光反射の軽度の低下は残っていたが，視力は回復し，眼底検査で剥離病変はほぼ消失していた（図3）。

このとき，本症例が秋田犬であることから，この犬種に特徴的に認められる免疫介在性疾患であるブドウ膜皮膚症候群（Vogt-Koyanagi-Harada syndromeとしても知られる）を疑い，その確定診断を目的として，鎮静下で口唇および鼻梁のパンチ生検を実施した。しかしながら，病理組織学的検査においてメラニン色素の脱失などのブドウ膜皮膚症候群に特徴的な所見は得られなかった。

第15病日には，視力および眼病変の状態は引き続き良好であったが，この状態の維持には長期的な免疫抑制療法が必要であることが予測されたため，副腎皮質ホルモン製剤の副作用軽減を目的として，プレドニゾロンを1mg/kgの1日1回投与に減量し，アザチオプリン（イムラン錠50mg，グラクソ・スミスクライン株式会社）2mg/kgの1日1回経口投与を開始した。また，エンロフロキサシンの投与は中止した。

ところが，第35病日に，視力および全身状態は良好であったが，血液学的検査により汎血球減少を認めたため，アザチオプリンの投与を中止し，プレドニゾロン単独での維持を図った。プレドニゾロンの投与量は，1mg/kgの1日1回投与のままとし，第82病日からは0.5mg/kgの1日1回投与，第113病日からは0.5mg/kgの1日おき投与とした。この間の定期検診において，視力，眼病変ともに変化は認められなかった。

その後，第202病日には，このときまで180日間以上にわたって眼病変の再発が認められず，視力も良好に維持されていたことから，プレドニゾロンを休薬することとした。

しかし，第216病日に同日の朝からの視力低下を訴えて来院した。両眼ともに綿球落下試験は陰性で，

威嚇瞬目反射は消失していた。また，眼底検査および眼球の超音波検査により，両眼に初診時と同様の網膜剥離の再発を認めた。このため，プレドニゾロンを1mg/kgの1日2回投与で再開したところ，第219病日には視力は軽度に回復し，第232病日にはわずかな網膜病変を認めるに留まった。これにともない，プレドニゾロンを0.5mg/kgの1日1回投与に漸減し，第294病日以降は0.5mg/kgの1日おき投与，第406病日からは0.5mg/kgを3日に1回として投与した。

その後，第700病日を超える現在まで，視力の低下や網膜病変の再々発などは観察されておらず，全身状態も良好に維持されている。

## 考 察

本症例は，両眼の網膜剥離が認められたこと，剥離を引き起こす明らかな原因疾患が認められなかったこと，副腎皮質ホルモン製剤に対して速やかに，かつ良好に反応し，現在に至るまで長期間にわたって視力が維持されていることなどから，免疫介在性網膜剥離であることが強く疑われる。

網膜剥離は緊急処置を要する眼科疾患であり，慢性化すると網膜の変性を来して視力の回復が困難となる。このため，早期に原因を特定し，適切な治療を開始できるか否かが予後を大きく左右する。本症例でも，第1病日に感染，腫瘍，高血圧，外傷などに関する検査を行い，そのいずれにも該当しないことから，除外診断的に免疫介在性疾患を疑って副腎皮質ホルモン製剤による治療を開始した。この治療が奏功し，第9病日までには，視力，剥離病変ともに改善を示した。

また，犬種および眼症状からブドウ膜皮膚症候群の可能性も考慮し，皮膚の生検を実施したが，確定診断には至らなかった。ブドウ膜皮膚症候群は，両眼のブドウ膜炎と皮膚の脱色素を特徴とし，眼症状が皮膚症状に先だって発現することが多い[1,2]。本症例では，早期から副腎皮質ホルモン製剤の投与を行っており，このために皮膚病変が発現しなかった可能性も否定はできない。

現在までのところ，プレドニゾロンの単独投与により，視力および眼病変は良好に維持されており，満足すべき結果を得ている。しかし，休薬によって網膜剥離の再発が認められたことから，さらに長期あるいは一生涯にわたる副腎皮質ホルモン製剤の投与が不可欠となる可能性が高い。今後とも，剥離の再々発および皮膚病変を含むその他の症状の発現に留意して経過を観察していく必要があると考えている。

## 文 献

1) Berent,A., Riis,R. (2004): Sudden blindness and panuveitis in an adult bassent hound. *Veterinary Medicine*, 99, 118-133.

2) Kern,T.J., Walton,D.K., Riis,R.C., Manning,T.O., Laratta,L.J., Dziezyc,J. (1985): Uveitis associated with poliosis and vitiligo in six dogs. *Journal of the American Veterinary Medical Association*, 187, 408-414.

3) Peiffer,R.L.Jr. (1993): 網膜剥離. 小動物の眼科学（朝倉宗一郎 監訳），180，文永堂出版．

# 視覚喪失を主訴として来院した犬の2例

Case 28　犬

松村 靖, 西 賢

## 要約

　視覚喪失を主訴として来院した犬2頭（ともにマルチーズ）について検討した。1例〔雄（去勢手術実施済み），6歳6か月齢〕は，瞳孔が散大し，対光反射が消失しており，検査の結果，視神経炎と診断した。この例は治療に反応し，現在も瞳孔は散大したままであるが，視覚は回復した。一方，他の1例（雌，6歳4か月齢）は，対光反射が認められていたが，進行性網膜萎縮と診断され，視覚の回復はみられなかった。視覚喪失の症例の診断に際しては，前眼部検査や眼圧測定，対光反射の検査のみではなく，眼底検査や網膜電位図の測定なども必要であると思われた。

## はじめに

　眼が見えていないようだとの主訴で犬が来院した場合，視覚が回復する可能性を有す疾病であるか，あるいは進行性網膜萎縮（PRA）や突発性後天性網膜変性（SARD）のように，現在のところ有効な治療法のない疾病であるかの鑑別が重要となる。

　視神経炎とPRAと診断したそれぞれの症例について，検査とその予後の概要を報告する。

## 症例1

　第1例は，犬（マルチーズ），雄（去勢手術実施済み），6歳6か月齢である。室内において飼育されている。

### 1）主訴

　眼が見えていない様子であるとのことで来院した。

### 2）既往歴

　過去に外耳道炎と結膜炎を経験している。

### 3）現病歴

　昨日から歩行時にものにぶつかる。

　問診により，一昨日に外耳炎の薬（Tri-Otic, Med-Pharmex, Inc., アメリカ合衆国）を間違って点眼したとのことを聴取した。

### 4）一般身体検査所見

　体重は3.8kgであり，特記すべき所見は認められなかった。

### 5）眼科学的検査所見

　前眼部検査では，瞳孔の散大が認められた（図1）。対光反射は，直接および間接とも消失していた（図2）。

　また，迷路試験と威嚇反射はともに陰性であった。

　眼圧は，右眼が15mmHg，左眼が16mmHgであった。

　フルオレセイン角膜染色検査では，右眼，左眼ともにび漫性に薄く染色された。

　眼底検査所見に著変は認められなかった（図3）。

　網膜電位図では，左右の眼ともに，a波とb波が観察され，著変は認められなった（図4）。

### 6）治療および経過

　視神経炎と診断し，治療を開始した。

　視神経炎に対してはプレドニゾロン（プレロン錠5mg，大洋薬品工業株式会社）1mg/kgおよびエンロフロキサシン（バイトリル15mg錠，バイエル薬品株式会社）5mg/kgの経口投与を実施し，角膜表層のびらんに対してヒアルロン酸ナトリウム（ヒアレイン点眼液0.1%，参天製薬株式会社）の点眼を行った。

　その結果，10日目には物にぶつからずに歩行できるようになり，視覚が回復したようであった。また，19日目には以前のように活発に動けるようになっていた。

　プレドニゾロンの投与は，20日目から用量を半減し，さらに30日目からは1日おき投与に減量，そし

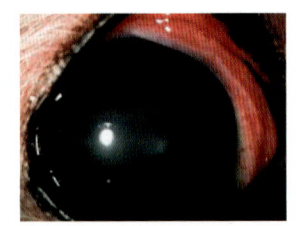

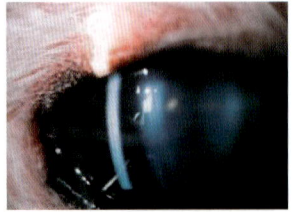

右眼　　　　　　　　左眼
図1　症例1　初診時の前眼部所見

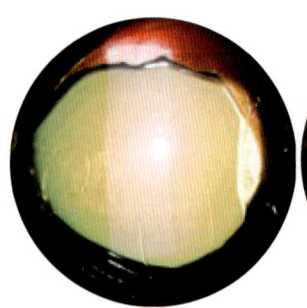

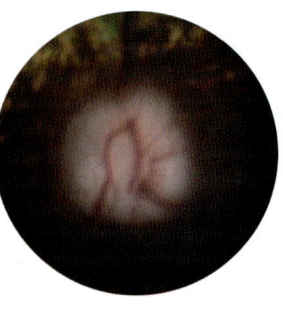

図2　症例1　初診時の徹照所見（右眼）

図3　症例1　初診時における眼底検査所見（右眼）

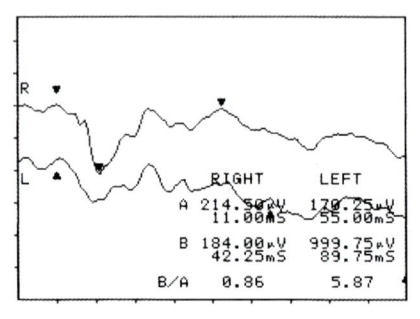

図4　症例1　初診時の網膜電位図

て50日目には中止した。

ただし，視覚回復後も瞳孔は散大したままであった。

その後，97日目に再び眼が見えにくそうだとの主訴で来院し，検査を行ったが，とくに前眼部や眼圧，眼底および網膜電位に異常は認められなかった。この際も視神経炎の治療としてプレドニゾロンの経口投与を処方したところ，投薬開始から3日目には少し見えるようになり，14日目には活発で視覚に問題がない状態まで回復した。

### 症例2

第2例は，犬（マルチーズ），雌，6歳4か月齢である。室内にて飼育されている。

#### 1）主　訴
眼が見えていない様子との主訴により来院した。

#### 2）既往歴
6歳1か月齢時に免疫介在性溶血性貧血を経験している。

#### 3）現病歴
問診によれば，3か月ほど前からあまり活発ではなくなり，6月には2.9kgであった体重が初診時の11月には3.4kgと増加が認められた。

#### 4）一般身体検査所見
体重3.4kg，体温38.7℃であり，特記すべき所見は認められなかった。

#### 5）眼科学的検査所見
前眼部検査では，左眼の水晶体縫線に混濁が認められた。対光反射は，直接および間接とも，遅延する傾向があったが，反応が認められた。

迷路試験と威嚇反射はともに陰性であった。

眼圧は，右眼が13mmHg，左眼が15mmHgであった。

フルオレセイン角膜染色検査では，右眼，左眼ともに陰性を示した。

眼底検査所見は，タペタム反射がやや亢進し，血管に関しては，静脈は正常であったが，動脈が認められなくなっていた（図5）。

網膜電位図は，右眼，左眼ともにノンレコーダブルであった（図6）。

#### 6）治療および経過
PRAと診断したが，現在，PRAに対する有効な治療法が確立されていないため，無治療とした。

診断から1年4か月後に，元気と食欲はあるが，頻尿を示し，痩せてきた（体重1.9kg）との主訴で再び来院した。このときも対光反射は認められたが，視覚は回復していなかった。眼底検査では，PRAとの診

右眼　　　　　左眼　　　　　　　　　右眼　　　　　左眼

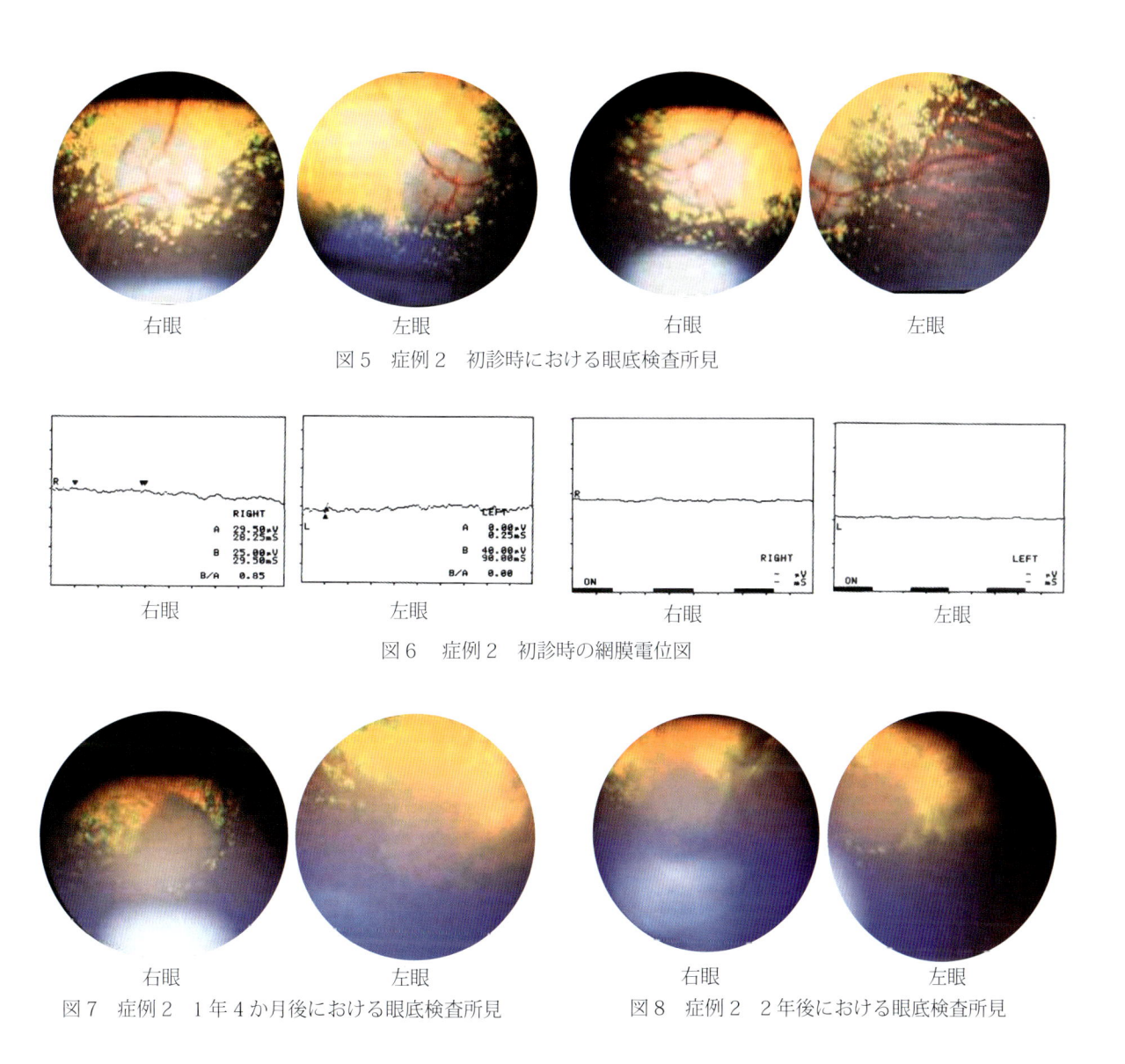

図5　症例2　初診時における眼底検査所見

右眼　　　　　左眼

図6　症例2　初診時の網膜電位図

右眼　　　　　左眼　　　　　　　　　　　右眼　　　　　左眼

図7　症例2　1年4か月後における眼底検査所見　　　図8　症例2　2年後における眼底検査所見

断時よりも血管の細狭化が明瞭となっていた（図7）。血液生化学的検査の結果，クレアチニン濃度や総コレステロール濃度，アルカリ性ホスファターゼ活性の上昇は確認されなかったが，多飲多尿が存在したため，副腎皮質刺激ホルモン（ACTH）負荷試験を実施した。その結果，ACTH投与前の値は 1.6 μg/dL，投与1時間後の値は 20.4 μg/dL であった。

2年後（ACTH負荷試験実施の8か月後）に再び同試験を行ったところ，投与前の値が 6.6 μg/dL，投与1時間後の値が 28.6 μg/dL を示したため，トリロスタン（デソパン錠60mg，持田製薬株式会社）による治療を開始した。このときの眼底検査では，血管がほとんど消失しており，タペタム反射も亢進していたが，対光反射は残っていた（図8）。

## 考　察

第1例は，迷路試験および威嚇反射に反応がなく，散瞳し，対光反射が認められない状態であったが，視覚は回復を示した。一方，第2例は，初診から2年後の現在でも対光反射は残っているが，視覚が回復して

Case 28

いない。この2例からも明らかなように，視覚が失われたのではないかという主訴で来院した症例に対しては，正確な診断を下すことが重要であると考えられる。

第1例に対しては視神経炎と診断したが，視神経炎は網膜に炎症を起こす様々な疾病が原因となって発生する。こうした種々の原因のうち，薬物としてはアミノグリコシド系抗菌薬の網膜毒性が知られている。この症例ではゲンタマイシン硫酸塩とベタメタゾン吉草酸塩，クロトリマゾールを配合した点耳薬（Tri-Otic, Med-Pharmex, Inc., アメリカ合衆国）を誤って点眼したために網膜に炎症が生じ，視神経炎に発展した可能性がある。ただし，ステロイド製剤による治療に反応していることや，初診から97日後にも再発していることから，特発性などのその他の原因も否定することはできない。なお，この症例は突然の失明を示したため，SARDとの鑑別も必要であるが，本例では網膜電位図が正常であったため，SARDは否定した[2]。

一方，第2例はPRAと診断した。PRAは初期には夜盲を特徴とすることもあるが，室内犬の場合は，慣れた環境で，しかも飼い主と同じ照明のある家庭で過ごす時間が多いため，飼い主が夜盲症状に気づかず，視覚減弱がかなり進行してから来院することが多い[4]。この症例も，いつ頃から発症したかは不明であるが，突然の失明ではなかったようである。

また，PRAは，症例によっては末期に白内障を起こすことがあり[1]，本症例も左眼に軽度の白内障が観察されている。

なお，対光反射は通常，徐々に減弱し，末期には反応しなくなるが，PRAの多くは網膜の周辺部から病変が進行するため，病気が進行しても対光反射が残っていることが多い[2]。本症例の場合も，網膜電位図がノンレコーダブルで，診断から2年が経過し，網膜血管の大部分が消失したにもかかわらず，対光反射は残存していた。

追加検査としてPRAの遺伝子診断も可能であるが，遺伝子診断を実施できる犬種は限られており[3]，その他の犬種についてはこの検査はスクリーニング程度にしか利用できないと思われる。

なお，SARDではクッシング症候群との関連性が示唆されているが[5]，今回の第2例はPRA発生後にクッシング症候群が疑われる状態になった。しかし，PRAとクッシング症候群の関連性は，現在のところは不明である。

## 文献

1) Gelatt, K.N. (2005): Diseases and surgery of the canine posterior segment. Essentials of Veterinary Opthalmology, 253-294, Lippincott Williams & Wilkins.
2) Millichamp, N.J. (1992): イヌおよびネコにおける網膜変性. 小動物の眼科学に関するシンポジウム, 213-242, 学窓社.
3) Narfström, K., Petersen-Jones, S. (2007): Diseases of the canine ocular fundus. Veterinary Opthalmology 4th ed. (Gelatt, K.N. ed.), 944-1025, Blackwell.
4) 太田充治 (2002): 小動物の眼科診療16 眼底の疾患. 獣医畜産新報, 55, 641-647.
5) Turner, S. (2008): Sudden acquired retinal degeneration. Small Animal Ophthalmology, 299-301, Saunders Elsevier.

# Case 29 犬
# 網膜ジストロフィーを発症したロングヘアード・ミニチュア・ダックスフンド

瀧本善之

## 要約

　視覚の異常を主訴として来院した犬（ロングヘアード・ミニチュア・ダックスフンド，雄，9か月齢）に対して眼科学的検査を行ったところ，完全な視覚の喪失をともなった散瞳が認められ，眼底検査では，タペタムの反射性の亢進，網膜血管の狭細化などの網膜萎縮の所見とともに，タペタムの反射低下性病変が観察された。網膜電位図は杆体系，錐体系ともに検出されなかった。蛍光眼底造影検査では，造影初期に背景蛍光の欠損が認められ，後期には過蛍光斑へと変化する逆転現象が観察され，網膜色素上皮の異常が示唆された。本症例に対して活性酸素除去薬の投与を約3か月間にわたって実施したが，視覚の改善はみられなかった。

## はじめに

　近年の人気犬種であるロングヘアード・ミニチュア・ダックスフンドには，網膜ジストロフィー，とくに原発性光受容体ジストロフィー（進行性網膜萎縮）が好発することが知られている[2-5]。しかしながら，以前から知られている網膜ジストロフィーに比べると，発症年齢が比較的低く，ノンタペタム領域に著しい脱色素斑の形成がみられるなど，特徴的な所見が観察される。

　今回，網膜ジストロフィーに罹患していると思われるロングヘアード・ミニチュア・ダックスフンドに詳細な眼科学的検査を実施したので，その概要を報告する。

## 症例

　症例は，犬（ロングヘアード・ミニチュア・ダックスフンド），雄，9か月齢である。

### 1）主訴
　視覚の異常を主訴として来院した。

### 2）既往歴
　既往歴はとくにない。
　狂犬病ワクチンおよび8種混合ワクチンの接種を受けているが，犬糸状虫症予防薬の投与は受けていない。

### 3）現病歴
　3か月前から歩行時に物にぶつかるとのことで他院を受診し，当院での精査を奨められて来院した。視覚の異常は少しずつ進行しているとのことであった。

### 4）飼育条件
　屋内にて単独で飼育されている。
　食餌は，固形飼料（サイエンスダイエット，日本ヒルズ・コルゲート株式会社）と市販の犬用缶詰の給与を受けている。

### 5）一般身体検査所見
　体重4.3kgで，軽度の肥満を呈していた。
　また，両耳の内側の皮膚にアレルギー性と考えられる病変が認められた。

### 6）眼科学的検査所見
　眼瞼およびその周辺の皮膚および筋肉に異常は認められなかった。綿球落下試験，威嚇瞬目反射および瞳孔対光反射は両眼ともに陰性で，視覚をほぼ喪失していると推察された。細隙灯（スリットランプ）顕微鏡を用いて前眼部を観察したところ，虹彩萎縮のような瞳孔反応を妨げる所見，炎症を疑わせる所見および中間透光体の混濁などは認められなかった（図1，2）。眼圧は右眼が16mmHg，左眼が14mmHgであった。
　眼底検査では，タペタムの反射性の亢進，網膜血管の減数と狭細化，視神経乳頭の蒼白化およびノンタペタム領域での色素の脱失などの網膜萎縮所見が両眼で

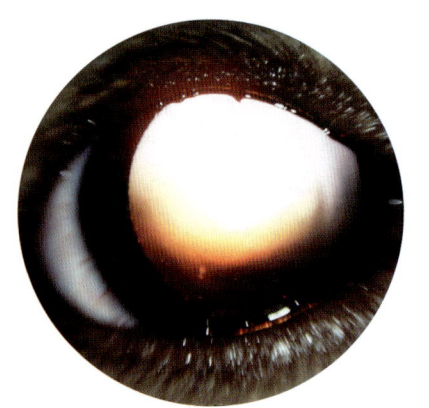

図1　前眼部所見（右眼）
散瞳し，反帰光が強かった。

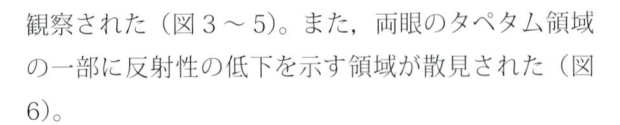

図2　前眼部所見（左眼）
散瞳し，反帰光が強かった。

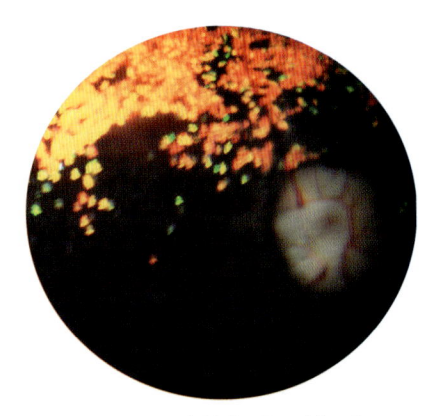

図3　眼底検査所見（右眼）
タペタムの反射亢進，網膜血管の狭細化がみられた。

図4　眼底検査所見（左眼）
右眼と同様の網膜萎縮所見がみられた。

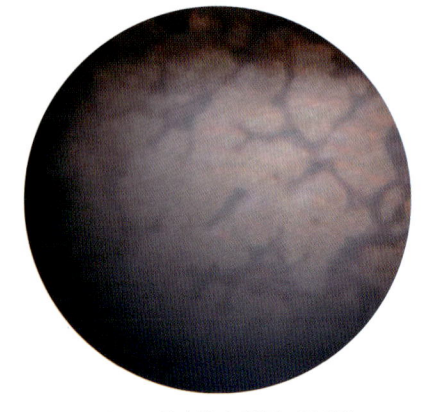

図5　眼底検査所見（左眼）
ノンタペタム領域に斑状の色素の脱失がみられた。

図6　眼底検査所見（右眼）
タペタム領域の一部に反射性に低下した部位がみられた。

観察された（図3～5）。また，両眼のタペタム領域の一部に反射性の低下を示す領域が散見された（図6）。

網膜電位図検査は，ポータブル網膜電図測定装置（LE-2000，株式会社トーメーコーポレーション）を用い，国際臨床視覚電気生理学会の定める規格にできる限り準拠して，杆体応答，錐体応答，最大応答およびフリッカー応答を測定した。その結果，いずれの応

Case 29

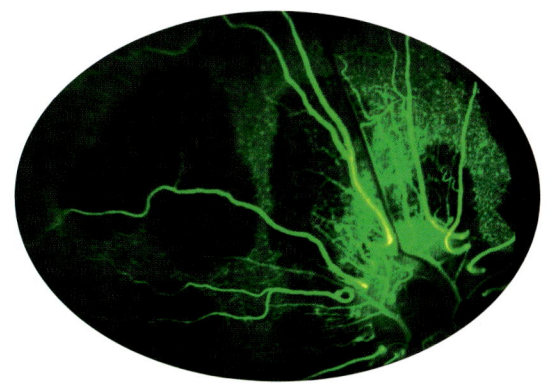

図7 蛍光色素注入10.4秒後の眼底（左眼）
背景蛍光に斑状の欠損が認められた。

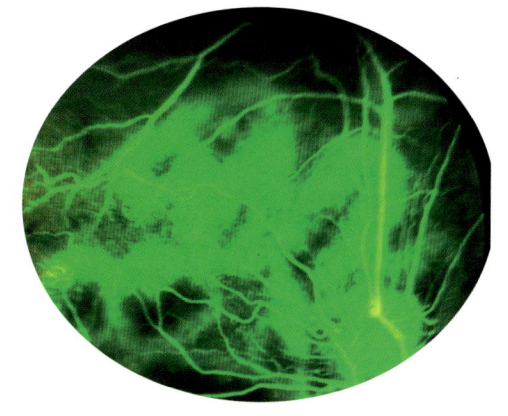

図8 蛍光色素注入256秒後の眼底（左眼）
背景蛍光の欠損部に蛍光色素の漏出が認められた。

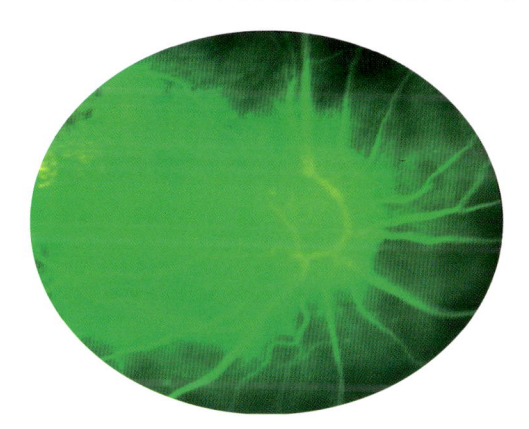

図9 蛍光色素注入540秒後の眼底（左眼）
眼底全域が過蛍光を示した。

答も，両眼ともにノンレコーダブルであった。

蛍光眼底造影検査にあたっては，検査実施の20分以上前に，副作用を予防する目的で抗ヒスタミン薬であるジフェニルピラリン塩酸塩（ハイスタミン注2mg，エーザイ株式会社）0.4mgを皮下注射した。次いで，あらかじめ橈側皮静脈に確保した留置針より，蛍光色素のフルオレセイン（フルオレサイト注射液1号，日本アルコン株式会社）80mgを急速に注入し，眼底カメラ（コーワ GENESIS-D，興和株式会社）を用いて眼底の観察を行うとともに経時的に撮影を行った。腕静脈－眼時間は9.2秒と正常であったが，眼底の全領域において背景蛍光の斑状の欠損が観察された（図7）。この蛍光欠損部位は，ノンタペタム領域の脱色素斑に完全に一致したが，タペタム領域の反射低下病変とは一部しか一致しなかった。また，時間の経過とともに，蛍光欠損部位にその辺縁から蛍光色素が流入するとともに，硝子体内への蛍光色素の漏出が進行し（図8），造影の後期には過蛍光斑に変化した（図9）。

### 7）臨床病理学的検査所見

血液学的検査所見および血液生化学的検査所見をそれぞれ表1と表2に要約して示した。

### 8）診　断

以上の所見から，網膜ジストロフィーと診断した。ただし，原発性光受容体ジストロフィーと網膜色素上皮ジストロフィーの合併の可能性があると考えた。

### 9）治療および経過

原発性光受容体ジストロフィーは，視覚に関して予後不良の疾患であり，網膜電位図がノンレコーダブルの病期には有効な治療法がない。その旨を飼い主に説明し，犬を驚かせないように声をかけてから身体に触れる，段差などの危険箇所を避けて飼育環境を整える，家具等の位置を移動させない，などの飼育指導を行った。

本症例に対する治療効果は見込めないが，飼い主の希望により，活性酸素除去薬としてフラボノイドサプリメントであるバイオフラバノール（プロアントゾン／小型犬・猫用，共立製薬株式会社）10mgの1日1回経口投与を3か月間にわたって実施した。

3か月後に再度の眼科学的検査を行ったが，症状に改善は認められなかった。

## 考　察

網膜ジストロフィーは，原発性光受容体ジストロフィー（いわゆる進行性網膜萎縮）と網膜色素上皮ジ

表1　初診時における血液学的検査所見

| 赤血球数 | 7.63 ×$10^6$/μL |
|---|---|
| ヘマトクリット値 | 49.2 % |
| ヘモグロビン濃度 | 17.5 g/dL |
| 平均赤血球容積（MCV） | 64 fL |
| 平均赤血球ヘモグロビン量（MCH） | 22.9 pg |
| 平均赤血球ヘモグロビン濃度（MCHC） | 35.5 % |
| 白血球数 | 13400 /μL |
| 　桿状核好中球数 | 0 /μL |
| 　分葉核好中球数 | 10184 /μL |
| 　好酸球数 | 402 /μL |
| 　単球数 | 670 /μL |
| 　リンパ球数 | 2144 /μL |
| 血小板数 | 359 ×$10^3$/μL |

表2　初診時における血液生化学的検査所見

| 総蛋白質濃度 | 6.3 g/dL |
|---|---|
| 尿素窒素濃度 | 16.0 mg/dL |
| クレアチニン濃度 | 0.7 mg/dL |
| 総コレステロール濃度 | 201 mg/dL |
| HDL-コレステロール濃度 | 145 mg/dL |
| LDL-コレステロール濃度 | 11 mg/dL |
| VLDL-コレステロール濃度 | 3 mg/dL |
| トリグリセリド濃度 | 31 mg/dL |
| アラニンアミノトランスフェラーゼ活性 | 36 U/L |
| アルカリ性ホスファターゼ活性 | 89 U/L |

ストロフィー（中心性進行性網膜萎縮）に大別される。ロングヘアード・ミニチュア・ダックスフンドに発症する原発性光受容体ジストロフィーはさらに進行性錐体杆体変性に分類されるものである[2-5]。従来，一般に進行性錐体杆体変性による視覚異常が発現するのは2歳以上とされていたが，イギリスのロングヘアード・ミニチュア・ダックスフンドにおいて，より早い発症時期の網膜ジストロフィーが報告されており[1]，本症例は後者に類似していた。

ノンタペタム領域に観察された色素の脱失はいずれのタイプの網膜ジストロフィーにおいても認められるが，本症例では色素の脱失が著しく，その境界も明瞭であり，非常に特徴的であった。さらに，蛍光眼底造影検査で観察された逆転現象からは，色素が脱失している領域の脈絡膜毛細管板への血流が失われているとともに，その周辺部の網膜色素上皮のバリア機能が障害されていることが疑われた。これらの所見は網膜色素上皮ジストロフィーの所見に類似しており，原発性光受容体ジストロフィーと網膜色素上皮ジストロフィーの併発，あるいはヒトの網膜色素変性症のような光受容体と網膜色素上皮が同時に冒される疾患に罹患している可能性が推測された。

網膜色素上皮ジストロフィーでは眼底検査において褐色の色素（リポフスチン）の沈着が特徴的に認められるが[5]，これは正常な光受容体細胞の活動の結果として生じるものである。そのため，光受容体細胞が正常に機能していないと思われる本症例では，この所見が観察されなかったと考えられる。あるいは，タペタムの反射低下性病変がリポフスチンの沈着に起因する可能性もあろうが，この点については病理検査を実施していないため不明である。

網膜電位図がノンレコーダブルである網膜ジストロフィーの症例に有効な治療法は知られていない。今回の症例においては，活性酸素除去薬の投与を試験的に実施したが，効果はみられなかった。網膜電位図がノンレコーダブルになる前の段階で投与を行った場合には，異なる結果が得られる可能性もあるため，生後半年位に詳細な眼底検査を実施して，早期発見に努めることが肝要であると思われる。

### 文　献

1) Curtis,R., Barnett,K.C. (1993)：Progressive retinal atrophy in miniture longhaired Dachshund dogs. *British Veterinry Journal*, 149. 71-85.

2) Genetics Committee of the American College of Veterinary Ophthalmologists (2006)：Ocular Disorders Presumed to be Inherited in Purebred Dogs 5th ed., 287-294, Canine Eye Registration Foundation.

3) Millichamp,N.J. (1990)：Retinal degeneration in the dog and cat. *Veterinary Clinics of North America: Small Animal Practice*, 20, 799-835.

4) Petersen-Jones,S.M. (1998)：A review of research to elucidate the causes of the generalized progressive retinal atrophies. *Veterinary Journal*, 155, 1-2.

5) Severin,G.A. (1996)：Severin's Veterinary Ophthalmology Notes 3rd ed., 428-431, Amerian Animal Hospital Association.

## Case 30 犬

# 錐体変性（cone degeneration）が疑われたアラスカン・マラミュート

太田充治

### 要約

犬（アラスカン・マラミュート，雌，8か月齢）が昼間の視覚の低下を主訴として来院した。視覚検査を行ったところ，屋内および暗所での綿球落下試験には反応するが，晴天の屋外では反応しなかった。網膜電位図（ERG）検査を行ったところ，flash ERGにおいては両眼ともほぼ正常な反応を示したが，flicker ERGにおいては波形が消失していた。これらの所見から，本症はアラスカン・マラミュートの遺伝性疾患である錐体変性（cone degeneration）であると診断した。

### はじめに

アラスカン・マラミュートにおける進行性網膜萎縮（PRA）はその他の犬種におけるそれとは異なり，昼盲を特徴とする常染色体劣性遺伝の錐体変性（cone degeneration）である[1-3]。

今回，症状および眼科学的検査より，遺伝性の錐体変性が疑われたアラスカン・マラミュートに遭遇したのでその概要を報告する。

### 症 例

症例は，犬（アラスカン・マラミュート），雌，8か月齢である。

#### 1）主 訴

生後5か月齢ごろから近くにあるボールをみつけられなくなることがあった。ただし，家の中や夜間だとそのような症状は認められない。昼間は外に出しても歩きたがらないが，夜にはとても活発になる。

#### 2）既往歴

特記すべき既往歴はない。

#### 3）現病歴

現病歴についても特記すべき点はない。

#### 4）一般身体検査所見

体重19kgで，視覚障害以外に一般状態に異常は認められなかった。

#### 5）眼科学的検査所見

**前眼部所見**：両眼ともに，結膜の充血や角膜の混濁はみられず，前眼房および虹彩に異常は認められなかった。瞳孔径は6mmで，瞳孔対光反射はやや減弱していた。また，水晶体に混濁は認められなかった（図1）。眩目反射ははっきりしないが，消失しているわけではないと思われた。

**眼底検査所見**：両眼ともに，視神経乳頭はやや小さめであったが，色と形状に異常は観察されず，網膜血管の減少や狭細化も認められなかった。さらに，タペタム反射も正常であった（図2）。

**網膜電位図（ERG）検査所見**：両眼とも，flash ERGにおいては，op波の若干の減弱が認められたが，normal ERGであると考えられた（図3）。しかしながら，錐体機能を評価するflicker ERGにおいては，その振幅はほぼ消失していた（図4）。なお，錐体・杆体応答は記録しなかった。

**視覚検査所見**：迷路試験はスペースの問題から実施できなかった。綿球落下試験では，診察室内においては，蛍光灯の点灯下と消灯下のいずれでも，ほぼ正常な反応が確認されたが，昼光下の屋外ではほとんど反応しなかった。また，昼光下での歩様を観察したが，興奮して判定不可能であった。

#### 6）治療および経過

以上の検査結果に加え，本症例が若齢のアラスカン・マラミュートであるということから，進行性網膜萎縮

右眼　　　　　　　　　　　　　　　　　　左眼

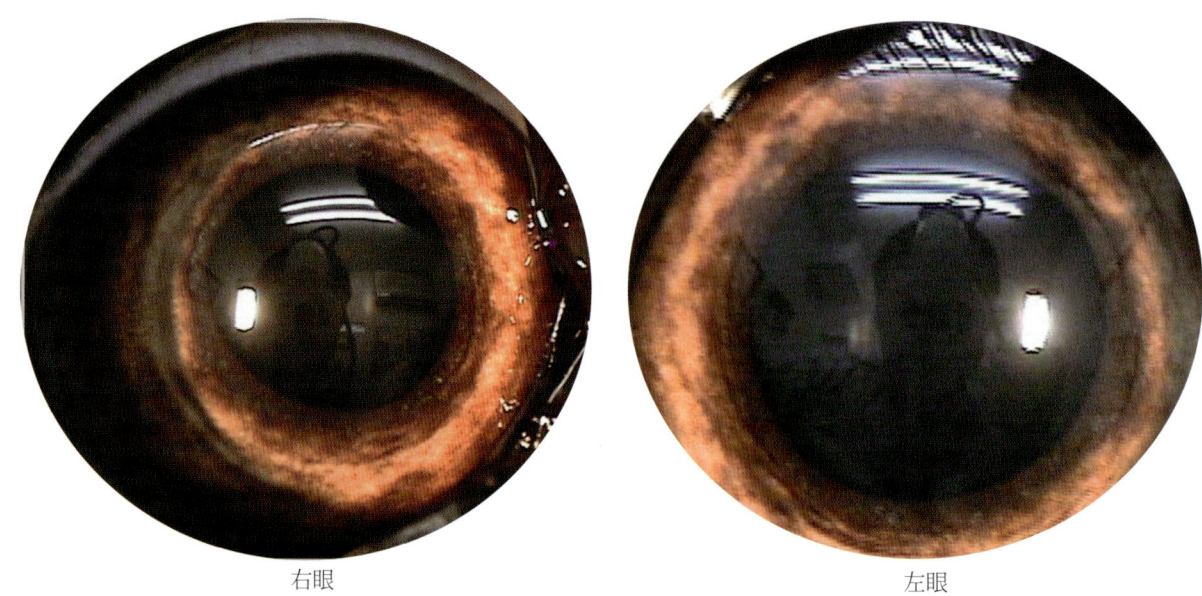

図1　前眼部所見
両眼とも結膜充血，角膜混濁はみられず，前眼房，虹彩に異常は認められなかった。

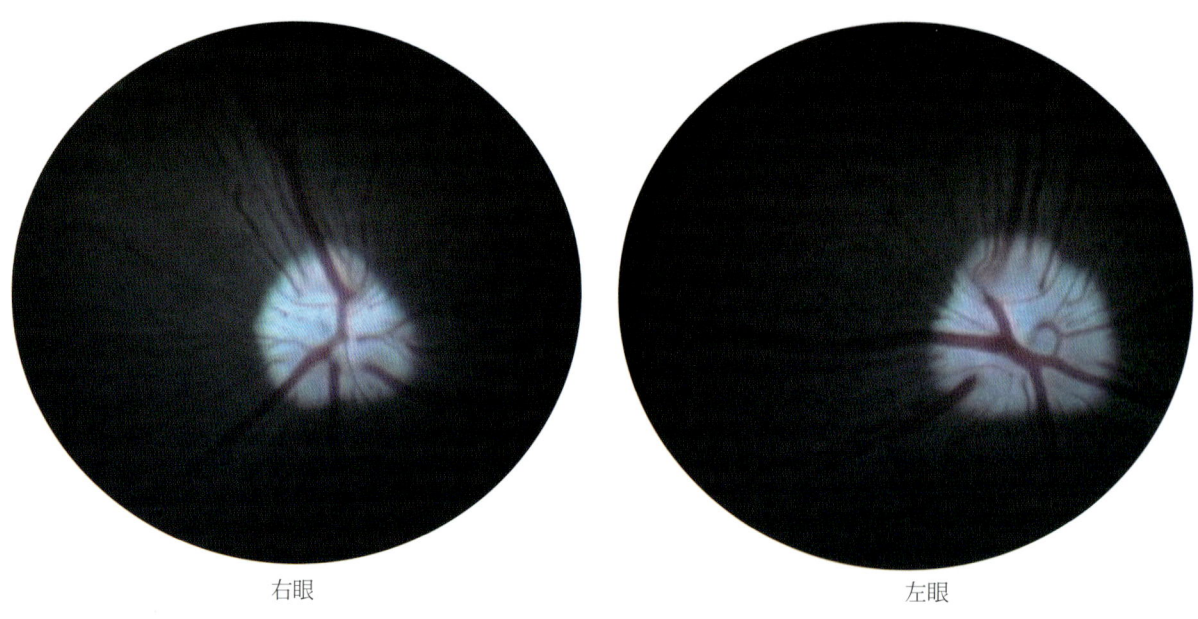

右眼　　　　　　　　　　　　　　　　　　左眼

図2　眼底検査所見
両眼とも視神経乳頭，網膜血管，タペタム領域およびノンタペタム領域に異常は認められなかった。

の範疇に属する錐体変性であると考えられたが，本症例の両親や同腹子についてはその所在が不明とのことで，遺伝性の証明はできなかった。

治療としては，ヘレニエン（キサントフィル脂肪酸エステル混合物）製剤（アダプチノール錠5mg，バイエル薬品株式会社）1錠（ヘレニエンとして5mg）の1日2回投与，トコフェロールニコチン酸エステル製剤（ユベラNカプセル100mg，エーザイ株式会社）1カプセル（トコフェロールニコチン酸エステルとして100mg）の1日2回投与，アスタキサンチンとビタミンEの合剤（メニわんEye，株式会社メニワン）6粒（アスタキサンチンとして1mgおよびビタミン

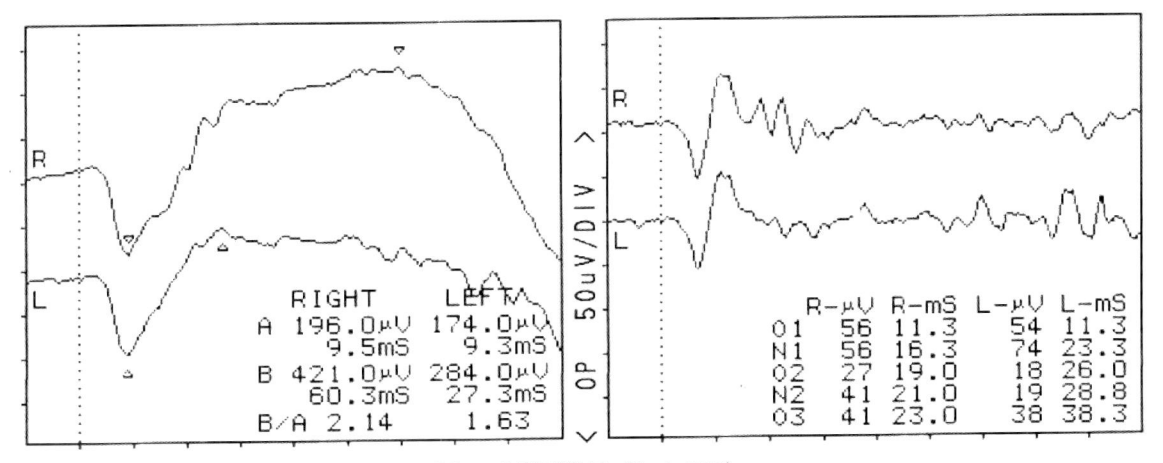

図3 網膜電位図（flash ERG）
若干 op 波の減弱が認められるものの，両眼とも normal ERG であると考えられた。

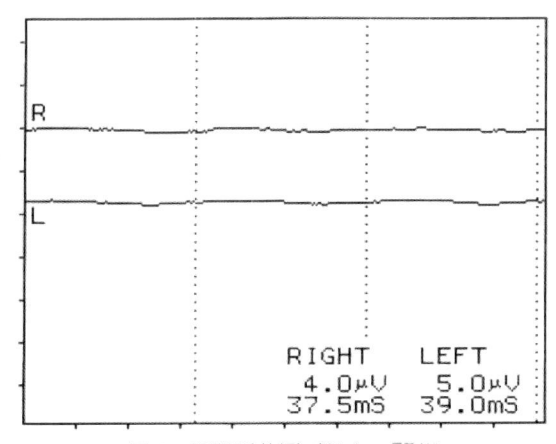

図4 網膜電位図（flicker ERG）
両眼ともほとんど反応がみられず，non-recrdable ERG であると考えられた。

E として 50mg）の 1 日 1 回投与を投与しく経過観察中である。

## 考　察

進行性網膜萎縮（PRA）は，夜盲を初期症状として進行性の視覚障害を起こす犬の代表的な遺伝性眼疾患で，光受容体異形成（photoreceptor dysplasia），遅発型網膜変性（late-onset retinal degeneration），網膜色素上皮ジストロフィー（RPED）などに分類されている。アラスカン・マラミュートにみられる進行性網膜萎縮は，光受容体異形成に属するが，他の犬種にみられるような夜盲を初期症状とせず，昼盲を主訴とした錐体変性である。

動物における視覚検査は，その動物の性格や検査実施者の主観に左右されることがあるために客観的な判定が困難で，本症の診断には網膜電位図検査が必須であり，とくに 2 連 flicker 融合反応曲線における錐体成分の消失や可視スペクトル赤色刺激光に対する反応障害が診断上の特徴とされている[2]。また，確定診断を行うには，さらに国際臨床視覚電気生理学会

（ISCEV）がヒトの場合に提唱している錐体応答や杆体応答を測定する必要もあろうが，当院では（国内の一般的な動物病院でもそうであろうが）網膜電位図記録装置は flash ERG および flicker ERG のみ測定可能であり，ISCEV の基準に沿ったものとはなっていない。したがって，今回の検査成績をもって錐体変性と診断するのは早計であるかもしれない。

錐体変性に罹患した動物は通常，生後8〜10週齢で症状を発現するとされるが，6か月齢以上で明らかになる場合もある[3]。また，眼底検査所見に変化がみられず，このことは昼盲という症状とあわせて生涯にわたって変化しないとされている[1,2]。

現在，本症例は昼間の外出を嫌う傾向にはあるが，日常生活には大きな問題は生じていない。わずかに残存しているかもしれない錐体機能の維持および今後の健全な杆体機能の維持を目的としてビタミンEを中心とした全身的な薬物投与を行って経過を観察中である。

### 文献

1) Curis,R., Barnett,K.C., Leon,A.（1991）：Diseaes of the canine posterior segment. Veterinary Ophthalmology 2nd ed. (Gelatt,K.N. ed), 489-490, Lea & Febiger.

2) Petersen-Jones,S.M.（1993）：網膜ジストロフィ．小動物の眼科学マニュアル（印牧信行 訳），208，学窓社．

3) Stades,F.C.（1998）：遺伝性昼盲．獣医眼科診断学（安部勝裕 監訳），182-183，チクサン出版．

## Case 31 犬

# 眼底出血をともなった漿液性網膜剥離の犬の1例

奥本利美

### 要約

猫における腎性慢性高血圧による漿液性網膜剥離はしばしば遭遇する疾患であるが，犬ではまれである。今回，眼底出血をともなう犬の漿液性網膜剥離に遭遇し，良好な治療結果を得たので，その治療法および経過を紹介した。

### はじめに

犬において完全網膜剥離はしばしば認められる病態であるが，眼底出血をともなう漿液性網膜剥離の発生はきわめてまれである。

今回，羞明と視覚障害を主訴とした犬に対して，眼底検査により網膜下出血をともなった漿液性網膜剥離と診断し，治療の結果，視覚を回復することができたので，その概要を報告する。

### 症例

症例は，犬（雑種），雌，4歳齢である。

#### 1）主訴

5日前より両眼ともに羞明が著しく，まったくの盲目状態とのことで来院した。

#### 2）既往歴

既往歴はとくにない。

#### 3）現病歴

主訴に記載した以外に，特記すべき現病歴はない。

#### 4）一般身体検査所見

体重4.6kg，体温38.5℃で，身体一般状態に異常を認めなかった。

#### 5）眼科学的検査所見

綿球落下試験では，両眼の前に綿球をぶら下げても，それを追うような視線は観察されなかった。また，迷路試験においても，頭や鼻を壁にぶつけ，まったく物が見えていない様子を呈していた。

右眼，左眼ともに，球結膜と瞼結膜の充血および浮腫が著しく（図1），細隙灯（スリットランプ）顕微鏡検査において前房内にフレアが認められた。また，両眼ともに，瞳孔径を通して眼底部の視神経乳頭の血管が水晶体後嚢の直後，硝子体の前面にきているようにみえた。

眼圧は右眼が25mmHg，左眼が22mmHgであった。

眼底検査においては，左右の両眼ともに，前眼部において前部ブドウ膜炎の兆候が強くみられ，前房内に多量のフレアが認められた。また，視神経乳頭部と網膜血管はみることができず，眼底全体にカーテンが掛かったようであった。

#### 6）臨床病理学的所見

血液生化学的検査〔富士ドライケム7000V（富士フイルム株式会社）を用いて実施〕において，肝酵素（アスパラギン酸アミノトランスフェラーゼ，アラニンアミノトランスフェラーゼ，アルカリ性ホスファターゼ）の活性の若干の上昇がみられたが，その他はまったく異常は認められなかった。

#### 7）治療および経過

浸透圧利尿薬であるD-マンニトール（20%マンニトール注射液「コーワ」，興和株式会社）100mLを1時間あたり20mLの割合でおよそ5時間をかけて点滴静注した。

次いで，デキサメタゾンメタスルホベンゾエートナトリウム（水性デキサメサゾン注A，日本全薬工業株式会社）0.4mg/kgの皮下注射およびアンピシリンナトリウム（ビクシリン注射用0.25g，明治製菓株式会社）30mg/kgの筋肉内注射を1日1回，5日間連続

右眼　　　　　　　　　　　　　　　　　　　左眼

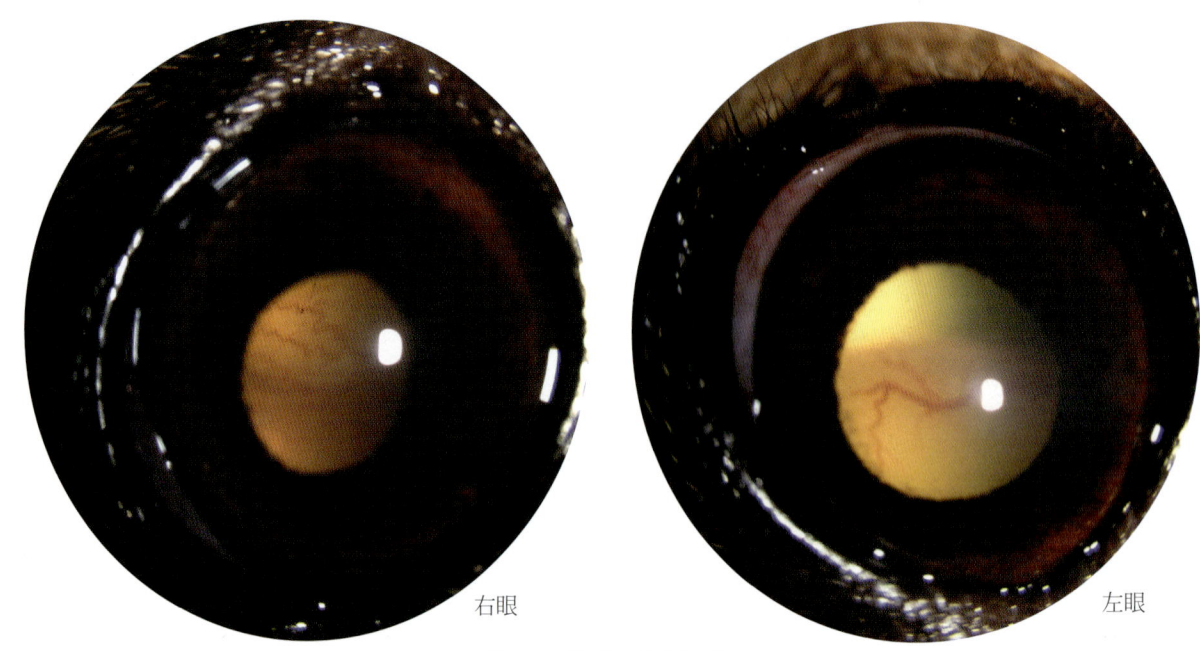

図1　初診時の前眼部所見
左眼において水晶体後方に網膜血管がみえた。

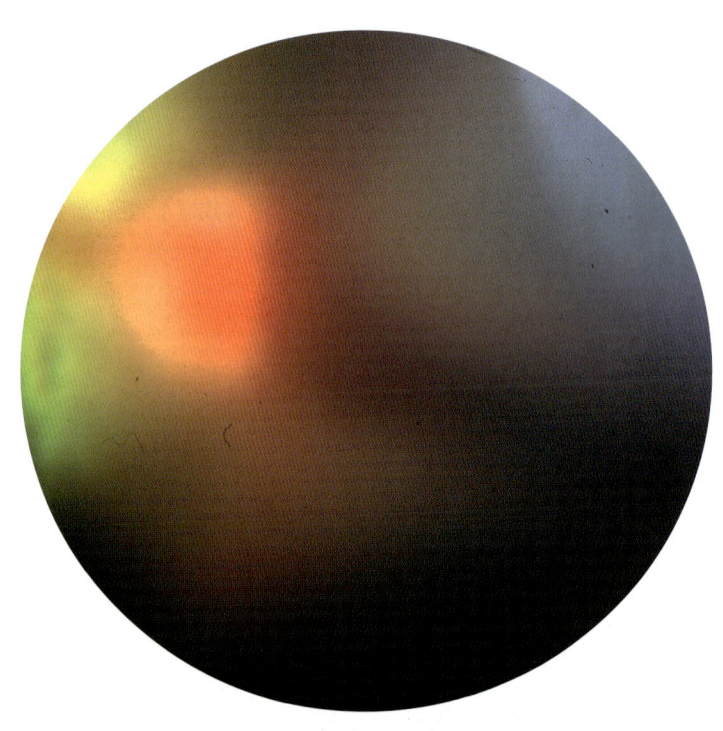

図2　第3病日における眼底検査所見（右眼）
視神経乳頭が観察できた。

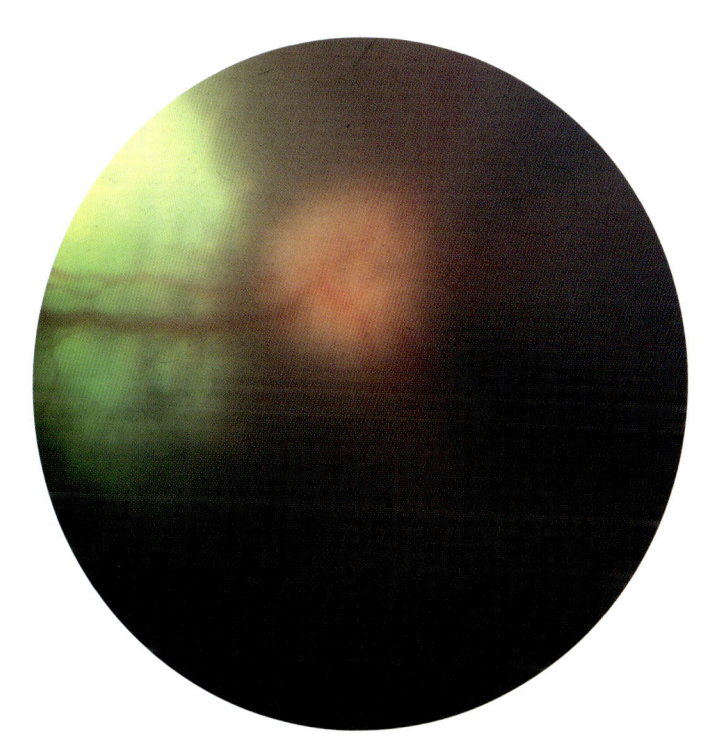

図3 第5病日における眼底検査所見（右眼）
視神経乳頭周辺が観察できるようになった。

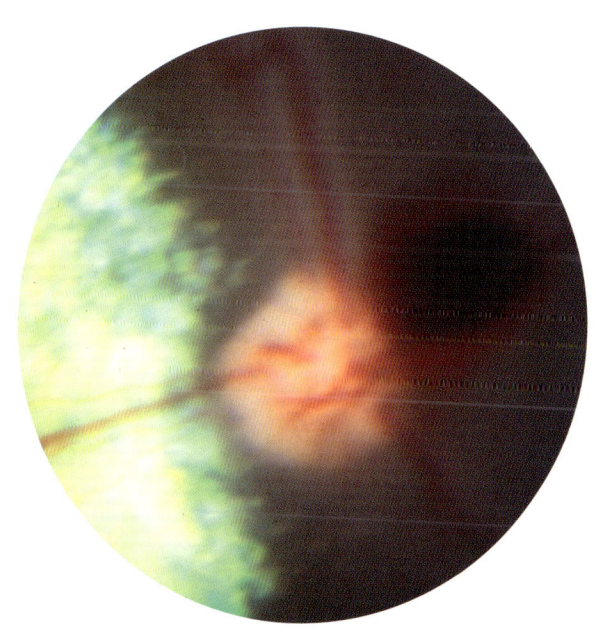

図4 第15病日における眼底検査所見（右眼）
視神経乳頭，血管が観察できた。乳頭右上に出血斑があった。

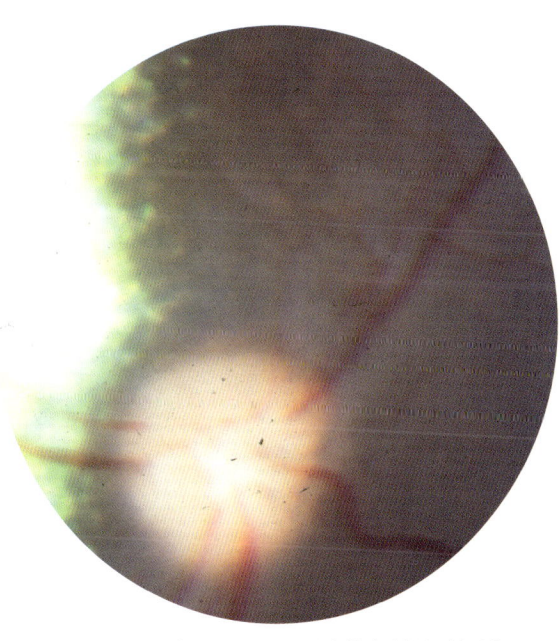

図5 第22病日における眼底検査所見（右眼）
出血斑が消え，血管がはっきりと観察できた。

で実施し，その後，フロセミド（フロセミド注「ミタ」20mg，キョーリンリメディオ株式会社）2mg/kgの1日2回筋肉内注射，さらにデキサメタゾン（デキサメサゾン錠0.5mg「タイヨー」，大洋薬品工業株式会社）1mg/kgの1日2回，アンピシリン水和物とクロキサシリンナトリウム水和物の合剤（ビクシリンS錠，明治製菓株式会社）の30mg/kgの1日2回のいずれも経口投与を行った。ただし，デキサメタゾンは，1週間ごとに投与量を半減した。

また，局所点眼薬として，オフロキサシン（ファルキサシン点眼薬0.3%，興和株式会社），アトロピン硫酸塩水和物（日点アトロピン点眼液1%，株式会社日本点眼薬研究所）を使用した。

以上の治療を約1か月間にわたって継続した。

眼底の観察を治療開始後2日目，4日目，2週間目，3週間目に行ったところ，2日目より症状の改善が認められ，4日目には視神経乳頭と網膜血管を明瞭に観察することが可能になった。ただし，右眼において，視神経乳頭の腹側部6時あたりの位置に視神経乳頭と同等大の網膜下出血を認めた（図2～5）。

視覚は，治療開始から1週間ほどで回復した。

## 考　察

網膜剥離は，網膜がその下にある脈絡膜から分離した状態であり，網膜の光受容器層と網膜色素上皮の間に生ずることが多い。網膜の光受容器層と網膜色素上皮との間には発生学的に潜在的な腔が存在し，この両者の間が再び離れることによって網膜剥離が発生することになる。

今回の症例は，網膜の出血をともなっていることから，高血圧症による血管の破綻か，あるいは別の何らかの原因によって網膜下に出血が起こり，炎症性滲出物が感覚網膜を色素上皮から引き離したものと考えられる。

現在はドプラー血圧計により血圧測定が可能であるが，当時は不可能であった。

本症においては，浸透圧利尿薬とステロイド製剤の投与により，この滲出物を取り除くことができ，それによって不可逆的な網膜剥離を回避し，治療開始から1週間で視力の回復を得ることが可能となったと考えられる。

なお，右眼の乳頭部付近の出血斑による視覚障害の有無については，左眼において出血斑が認められなかったことから，この出血斑が視覚に影響しているか否か判定しがたかった。

### 参考文献

1）Gelatt,K.N.（1995）：獣医眼科学全書（松原哲舟 監訳），574-576，LLLセミナー．

2）Petersen-Jones,S., Crispin,S.（2006）：小動物の眼科マニュアル 第2版（印牧信行，古川敏紀 監訳），254-256，学窓社．

3）Severin,G.A.（2003）：セベリンの獣医眼科学 －基礎から臨床まで－ 第3版（小谷忠生，工藤荘六 監訳），385-386，メディカルサイエンス社．

4）Slatter,D.（1990）：Fundamentals of Veterinary Ophtahlmology 2nd ed., 400-436, W.B.Saunders.

# Case 32 猫
# 全身性高血圧症により網膜剥離を生じた猫の1例

瀧本善之

### 要約

食欲不振と盲目を主訴に来院した猫〔ペルシア，雄（去勢手術実施済み），16歳齢〕の眼底に出血をともなった網膜剥離が観察された。臨床病理学的検査所見から腎機能障害が示唆され，加えてオシロメトリック法式の非観血的血圧測定により最高血圧が284 mmHgの高血圧症が確認された。ベナゼプリル塩酸塩およびアムロジピンベシル酸塩の内服により高血圧症は改善され，一般状態の回復，眼底出血の吸収および網膜の再接着が認められた。

### はじめに

腎機能の障害が慢性的に進行すると，減少したネフロンの機能を補うためにレニン－アンギオテンシン－アルドステロン系が亢進し，全身性の高血圧症が発生する。この高血圧症を放置すると，腎臓の糸球体毛細血管が高い血圧によって傷害を受けてネフロンが減少し，さらなる腎機能低下が誘発されるほか，眼あるいは脳の血管の傷害に起因する重篤な症状が発現することもめずらしくない。

今回，腎性高血圧症に出血性網膜剥離を併発した猫にアンギオテンシン変換酵素阻害薬およびカルシウム拮抗薬を経口投与したところ，症状の改善が認められたので，その概要を紹介する。

### 症例

症例は，猫（ペルシア），雄（去勢手術実施済み），16歳齢である。

#### 1）主訴
食欲不振および盲目を主訴とした。

#### 2）既往歴
2歳齢のときに猫下部尿路疾患（FLUTD）に罹患している。

#### 3）現病歴
2か月前から物にぶつかる，動きたがらない様子が観察されていた。また，2週間前から食欲が低下している。

#### 4）一般身体検査所見
体重4.8kg，体温38.2℃，心拍数170回/分であった。

#### 5）眼科学的検査所見（図1）
前眼部は，両眼ともに眼瞼周囲の被毛が黒染し，散瞳状態にあった。瞳孔対光反応は欠如し，威嚇瞬目反射も観察されなかった。また，瞳孔内を徹照すると，暗赤色の反帰光が観察され，出血の存在が示唆された。

眼底検査においては，右眼では，耳側3/5の領域に出血性網膜剥離が観察された。網膜剥離の起こっていないタペタム領域には，視神経乳頭および網膜血管は認められず，網膜症の存在を確認することはできなかった。一方，左眼では，上鼻側1/4および下耳側1/4の領域に出血性網膜剥離，下鼻側1/4の領域に胞状網膜剥離が観察された。網膜剥離の起こっていないタペタム領域には血管径の不均一な血管および点状出血が認められた。また，視神経乳頭は萎縮し，蒼白であった。

#### 6）臨床病理学的検査所見
血液学的検査ならびに血液生化学的検査，血圧測定の結果を表1～3に示した。

#### 7）診断
慢性腎不全（ステージⅡ），腎性高血圧症，網膜剥離と診断した。

右眼　　　　　　　　　　　左眼

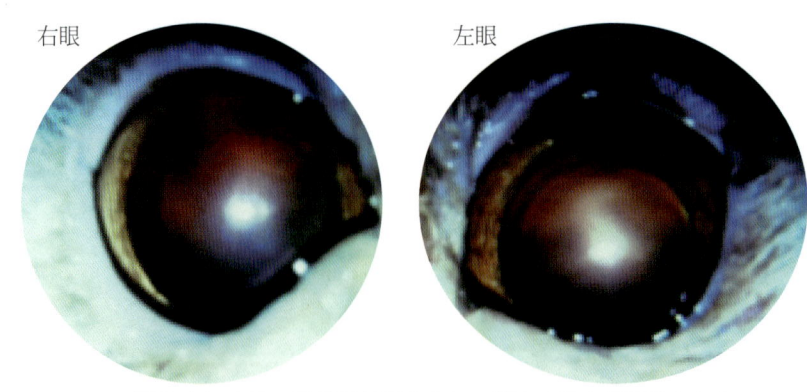

両眼ともに赤色の反帰光が認められ，眼内の出血が示唆された。

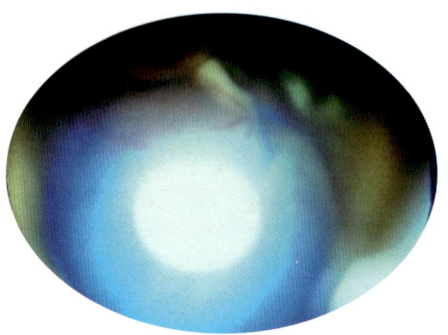

眼底には出血性網膜剥離が認められた。　　出血を伴わない胞状網膜剥離が観察された。

図1　初診時におけるの眼科学的検査所見

表1　初診時における血液学的検査所見

| 赤血球数 | 9.54 ×10$^6$/μL |
|---|---|
| ヘマトクリット値 | 40.2 % |
| ヘモグロビン濃度 | 13.4 g/dL |
| 平均赤血球容積（MCV） | 42.0 fL |
| 平均赤血球ヘモグロビン量（MCH） | 13.9 pg |
| 平均赤血球ヘモグロビン濃度（MCHC） | 33.3 % |
| 白血球数 | 8400 /μL |
| 　桿状核好中球数 | 252 /μL |
| 　分葉核好中球数 | 6972 /μL |
| 　好酸球数 | 336 /μL |
| 　単球数 | 168 /μL |
| 　リンパ球数 | 1512 /μL |
| 血小板数 | 266 ×10$^3$/μL |

表2　初診時における血液生化学的検査所見

| 総蛋白質濃度 | 6.8 g/dL |
|---|---|
| アルブミン濃度 | 3.2 mg/dL |
| 尿素窒素濃度 | 56.6 mg/dL |
| クレアチニン濃度 | 3.9 mg/dL |
| 総コレステロール濃度 | 102 mg/dL |
| 無機リン濃度 | 4.0 mg/dL |
| カルシウム濃度 | 8.8 mg/dL |
| 乳酸脱水素酸素活性 | 98 U/L |
| アスパラギン酸アミノトランスフェラーゼ活性 | 24 U/L |
| クレアチンキナーゼ活性 | 188 U/L |

表3　初診時における血圧

| 収縮期血圧 | 284 mmHg |
|---|---|
| 拡張期血圧 | 152 mmHg |
| 平均血圧 | 197 mmHg |

## 8）治療および経過

皮下輸液を行った後，ベナゼプリル塩酸塩（フォルテコール錠5mg，ノバルティスアニマルヘルス株式会社）1.25mg/headを1日1回，経口投与した。

第7病日には，収縮期血圧が230mmHgに低下した。また，血液生化学検査では尿素窒素濃度およびクレアチニン濃度の低下が認められた。眼底検査では両眼ともに網膜剥離の縮小が観察された。しかしながら，食

右眼　　　　　　　　左眼

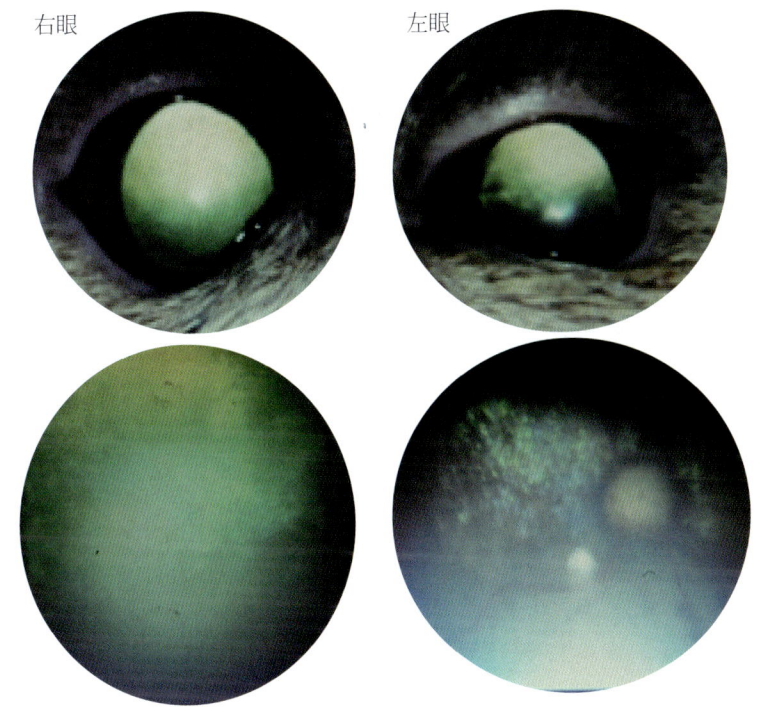

図2　第42病日における眼科学的検査所見

欲の不振は改善されていなかった。

　第28病日にも，症状の明らかな改善が認められなかったため，アムロジピンベシル酸塩（ノルバスク錠2.5mg，ファイザー株式会社）0.625mg/headの1日1回の経口投与を併用した。

　この2つの製剤の併用を開始して以降は，食欲が速やかに改善され，第42病日には収縮期血圧が180mmHgにまで低下した。また，眼科学的検査では，両眼ともに出血が吸収され，剥離していた網膜の再接着が観察された（図2）が，視覚は回復しなかった。

　その後も，2製剤の投薬を継続し，収縮期血圧は170〜180mmHgを推移していた。治療開始から1年6か月を経過した頃からは収縮期血圧が160mmHg以下となり，初診から2年9か月後に死亡するまで，血圧の著しい上昇および眼症状の再発は認められなかった。また，慢性腎不全のステージも進行することはなかった。最終的な死因は不明であるが，死亡する前日には，多源性の心室性早期拍動が観察された。

## 考　察

　全身性高血圧症は，慢性腎不全の猫にしばしば認められる疾患であるが，無麻酔下での血圧測定が困難であるためか，日本の診療の現場で問題とされることは近年まで比較的少なかった。しかしながら，1990年代後半から米国を中心に猫の高血圧症に関する報告が増え[3-5]，国内でも動物専用のオシロメトリック法式の血圧測定装置が販売されたことによって，簡便かつ迅速に正確な血圧測定が可能となったことから，本症の重要性が認識されるようになっている。

　高血圧症の診断において，血圧の測定が不可欠であることは疑う余地はないが，高血圧症が眼底病変を高い確率で続発させるため[4]，眼底検査もまた，高血圧症のスクリーニングには有用な手段と考えられる。本症例で観察されたような網膜剥離は，著しい血圧の上昇によって脈絡膜血管が傷害されて発症するとされ，重度の視覚障害（高血圧性脈絡膜症）を誘発する。

　網膜剥離の発症から治療までの経過が長期に及んだ

り，治療を施しても網膜漿液が速やかに吸収されない症例では，視細胞あるいは網膜色素上皮細胞の機能障害が疑われ，視覚の回復は期待できないと考えられる。そのため，網膜剥離の発見後には，できる限り迅速に治療を開始するとともに，積極的に降圧治療を実施することが肝要である。また，高血圧性脈絡膜症に先立って起こると思われる高血圧性網膜症の所見を眼底検査で検出したり，定期的な血圧測定を実施して，高血圧症の早期発見と早期治療に努めることも重要であろう。高血圧性網膜症は軽度の血圧上昇が慢性的に持続することによって網膜動脈が傷害されて起こるとされ，血管の蛇行や網膜浮腫，出血などの所見が観察される[4]。検査に際しては，とくにこのような所見に留意すべきである。

現在，猫の高血圧症の治療においては，カルシウム拮抗薬であるアムロジピンが第一選択薬となっている[1,2,6]。初期投与量で十分な降圧がみられない場合には，薬用量の増量，さらにはアンギオテンシン変換酵素阻害薬の併用が推奨されている[7]。筆者も現在では上述の治療法を用いるとともに，治療初期は2～3日おきに血圧を測定し，できるだけ早く適正な血圧にまで回復させるよう努めている。本症例の治療を行ったのは1998年のことであり，当時はこのような治療指針がまだ確立されていなかったため，血圧の正常化および網膜剥離の治癒までに時間がかかってしまい，最終的に視覚を改善させることができなかったことが残念である。しかしながら，降圧薬を使用することで著しい高血圧が改善されると，一般状態，尿素窒素濃度，クレアチニン濃度および眼底病変のすべてが改善されていった点は興味深く，血圧管理の重要性を改めて認識することができた症例であった。

### 文 献

1) Brown,S.A., Henik,R.A. (1998)：Diagnosis and treatment of systemic hypertension. *Veterinay Clinics of North America: Small Animal Practice*, 28, 1481-1494.

2) Henik,R.A., Snyder,P.S., Volk,L.M. (1997)：Treatment of systemic hypertension in cats with amlodipine besylate. *Journal of American Animal Hospital Association*, 33, 226-234.

3) Littman,M.P. (1994)：Spontaneous systemic hypertension in 24 cats. *Journal of Veterinary Internal Medicine*, 8, 79-86.

4) Maggio,F., DeFrancesco,T.C., Atkins,C.E., Pizzirani,S., Gilger,B.C., Davidson,M.G. (2000)：Ocular lesions associated with systemic hypertension in cats: 69 cases. *Journal of American Veterinary Medical Association*, 217, 695-702.

5) Sansom,J., Barnett,K.C., Dunn,K.A. (1994)：Ocular disease associated with hypertension in 16 cats. *Journal of Small Animal Practice*, 35, 604-611.

6) Snyder,P.S., Deena,S., Galin,L.J. (2001)：Effect of amlodipine on echocardiographic variables in cats with systemic hypertension. *Journal of Veterinary Internal Medicine*, 15, 52-56.

7) Steele,J.L., Henik,R.A., Stepien,R.L. (2002)：Effects of angiotensin-converting enzyme inhibition on plasma aldosterone concentration, plasma renin activity and blood pressure in spontaneously hypertensive cats with chronic renal disease. *Veterinary Therapeutics*, 3, 157-166.

Case 33 犬

# 眼窩内腫瘤により網膜剥離を併発した犬の1例

瀧本善之

### 要約

左眼の膿性眼脂と羞明を主訴に来院した犬(ロングヘアード・ミニチュア・ダックスフンド,雄,9歳齢)に対して眼科学的検査を行ったところ,眼球の突出と眼球内外の炎症が観察され,眼窩内の超音波検査およびCT検査により,眼球の鼻側後方に孤立性の腫瘤と胞状網膜剥離が認められた。腫瘤のパンチ生検から炎症性肉芽組織との病理診断を得たため,メチルプレドニゾロン酢酸エステルの結膜下注射を実施した。その結果,1週間以内にすべての症状が消失したが,その後に再発がみられた。再発時にはメチルプレドニゾロン酢酸エステルの再投与に対する反応が鈍かったため,シクロスポリンの点眼を併用し,良好な結果を得た。

## はじめに

炎症性肉芽組織は,ときに前眼部に発生するが,眼球の後方に発生して眼球を変位させることはまれである。このような症状はむしろ悪性腫瘍の存在を強く示唆するため[2],慎重な診断および治療が要求される。また,眼窩内の病変は眼球内,口腔,鼻腔あるいは脳にまたがって存在することもあり,その分布によって選択すべき治療法が異なるため,画像診断機器の有効な利用が必須であると考えられる[1,3]。

今回,画像検査により眼窩内に腫瘤を認め,生検により炎症性肉芽組織と診断された犬の治療を行い,良好な成績を得たので以下に報告する。

## 症例

症例は,犬(ロングヘアード・ミニチュア・ダックスフンド),雄,9歳齢である。

### 1)主訴

慢性の膿性眼脂と羞明を主訴として来院した。

### 2)既往歴

5年前から現在に至るまでアレルギー性の外耳炎に罹患している。また,2年前に下痢の治療を受けている。

狂犬病ワクチンおよび8種混合ワクチンの接種を受けている。また,犬糸状虫症予防薬の定期的な投与も受けているとのことである。

### 3)現病歴

3週間前から左眼に充血と膿性眼脂が生じ,他院を受診したが,改善がみられなかったため転院し,さらに転院先の病院から当院を紹介された。当院に来院する前にステロイド製剤の全身投与を受け,症状が悪化している。数日前から開瞼せず,食欲を欠いている。

### 4)飼育条件

屋内にて単独で飼育されている。

食餌は,固形飼料(サイエンスダイエット・シニア,日本ヒルズ・コルゲート株式会社)の給与を受けている。

### 5)一般身体検査所見

体重6.4 kgで,軽度の肥満を呈していた。体温は39.4℃であった。

左眼に膿性眼脂と羞明および眼瞼痙攣が認められた。

### 6)眼科学的検査所見

左眼の眼瞼は上下ともに腫脹と発赤が著しく,眼瞼炎が認められた。手指を用いて開瞼し,前眼部を観察したところ,眼球の軽度の突出,結膜および瞬膜の著しい充血,6時方向の角膜実質の混濁および前房内におけるフィブリン塊の存在などが観察され,結膜炎,瞬膜炎および虹彩炎が示唆された(図1)。

眼圧は,右眼が18mmHgであったのに対し,左眼

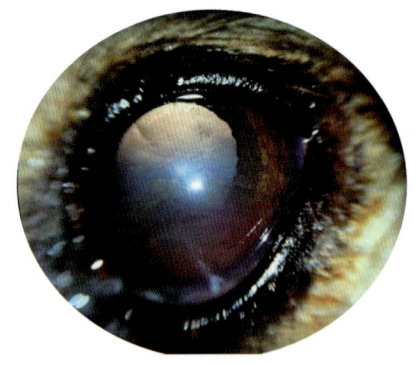

図1　初診時の前眼部所見（左眼）
角膜に混濁がみられ，前房内にフィブリン様凝塊物が観察された。

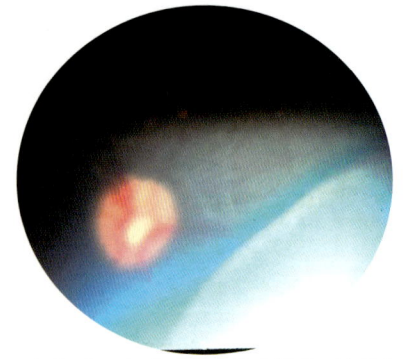

図2　初診時における眼底検査所見（左眼）
視神経乳頭の右下方に胞状網膜剥離が観察された。

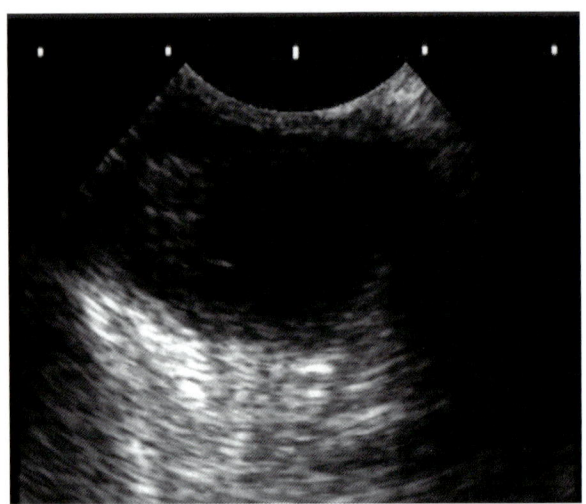

図3　初診時における眼窩内の超音波検査所見（左眼）
眼球壁に沿って腫瘤状の陰影が観察された。また，眼球内には網膜剥離と思われるシスト様の構造物が認められた。

表1　初診時における血液学的検査所見

| | |
|---|---|
| 赤血球数 | 7.42 ×10⁶/μL |
| ヘマトクリット値 | 41.5 ％ |
| ヘモグロビン濃度 | 16.3 g/dL |
| 平均赤血球容積（MCV） | 55 fL |
| 平均赤血球ヘモグロビン量（MCH） | 21.9 pg |
| 平均赤血球ヘモグロビン濃度（MCHC） | 39.2 ％ |
| 白血球数 | 14400 /μL |
| 　桿状核好中球数 | 144 /μL |
| 　分葉核好中球数 | 10512 /μL |
| 　好酸球数 | 576 /μL |
| 　単球数 | 1008 /μL |
| 　リンパ球数 | 2160 /μL |
| 血小板数 | 430 ×10³/μL |
| アンチトロンビンⅢ | 164 ％ |

表2　初診時における血液生化学的検査所見

| | |
|---|---|
| 総蛋白質濃度 | 7.8 g/dL |
| 尿素窒素濃度 | 12.3 mg/dL |
| クレアチニン濃度 | 0.7 mg/dL |
| 総コレステロール濃度 | 192 mg/dL |
| 総ビリルビン濃度 | 0.2 mg/dL |
| 乳酸脱水素酸素活性 | 17 U/L |
| アラニンアミノトランスフェラーゼ活性 | 44 U/L |
| アルカリ性ホスファターゼ活性 | 160 U/L |

は8mmHgであった。

また，眼底検査では，ノンタペタム領域に胞状網膜剥離が観察された（図2）。

### 7）眼窩内超音波検査所見

8×6×5mmの大きさの腫瘤が眼球の下方鼻側に接するように存在していることが確認された。また，腫瘤に接している部分の眼球の内部には，網膜剥離と思われるシスト様構造物が認められた（図3）。

### 8）頭部X線検査所見

上顎臼歯の歯槽に骨吸収像は認められなかった。

### 9）臨床病理学的検査所見

血液学的検査所見および血液生化学的検査所見をそれぞれ表1と表2に要約して示した。

### 10）治療および経過

第6病日に頭部のCT検査を予定し，他院受診中から点眼しているオフロキサシン（オフロキサット点眼液0.3％，日医工株式会社）の1日4回点眼を継続す

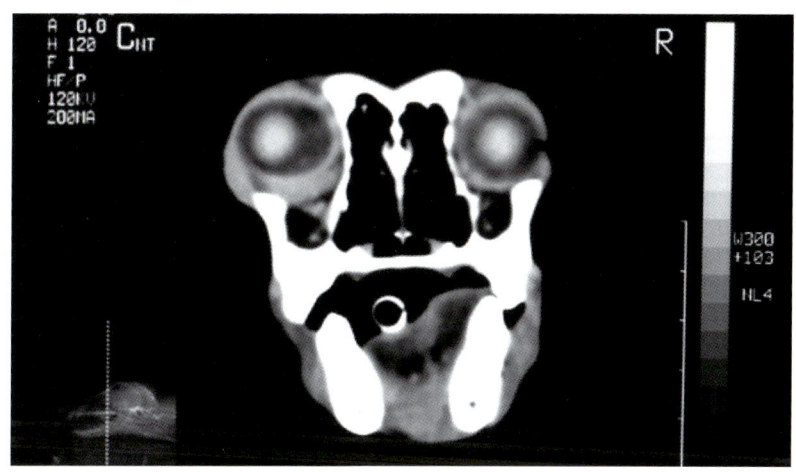

図4　第6病日における眼窩部CT検査所見
左の眼球に接するように腫瘤が観察された。

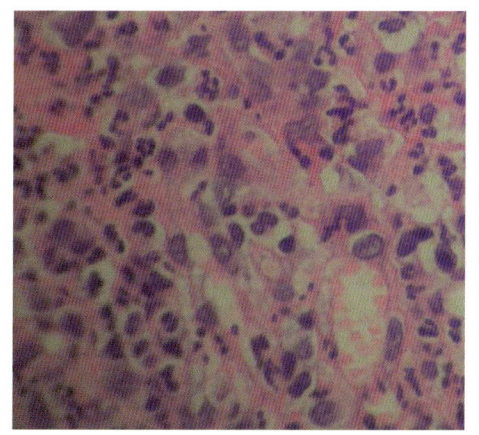

図5　第9病日に採取した病変部の病理組織学的検査所見
（ヘマトキシリン・エオジン染色）
線維細胞の強い増殖がみられるとともに，好中球およびマクロファージの浸潤が観察された。

るとともに，プラノプロフェン（ニフラン，千寿製薬株式会社）1日3回の点眼を開始した。ただし，こうした点眼治療では，症状の明らかな改善は認められなかった。

　第6病日のCT検査によって，腫瘤が超音波検査でみられたように限局性で，鼻腔あるいは脳へ浸潤していないことが確認された（図4）。疼痛が著しく，腫瘍の可能性も否定できないことから，眼窩内容除去手術も考慮したが，飼い主の眼球温存の希望は強く，腫瘍の播種のリスクも理解のうえで，腫瘤の生検を選択した。

　第9病日に全身麻酔下にて，眼窩内の精査と，腫瘤の細針生検（穿刺吸引細胞診）およびパンチ生検を実施した。その結果，結膜円蓋に異物は発見できなかった。細針生検では好中球，マクロファージおよび形質細胞が観察されたが，明らかな腫瘍細胞は認められなかった。検査後は使用中の点眼薬に加えて非ステロイド性消炎鎮痛薬であるメロキシカム（メタカム0.5%注射液，ベーリンガーインゲルハイムベトメディカジャパン株式会社）の全身投与を行ったところ，疼痛の軽減が認められた。

　第13病日に，パンチ生検材料の病理組織学的診断として炎症性肉芽組織との結果（図5）を得たため，2日間のステロイド製剤の点眼で悪化がみられないことを確認したうえで，第15病日にメチルプレドニゾロン酢酸エステル（デポ・メドロール水懸注40mg，ファイザー株式会社）8mgの結膜下注射を実施した。

　第22病日には，軽度の結膜充血がみられるものの，眼球の突出や膿性の眼脂の分泌，眼内炎および網膜剥離のいずれの症状も消失していた。

　ところが第36病日に至り，膿性眼脂および眼瞼の腫脹が再発し，ステロイド製剤の点眼を再開したが，改善は認められなかった。

　さらに第45病日には網膜剥離も再発したため，メチルプレドニゾロン酢酸エステルの結膜下注射を行ったところ，数日のうちに膿性眼脂は消失した。一方で，眼瞼および結膜の腫脹は持続したため，第73病日にメチルプレドニゾロン酢酸エステルを再投与し，シク

ロスポリンの眼軟膏（オプティミューン眼軟膏，ナガセ医薬品株式会社）の1日2回投与を開始した。その結果，すべての症状が速やかに消失したため，約6か月間はシクロスポリンの投与のみ継続し，その後は経過観察とした。投与中はもちろん，投薬の終了から約1年が経過した現在も再発はみられていない。

## 考　察

眼球の変位あるいは突出はめずしい疾患ではなく，通常は歯牙疾患の眼窩内波及を原因としていることが多い[4]。しかし，歯牙疾患が否定され，腫瘍が認められた場合には,悪性腫瘍の存在を考慮する必要がある。本症例でも，眼窩内腫瘤が腫瘍である可能性が示唆されたものの，その位置が眼窩の深部であったため，生検を実施するにあたっては，ある程度のリスクが予想された。また，著しい膿性眼脂と前医でのステロイド治療による症状の悪化からはノギなどの異物の刺入も考慮する必要があり，診断法および治療法の選択に悩まされた。

本症例は，病理組織学的検査から炎症性肉芽組織との診断を得たが，採取した生検材料が少なかったことも原因して，単純な炎症であるのか，自己免疫性疾患としての炎症であるのかを鑑別することはできなかった。外観からは結節性肉芽腫性強膜炎も疑われ，治療に対する反応からも免疫介在性疾患の可能性が疑われたが，最終的な診断は不明と考えざるを得なかった。しかしながら，非腫瘍性病変であることが確認されてからは積極的な治療を開始することができ，良好な結果を得ることができた。とはいえ，確定診断を得て治療を開始できるまでの約2週間は非特異的な治療を余儀なくされ，十分な疼痛管理ができなかったことは反省すべき点であった。

本症例では網膜剥離が観察されたが，裂孔のない胞状網膜剥離であり，ノンタペタム領域に存在したことから，視覚に対して危機的な状況ではないと考えた。超音波検査およびCT検査の所見では腫瘤が強膜に密着しており，眼内への浸潤は否定できなかったが，眼底検査所見では網膜剥離のみられる領域に血管新生などの二次的な病変は観察されなかったため，眼内への浸潤の可能性は低いものと推測された。

## 文　献

1) Calia,C.M.（1994）：The use of computed tomography scan for the evaluation of orbit disease in cats and dogs. *Veterinary and Comparative Ophthalmology*, 4, 24-28.

2) Kern,T.J.（1985）：Orbital neoplasia in 23 dogs. *Journal of American Veterinary Medical Association*, 186, 489-491.

3) Mason,D.R., Lamb,C.R., McLellan,G.J.（2001）：Ultrasonographic findings in 50 dogs with retrobullbar disease. *Journal of Amerian Animal Hospital Association*, 37, 557-562.

4) Ramsey,D.T., Marretta,S.M., Hamor,R.E., Gerding,P.A., Knight,B., Johnson,J.M., Bagley,L.H.（1996）：Ophthalmic manifestations and complications of dental disease in dogs and cats. *Journal of Amerian Animal Hospital Association*, 32, 215-224.

## Case 34 犬・猫
# 眼球突出を呈した犬と猫の各1例

勝間義弘

### 要約

眼球突出を呈した犬（シェットランド・シープドッグ，雌，10歳齢）および猫〔日本猫雑種，雄（去勢手術実施済み），10歳齢〕を他院より紹介された。犬の症例は眼球内メラノーマ，また，猫の症例は球後部膿瘍が眼球突出の原因であり，いずれの症例の診断にも眼球の超音波検査が有効であった。

### はじめに

眼球突出は，眼瞼裂が広がることによって眼球が大きくなったようにみえる状態で，比較的多く認められる眼窩部の疾患である。一見すると緑内障眼（牛眼）のようにみえるが，眼圧が上昇することはまれで，実際には低眼圧を示すことが多い。原因としては，眼瞼膿瘍や眼窩蜂巣炎（球後膿瘍），好酸球性筋炎，球後部腫瘍，外傷性眼球脱などがあげられる。

今回，眼球突出を呈した犬と猫の症例に遭遇し，眼球の超音波検査によりその原因を特定することができた。以下に経過を報告する。

### 症例1

第1例は，犬（シェットランド・シープドッグ），雌，10歳齢である。

#### 1）主　訴
歩行時に物にぶつかるとの主訴であった。

#### 2）現病歴
8か月前より右眼の外観が異常を呈し，とくに3か月前からはその眼球が大きくなっている。

#### 3）眼科学的検査所見
右眼に眼脂，結膜充血，色素沈着がみられ，また，両眼に角膜混濁と血管侵入が認められた（図1）。
眼圧は，右眼が41mmHg，左眼が9mmHgであった。フルオレセイン角膜染色検査では，色素に染まる領域は認められなかった。

#### 4）治療および経過

初診時，すでに緑内障末期の牛眼を発症しており，右眼に視覚はなく，眼圧は高いものの，羞明はなかった。そのため治療の必要はないと判断した。

しかし，第169病日に，右眼の結膜下の出血と眼球突出により再来院した（図2）。このとき，眼球の超音波検査を実施したところ，球後部に低エコー領域を認めたため（図3），球後部膿瘍あるいは球後部の出血または腫瘍として，プレドニゾロン（プレドニン錠5mg，塩野義製薬株式会社）1日1回1錠，5日間，セファレキシン（シンクル錠250，旭化成ファーマ株式会社）1日2回，1回1錠，5日間の治療を行った。なお，眼圧は，右眼が18mmHg，左眼が7mmHgであった。

第176病日の検査では，眼球突出の程度に変化はなかったが，フルオレセイン角膜染色検査において，角膜に色素に染まらない黒い隆起が認められた（図4）。このときの眼圧は，右眼が14mmHg，左眼が7mmHgであった。第176病日とさらに第187病日に眼球の超音波検査を実施したところ，第176病日に比べて，第187病日には右眼の眼球内全域に高エコー領域が明瞭に認められた（図5）。

第206病日，右眼は兎眼となり，角膜中央部に乾燥性の眼脂が付着するため，飼い主に自宅での洗浄を指示した。

兎眼となって以降，角膜中央部に乾燥した眼脂が付着し，患犬が前肢でかいたり，床に眼をこすりつけたりして，強膜や角膜から出血を繰り返した。眼球が次

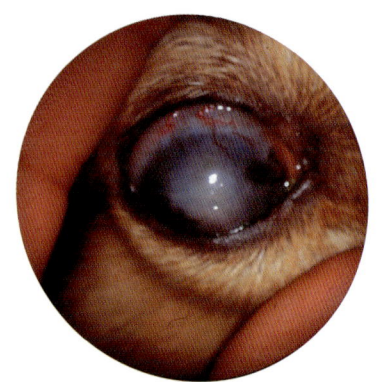

図1　症例1
初診時の前眼部所見（右眼）
眼脂，結膜充血，角膜混濁，血管侵入，色素沈着，眼球突出が認められた。

図2　症例1
第169病日の顔貌
眼球突出が悪化していた。右眼の眼圧は18mmHgであった。

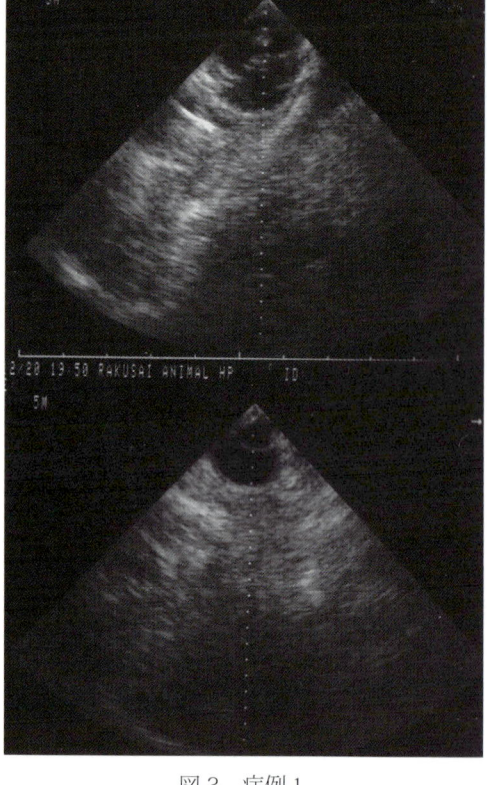

図3　症例1
第169病日における眼球の超音波検査所見
（上：右眼，下：左眼）
右眼は，正常と考えられる左眼と比べて大きく，眼球内に陰影が認められた。このとき，これを「球後部の低エコー領域」と誤診した。

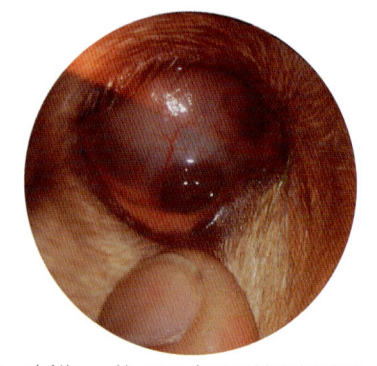

図4　症例1　第176病日の前眼部所見（右眼）
角膜に黒い隆起（後にメラノーマと判明）が出現した。

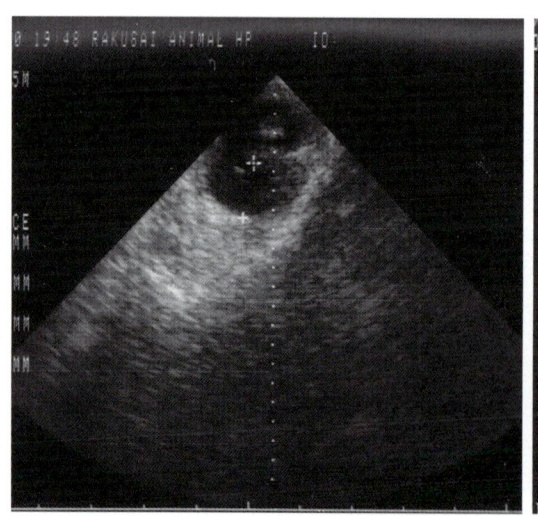

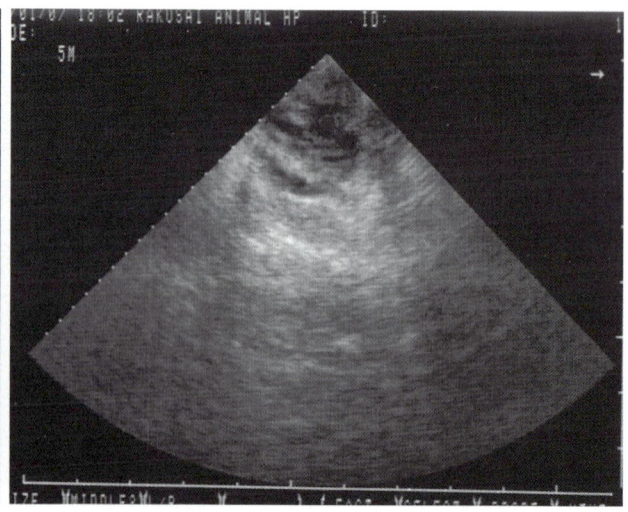

図5　症例1　第176病日および第187病日における眼球の超音波検査所見（左：第176病日，右：第187病日）
第176病日に比べて，第187病日には右眼の眼球内全域に高エコー領域が明瞭に認められた。

Case 34

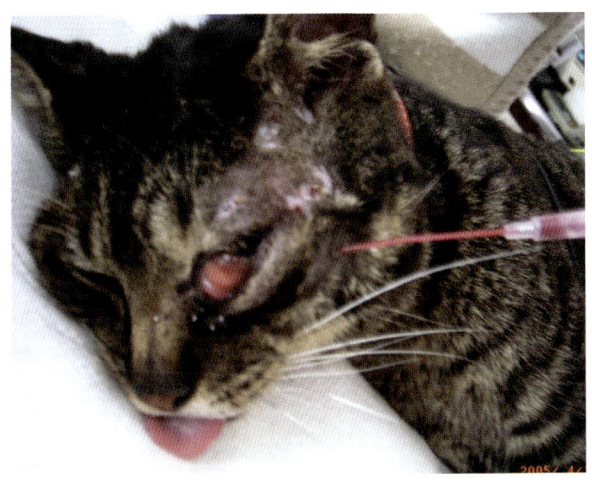

図6 症例2 初診時の外貌
左眼球の突出と瞬膜の突出が認められた。左頬より血様の膿汁を吸引中。

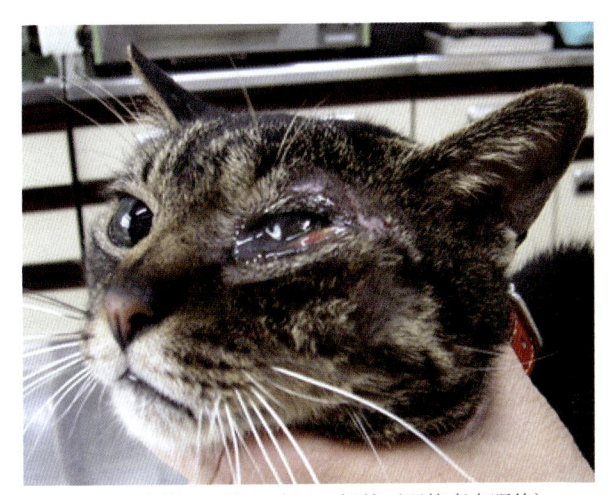

図7 症例2 第3病日の顔貌（眼軟膏点眼後）
眼球突出は認められなくなっていた。

第に大きく痛々しくなり，第240病日に右眼球の摘出を行った。摘出した眼球を精査した結果，眼球の内部はほとんどがメラノーマに侵されていたことが明らかになった。ただし，胸部X線検査では，肺への転移は認められなかった。

## 症例2

第2例は，猫（日本猫雑種），雄（去勢手術実施済み），10歳齢である。

### 1）主 訴
食欲不振と発熱を主訴としていた。

### 2）現病歴
1週間前から食欲が低下し，発熱している。

### 3）一般身体検査所見
顔面の左側が腫脹し，左眼が突出してみえた。また，左側下顎リンパ節の腫脹も認められた。

### 4）眼科学的検査所見
左眼に眼球突出と瞬膜の充血，角膜の混濁，結膜の充血がみられた（図6）。ただし，縮瞳はなく，角膜への血管進入も観察されなかった。

フルオレセイン角膜染色検査では，色素に染まる領域が認められた。

眼圧は，右眼が15mmHg，左眼が40mmHgであっ

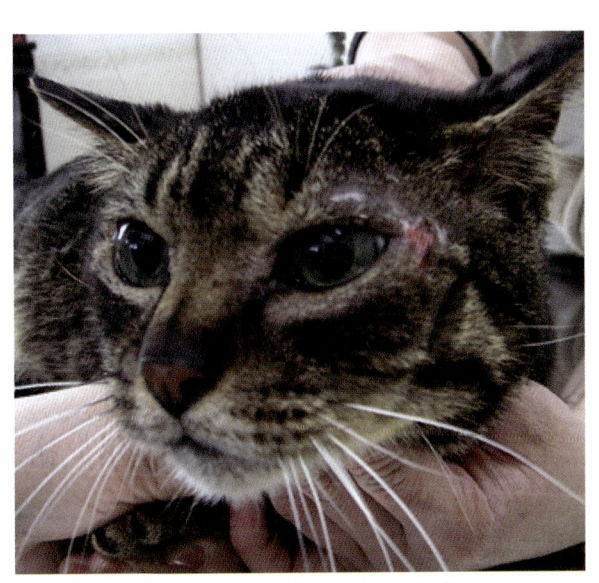

図8 症例2 第10病日の顔貌
外眼部の脱毛を残して，ほぼ治癒した。

た。

また，眼球の超音波検査において，左眼球後部に低エコー領域を確認した。

### 5）治療および経過
麻酔下にて眼球後部の膿汁を約3mL吸引し，生理食塩液8mLにて洗浄し，併せてセファレキシン（シンクル錠250，旭化成ファーマ株式会社）1日2回，1回1/2錠，6日間の内服を処方した。

また，採取した膿汁を細菌学的検査に供した結

果, *Alcaligenes xylosoxidans* が検出された。*A. xylosoxidans* は, グラム陰性, 偏性好気性の桿菌, 球桿菌または球菌であり, 周毛を有し, 大きさは0.5〜1.0 μm×0.5〜2.6 μmである。

第3病日には, 結膜は腫脹していたが, 眼球の突出は認められなくなった（図7）。

次いで第10病日には, ほぼ正常に回復した（図8）。

なお, 本症例には前述のように内服薬を処方していたが, 飼い主が投与できなかったため, 外科的処置のみで治癒している。

## 考　察

症例1（犬）では, 眼球の超音波検査所見が詳細に判読できず, 眼球突出の原因を球後膿瘍と誤診していた。いま思い返すと,「メラノーマが原因で眼内炎を起こし, 続発性の緑内障に至り, 牛眼となって軽度の眼球突出がみられた。その後, メラノーマが大きくなり, 重度の眼球突出を起こし, ついには角膜を突き破ってしまった」というのが実際の経過であったと思われる。

一方, 症例2（猫）は, 緑内障ではなかったが, 一時的な眼圧上昇が認められた。この点は, 一般的には「眼球突出症では正常眼圧あるいは低眼圧を示す」とされている[1]ので意外であった。球後膿瘍の症例に対しては, 筆者はこれまでは内科的な治療から開始していたが, 本症例では突出が重度で, かつ経皮的に膿瘍の位置を確認できたことから, 眼球の超音波検査で穿刺すべき部位を特定することが可能であった。そのため, 教科書的には球後膿瘍の外科的治療は口腔内からアプローチする方法が紹介されているが[1], この例では, 比較的安全に左眼外眼角下方の左頬部から穿刺および洗浄を行えることとなった。

今回の2症例を経験し, こうした症例の診断に際しては, 眼球の超音波検査がきわめて有用であることを痛感した。正しく判読できることが前提ではあるが, 透光体の混濁があって内部が観察できない場合は, 積極的に利用すべきであると思われる。眼球の超音波検査は, 眼瞼からプローブを当ててもよく, また, 筆者は角膜にプローブを当てる場合, 隅角鏡検査に使用するヒドロキシエチルセルロース・無機塩類配合剤液（スコピゾル15, 千寿製薬株式会社）を利用している。

### 文　献

1) Magrane,W.G.（1977）:眼窩の疾患と外科. 犬の眼科学（朝倉宗一郎, 加藤　元 監訳), 180-181, 医歯薬出版.

# Case 35 犬

# 長期間にわたって視覚を維持した原発性急性緑内障の犬の1例

井上理人，松川恵子，太田充治

## 要約

左眼に絶対緑内障を発症して義眼挿入術を施した犬〔雑種，雌（避妊手術実施済み），6歳齢〕の対側眼（右眼）に原発性急性緑内障が発生した。この例に対して，半導体レーザーによる毛様体凝固術を実施し，さらに術後に積極的な薬物治療を試みたところ，比較的長期間にわたって視覚を維持することが可能であった。

## はじめに

犬の原発性緑内障には，先行する眼疾患をともなわずに眼房水流出障害を起こす櫛状靭帯異形成または虹彩角膜角形成不全の素因をもつ好発犬種が知られている。また，サモエドやグレート・デーンでは，水晶体が前方にわずかに変位していて，浅い前眼房を呈し，さらに狭い虹彩角膜角になっていることが報告されている[3]。ヒトの場合，浅い前眼房，水晶体の軽度の前方変位，狭い虹彩角膜角が原発性閉鎖性緑内障（primary angle closure glaucoma：PACG）と密接に関係している。水晶体の軽度前方変位は水晶体と虹彩の接触を引き起こし，ときに瞳孔ブロックを発生させ，房水が虹彩の後方に貯留したり，虹彩をさらに前方に押し出すことによって，虹彩角膜角が完全に閉鎖する。日本犬では柴とその雑種における発生が多く，また，時間的差異をもって両眼を侵す傾向にある。

急性うっ血性緑内障は，その発症および進行が急速な緊急疾患であり，高眼圧が持続すれば網膜神経節細胞の壊死あるいはアポトーシスや視神経の変性をきたし，不可逆的に視覚喪失に至る。

今回，原発性緑内障に対して半導体レーザーによる毛様体凝固術を実施し，術後に積極的な薬物治療を行ったところ，比較的長期間にわたって視覚を維持することが可能であった。

## 症例

症例は，柴に類似の外貌を示す雑種犬，雌（避妊手術実施済み），6歳齢である。

### 1）主訴

右眼に羞明がみられ，歩行時に物にぶつかるとの稟告で来院した。

### 2）既往歴

約7か月前に左眼の眼球結膜充血と羞明，水晶体後方脱臼，視神経乳頭扁平化が認められている。その際，眼圧は右眼が14mmHgであったのに対し，左眼は60mmHgであった。以上の所見から，左眼の絶対緑内障と診断した。これに対して内科的治療を試みたが，罹患眼の視覚喪失は不可逆的であり，眼痛の除去および美容的外貌を保つことを目的として，初診からおよそ3か月半後に左眼に経強膜義眼挿入術を施した。現在，左眼の経過は良好である。

### 3）一般身体検査所見

体重13kgで，特記すべき異常は認められなかった。

### 4）眼科学的検査所見

右眼の眼球結膜が充血していたが，威嚇反射と対光反射は正常で，眼底検査所見にも異常は認められなかった。右眼の眼圧（以下，眼圧はすべて右眼の値）は10mmHgであった。その後，右眼の眼球結膜の充血や眼瞼結膜の腫脹をたびたび繰り返した。

### 5）治療および経過

眼圧の上昇がないことを確認しながら，抗菌薬お

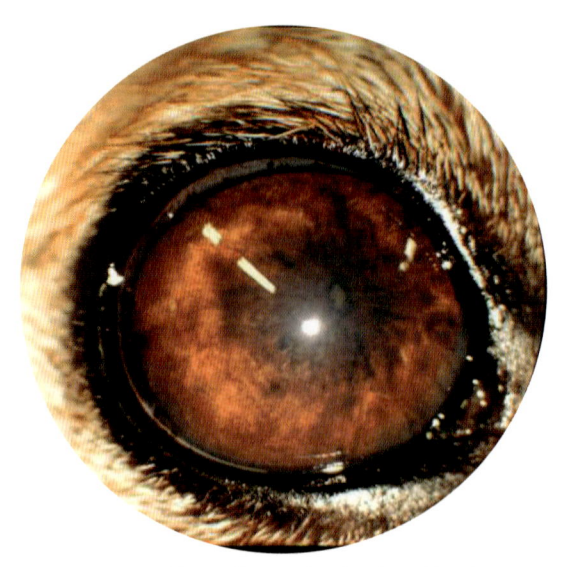

図1 第21病日の前眼部所見（右眼）

よび消炎薬の点眼を行ったが，第13病日に眼圧が50mmHgを超え，原発性急性緑内障と診断した。

そこで，ドルゾラミド塩酸塩（トルソプト点眼液1%，萬有製薬株式会社）1日3回の点眼，ラタノプロスト（キサラタン点眼液，ファイザー株式会社）1日1回の点眼を開始した結果，点眼15分後に眼圧は10mmHgを示した。

しかし，第21病日には，元気，食欲ともに消失し，縮瞳（ラタノプロストによると判断）や角膜浮腫，羞明がみられ（図1），眼圧は48mmHgであった。このとき，D-マンニトール（20%マンニットール注射液「コーワ」，興和株式会社）1g/kgの静脈内への点滴注射を実施したところ，その後の眼圧は15mmHgとなった。

第22病日には経強膜毛様体光凝固（CPC；出力2W，照射時間1.5～2秒，照射部位40か所，ポップ音10回）を実施し，さらに前房穿刺により眼房水0.2 mLを吸引，トリアムシノロンアセトニド（ケナコルト-A筋注用関節腔内用水懸注40mg/1mL，ブリストル・マイヤーズ株式会社）0.3mLを結膜下に注射した。このとき，術後の眼圧は14mmHgであった。また，ラタノプロストを休薬とし，アセタゾラミド（ダイアモックス錠250mg，株式会社三和化学研究所）5mg/kg（1日2回，経口投与）を追加処方した。

第29病日以降は，ラタノプロスト（1日2回），ドルゾラミド塩酸塩（1日3回）の点眼と，アセタゾラミド5mg/kg（1日2回）の経口投与を行い，眼圧を20mmHgに維持した。

第36病日には眼圧が42mmHgに上昇したが，D-マンニトール1g/kgの静脈内への点滴を実施した結果，その後の眼圧は20mmHgとなった。

第61病日に濾過手術の可能性について検討するため，詳細な眼科学的検査を実施したところ，虹彩の前方への突出，視神経乳頭陥没の増大および虚血性の退色化，網膜血管狭細化が認められた。ただし，タペタム反射亢進は顕著ではなかった。また，隅角鏡所見から閉塞隅角緑内障と診断され，網膜電位図（ERG）所見はsubnormal ERGであった。総合的に考えて，現在の治療法で眼圧が維持できているため，あえて侵襲性の強い濾過手術を行う必要はないと判断した。

第71病日には眼圧が40mmHgを示したが，D-マンニトール1g/kgの静脈内への点滴後に眼圧は22mmHgとなった。

第72病日にCPC（出力1.5W，照射時間1.5秒，

照射部位40か所，ポップ音24回）を実施し，加えて前房穿刺による眼房水の吸引とトリアムシノロンアセトニドの結膜下注射を行った。術後の眼圧は60mmHgであった。次いで，D-マンニトール1g/kgを静脈内に点滴し，さらにラタノプロストの点眼を行ったところ，眼圧は35mmHgとなった。

第73病日には眼圧は29mmHgであった。

第74病日以降は，ラタノプロスト（1日2回），ドルゾラミド塩酸塩（1日3回），アセタゾラミド5mg/kg（1日2回）の投与を行い，その結果，眼圧は12～25mmHgに維持された。

しかし，第105病日に眼圧が35mmHgになり，2%ピロカルピン塩酸塩（サンピロ2%，参天製薬株式会社）1日3回の点眼を追加処方した。

次いで，第197病日には眼圧が40mmHgとなり，チモロールマレイン酸塩（ファルチモ点眼液0.5，キョーリンリメディオ株式会社）1日2回の点眼の追加処方を行った。

その後，第235病日に眼圧は22mmHgを示したが，心拍数が66回/分と徐脈が認められたため，チモロールマレイン酸塩の投与を1日2回投与から1日1回投与に変更した。

第249病日には眼圧は40mmHgであり，心拍数をモニターしながらチモロールマレイン酸塩の投与を再び1日2回に変更した。

第254病日以降，眼圧は30mmHgを下回ることがなくなり，暗所での威嚇反射消失が認められるようになった。

そして，第280病日に完全な視覚の消失と網膜血管の狭細化，タペタム反射の亢進がみられ，加えてnon-recordable ERGを確認した。

第287病日より副作用である徐脈の影響を考慮し，チモロールマレイン酸塩を休薬した。

これ以降も飼い主が義眼挿入術を受け入れなかったため，点眼処置にて眼痛コントロールを試みたが，第315病日に右眼の眼球経拡大と疼痛が認められたことから，第343病日に右眼に経強膜義眼挿入術を施行した。術後の経過は良好である。

## 考　察

犬の原発性急性緑内障は，適切な治療をただちに開始しないと早期に不可逆的な視覚喪失に至る緊急疾患である。

緊急療法は，視覚のある眼あるいは最近視覚を失った眼で眼圧が40mmHg以上のときに実施する。D-マンニトール1g/kgの静脈内投与では12～48時間の効果がある。また，ラタノプロストはブドウ膜小孔の流出を増加させ，点眼後，数十分以内にその効果が現れる。しかし，続発性緑内障などの場合に使用すると，ブドウ膜炎を悪化させる点に注意しなければならない。

維持療法としては，炭酸脱水酵素阻害薬であるドルゾラミド塩酸塩の点眼とアセタゾラミドの内服を行ったが，メタゾラミド（5mg/kg，1日2回，経口投与）のほうが効果もあり，低カリウム血症やアシドーシスなどの副作用も少ないと考えられる。また，第105病日以降，ピロカルピン塩酸塩を追加処方し，その後第197病日まで，眼圧を正常範囲に維持することができた。ピロカルピンは副交感神経に直接的に作用することにより縮瞳を起こし，毛様体裂溝を広げ，原発性閉鎖性緑内障の症状を改善させる効果がある。今回の症例でも，水晶体の前方への変位や，水晶体と虹彩の接触があったのかもしれない。このほか，チモロールマレイン酸塩の点眼も行ったが，徐脈が出現し，十分な投与ができなかった。

外科的治療法は，毛様体を部分的に破壊して眼房水の産生を減少させる毛様体破壊術と，流出路を人工的に形成して眼房水の流出量を増加させる方法の2種類に大きく分けられる。本症例でも，CPCは短期的な眼圧コントロールと視覚の維持に効果的であった。しかし，いずれは毛様体組織が再生し，眼房水の産生能も復活してくるため，定期的な施術が必要であり，回を重ねるごとにその効果は低下するという問題がある。CPCは，およそ60%の成功率とされているものである。今回の症例においても，2回目のCPCでは，その効果は初回ほど劇的ではなかった。一方，線維柱

帯切除術は，医学ではより一般的に行われているが，獣医学においてはその術式のバリエーションも多く，それぞれの予後に関してはさらなる症例の蓄積が必要である。また，濾過法については，従来のテノン嚢の下に埋め込む方法では，インプラント周辺に線維化が起こり，長期的な眼圧のコントロールが良好に行えないが，最近，"Cullen frontal sinus valved glaucoma shunt"（房水を前頭洞に流す方法）が報告[2]され，有望視されている。なお，最終的に失明に至った場合には，罹患眼の疼痛や巨大眼球症による外貌の変化から免れるため，経強膜義眼挿入術という選択肢もあろう。

原発性緑内障は，片眼に発生した場合，短期間のうちに他の眼も発症する可能性が非常に高い。そのため，対側眼に対して早期に予防的な緑内障治療を開始することが推奨されている。最近の研究によれば，神経節細胞の損傷によりグルタミン酸塩が放出され，カルシウムチャネルを介して神経節細胞をアポトーシスに誘導するという[1]。カルシウムチャネルブロッカーであるアムロジピンには神経保護作用があり，その血管拡張作用により視神経への血流を増加させる。またα2アドレナリン作動薬であるブリモニジンは，脳誘導性神経栄養因子を増加させ，神経節細胞を保護することが知られている[4]。猫では副作用として嘔吐を起こすため，使用は難しいかもしれないが，このほか，アプラクロニジンやその他のアドレナリン作動薬の点眼も有意に眼圧を下げる。臭化デメカリウム（0.25％，1日1回，就寝時投与）やベタキソロール（0.5％，1日2回）の点眼も対側眼の緑内障発症までの期間を延ばすことがわかっている。

緑内障の眼圧管理において，まず重要であるのは，眼圧測定のための頻回の来院や，点眼処置を確実に行うという飼い主の積極的な治療への参加であり，それを促すためのインフォームドコンセントであろう。

### 文 献

1) Brooks,D.E., Garcia,G.A., Dreyer,E.B., Zurakowski,D., Franco-Bourland,R.E. (1997)：Vitreous body glutamate concentration in dogs with glaucoma. *American Journal of Veterinary Research*, 58, 864-867.

2) Cullen,C.L. (2004)：Cullen frontal sinus valved glaucoma shunt: Preliminary findings in dogs with primary glaucoma. *Veterinary Ophthalmology*, 7, 311-318.

3) Ekesten,B. (1993)：Correlation of intraocular distances to the iridocorneal angle in samoyeds with special reference to angle-closure glaucoma. *Progress in Veterinary and Comparative Ophthalmology*, 3, 67-73.

4) Gao,H., Qiao,X., Cantor,L.B., WuDunn,D. (2002)：Up-regulation of brain-derived neurotrophic factor expression by brimonidine in rat retinal ganglion cells. *Archives of Ophthalmology*, 120, 797-803.

## Case 36 犬

# 慢性緑内障に対してゲンタマイシンの硝子体内注入を施した犬の2例

余戸拓也

### 要約

　ゲンタマイシンの硝子体内注入は，視覚を喪失した末期緑内障の眼に施す処置の1つである。この方法はゲンタマイシンの毒性により房水産生を担う毛様体上皮細胞を破壊することによって眼圧を降下させることを目的として実施するが，眼圧を低くするだけでは治療が成功したとはいえず，また，ゲンタマイシンの毒性が網膜にも及ぶことが避けられないという問題もある。今回，ゲンタマイシン硝子体内注入術実施後の経過が順調であった症例と，実施後も疼痛が激しく頻繁に来院した対照的な犬の2症例を経験し，術後経過の指標として眼圧の値だけに注目するのではなく，積極的な疼痛管理が重要であることを示した。

## はじめに

　視覚を喪失した末期緑内障の治療に際しては，眼球摘出術，強膜内シリコン義眼球挿入術，硝子体内ゲンタマイシン注入術が選択肢としてあげられる。これらの治療法を飼い主に説明したときの反応をみると，こうした方法はある意味では蛮行であるかもしれないと感じることがある。しかし，点眼治療の煩わしさや，牛眼による疼痛や違和感からの開放，あるいは眼球の乾燥や外傷の予防という観点からは，上記の各種の治療法はいずれも有用である。このうちでもとくにゲンタマイシンの硝子体内注入術は，比較的簡便であり，かつ経済的な負担も少ないことから，飼い主が希望することが多い治療法である。

　ゲンタマイシンの硝子体内注入は，ゲンタマイシンの毒性により房水産生を担う毛様体上皮細胞を破壊することによって眼圧を降下させることを目的として実施するが，眼圧を低くするだけでは治療が成功したとはいえない。また，ゲンタマイシンは網膜にも毒性を発揮するため，視覚を保っている眼に対しては原則として実施しない処置である。

　今回，ゲンタマイシン硝子体内注入術の実施後の経過が順調であった症例と，実施後も疼痛が激しく頻繁に来院した対象的な症例を報告する。

## 症例1

　第1例は，犬（キャバリア・キング・チャールズ・スパニエル），雌，14歳齢である。

### 1）主　訴

　左眼が大きくなったということを主訴として来院した。

### 2）現病歴

　1年くらい前から左眼が大きくなり，主治医の治療を受けたが改善していないという。

### 3）一般身体検査所見

　体重7.3kgで，眼症状以外には特記すべき異常は認められなかった。

### 4）眼科学的検査所見

　左眼の眼球の拡大が認められた。角膜には血管新生と浮腫がみられたため（図1），対光反射や隅角の検査は行うことができなかった。また，超音波検査により，硝子体内への水晶体の脱臼が認められた（図2）。左眼の眼圧は78mmHgであった。

### 5）治療および経過

　左眼について，水晶体後方脱臼をともなう慢性緑内障と診断し，治療を開始した。

　点眼麻酔下にて，左眼硝子体内にゲンタマイシン硫酸塩（ゲンタシン注40，シェリング・プラウ株式会社）20mgとデキサメタゾンリン酸エステルナトリウ

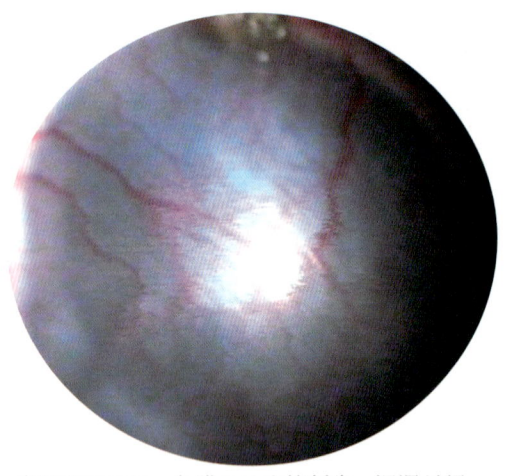

広汎照明にて，角膜には血管新生，混濁が認められた。

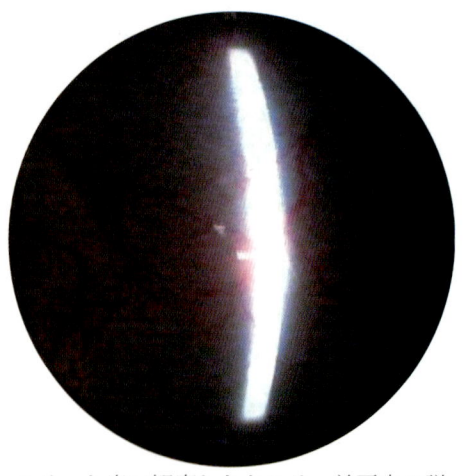

スリット光で観察したところ，前房内の詳細を確認することができなかった。

図1　症例1　初診時の眼所見（左眼）

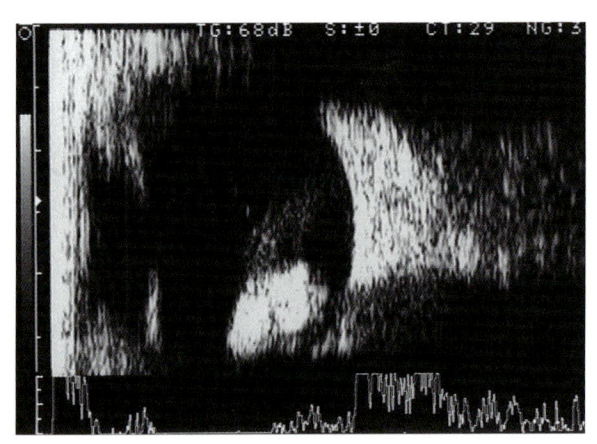

図2　症例1
初診時における眼球の超音波検査所見（左眼）

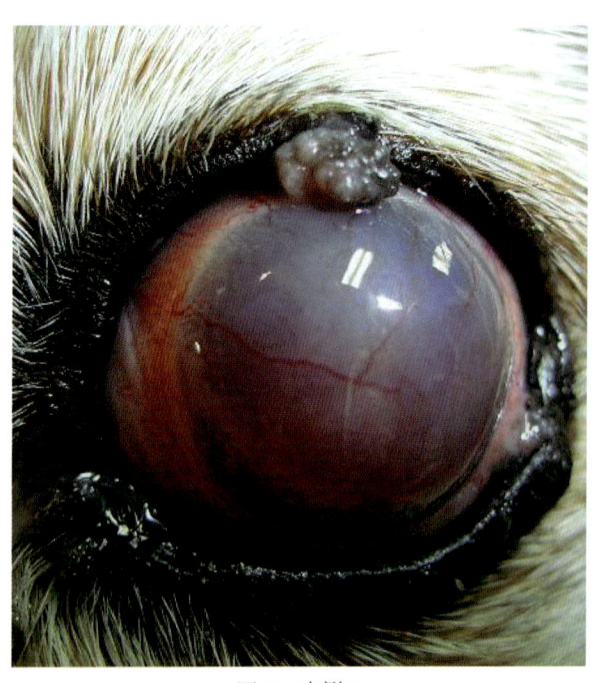

図3　症例1
ゲンタマイシン注入後47日目の前眼部所見（左眼）

ム（オルガドロン注射液1.9mg，シェリング・プラウ株式会社）1mgを注入した。

　注入後47日目の来院時，左眼の眼圧は眼圧計で測定できないほど低くなっていた。また，角膜はやや突出していたが，眼球の大きさは初診時よりも小さくなっていた（図3）。

## 症例2

第2例は，犬（柴），雄，14歳齢である。

**1）主　訴**

左眼が"ショボショボ"しているとのことで来院し

Case 36

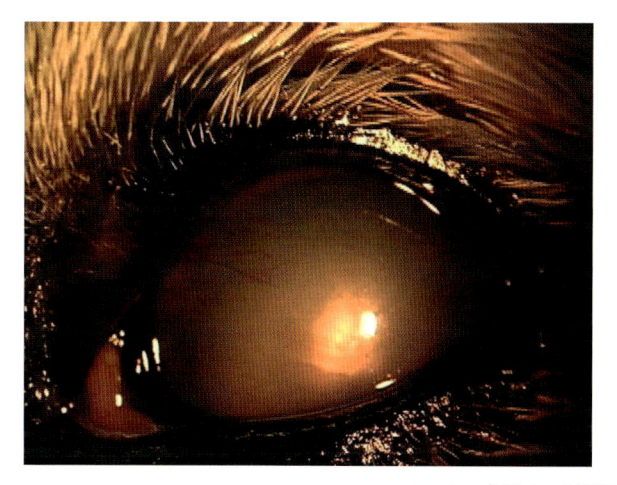

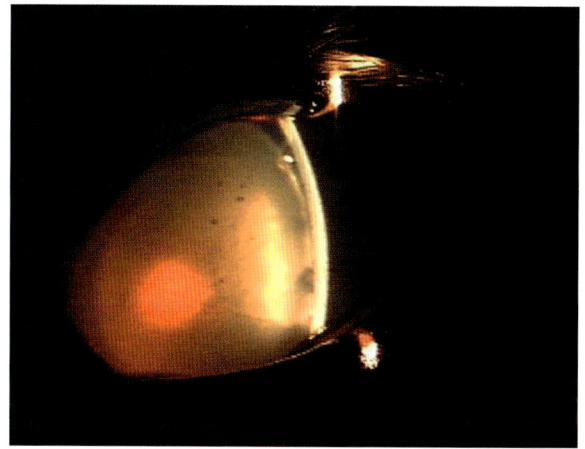

図4 症例2 初診時の前眼部所見（左眼）

### 2）現病歴

2か月ほど前から左眼が"ショボショボ"し、眼が開かないことがあるという。

### 3）一般身体検査所見

体重8.6kgで、眼症状以外には特記すべき異常は認められなかった。

### 4）眼科学的検査所見

左眼に流涙がみられ、水晶体の前方脱臼が確認された（図4）。また、毛様充血も観察された。左眼の眼圧は79mmHgであった。

### 5）治療および経過

左眼について、水晶体前方脱臼をともなう慢性緑内障と診断し、治療を開始した。

疼痛の緩和と眼圧降下を目的としてアトロピン硫酸塩水和物（日点アトロピン点眼液1%、株式会社日本点眼薬研究所）、デキサメタゾンリン酸エステルナトリウム（オルガドロン点眼・点耳・点鼻液0.1%、シェリング・プラウ株式会社）、チモロールマレイン酸塩（チモプトール点眼液0.5%、萬有製薬株式会社）、ラタノプロスト（キサラタン点眼液、ファイザー株式会社）を点眼したが、疼痛は緩和されず、眼圧も70～80mmHg程度から下がらなかった。

そこで、点眼麻酔下にて左眼の硝子体内にゲンタマイシン硫酸塩（ゲンタシン注40、シェリング・プラウ株式会社）20mgとデキサメタゾンリン酸エステルナトリウム（オルガドロン注射液1.9mg、シェリング・プラウ株式会社）1mgの注入を実施した。その結果、注入後5日目には、眼圧は眼圧計で測定できないまで低下していたが、眼内出血が認められたため、プレドニゾロン（プレドニゾロン錠「タケダ」5mg、武田薬品工業株式会社）0.5mg/kg、1日1回の7日間投与と、カルプロフェン（リマダイル注射液、ファイザー株式会社）4mg/kg、1日1回の3日間投与を行った。なお、ゲンタマイシンの硝子体注入後1週間にわたって、症例の犬は食欲が低下し、元気が失われていた。

左眼の羞明は、ゲンタマイシンの注入後1か月間は持続したが、眼内出血が治まるにつれて次第に認められなくなった。

### 考察

視覚を失った末期緑内障の治療の目標は、疼痛の管理や、点眼の煩わしさからの開放、また、眼球の乾燥や外傷の予防である。この際の治療の選択肢の1つとして、硝子体内ゲンタマイシン注入術があげられる。最終的な救助手段としてこの治療法を飼い主に推奨し

ない獣医師もいるが，経済的要因や手術手技の容易さという点からいえば，有用な対処法であると思われる。

　ゲンタマイシンの硝子体内注入術は，眼球摘出術に比べて，動物にかかる手術侵襲が小さいことに加え，特殊な器具や薬物が必要ではなく，一般の診療施設にあるものを使用することが可能であり，比較的簡便で，かつ経済的な負担が少ない方法である。したがって，末期の緑内障に対する対応法のなかでは，飼い主が希望することが比較的多いといえる。また，この方法は，ほとんどの例で鎮静と点眼麻酔のみで実施することが可能である。そのため，筆者に関していえば，飼い主が麻酔処置を好まない場合や，高齢犬の症例に対して行うことが多い。無論，適応は腫瘍や細菌などの感染症を除外したうえでの末期の緑内障症例である。

　硝子体内ゲンタマイシン注入術では，ゲンタマイシンの毒性によって毛様体を破壊し，眼房水の産生を阻害する。Bingaman et al.（1994）[1]によれば，本法により眼圧低下が得られるのは65％であり，そのうち眼球癆に至るのは9％であるという。この方法により発生しうる障害としては眼内出血や白内障，眼球癆が知られている。

　なお，本法は注射針を用いて薬液を注入するため，眼球摘出や眼内義眼に比べて眼に対する外科的侵襲が少ないと考えられる。しかし，動物の個体によりその程度には差があり，症例によっては処置後の疼痛が重度な場合もある。したがって，とくに処置前から緑内障による疼痛が強い例では，眼圧の値のみに気を取られることなく，積極的な疼痛管理が重要であろう。

### 文　献

1) Bingaman,D., Lindley,D., Glickman,N., Krohne,S., Bryan,G. (1994): Intraocular gentamicin and glaucoma: A retrospective study of 60 dog and cat eyes. *Veterinary and Comparative Ophthalmology*, 4, 113-119.

Case 37 犬

# トラベクレクトミー（線維柱帯切除術）の犬への応用

奥本利美

> **要約**
> 犬の緑内障の外科的治療に際して，眼圧のコントロールは非常に困難であり，ヒトに比べると犬では前房内でのフィブリン形成が強く，いったん濾過胞を形成しても短時間のうちに閉鎖する傾向が強い。今回，犬の緑内障の外科的治療として，人体医学で行われているトラベクレクトミー（線維柱帯切除術）を試みたところ，術後の眼圧コントロールが比較的良好であった。

## はじめに

緑内障とは，眼圧の上昇により視神経の軸索に障害が生じ，その結果，視神経乳頭の異常や視野の欠損などの視覚機能障害を起こす一連の疾患群と定義づけられている。しかし，緑内障の原因や治療に際しての治癒機転のメカニズムについては，いまだ未解決の部分が多い。

動物の緑内障に対して外科的治療を行う場合，その手術法は2つに大別される。1つは排泄経路を作成することによって眼房水の流出を改善させる方法であり，もう1つは眼房水の産生を抑制させることによって眼圧を正常に保つ方法である。

その排泄経路作成の一法として，人体医学においてはトラベクレクトミー（線維柱帯切除術）がしばしば適用されている。今回，犬への本法の応用を試みたので，その手術方法を紹介するとともに，術後経過の概要を報告する。

## 症例

検討の対象としたのは，視覚障害を主訴として来院し，原発性緑内障と診断された犬17頭である。

### 1）一般身体検査所見

いずれの症例も，眼症状のほかには，特記すべき症状は呈していなかった。

### 2）眼科学的検査所見

これらの症例は，前眼部所見として，角膜混濁が認められ，右眼あるいは左眼の眼圧が50mmHg以上であった。

眼底検査では，視神経乳頭は若干の充血を示していたが，陥凹はそれほど著しくなく，乳頭周辺部に色素沈着がみられず，網膜血管の狭細化およびタペタムの反射亢進も認められなかった。

### 3）臨床病理学的検査所見

血液検査において，異常はまったく認められなかった。

### 4）治療および経過

まず，内科的な治療として，浸透圧利尿薬であるD-マンニトール（20%マンニットール注射液「コーワ」，興和株式会社）の点滴静注を行い，さらにメタゾラミド（Methazolamide Tablets, Teva Pharmaceuticals, アメリカ合衆国）2mg/kg，1日3回の経口投与，βブロッカーであるチモロールマレイン酸塩（チモレート点眼液0.5%，株式会社日本点眼薬研究所），炭酸脱水酵素阻害薬であるドルゾミド塩酸塩（トルソプト点眼液0.5%，萬有製薬株式会社）の点眼を試みたところ，一時的に反応し，眼圧の改善とともに角膜の混濁も消失した。しかし，内科的治療のみでは，眼圧のコントロールに限界があり，トラベクレクトミーの適用とした。

手術に際して，麻酔は，ブトルファノール酒石酸塩（スタドール注1mg，ブリストル・マイヤーズ株式会社）で前処置を行い，プロポフォール（1%ディプリバン注，アストラゼネカ株式会社）で導入し，挿管の

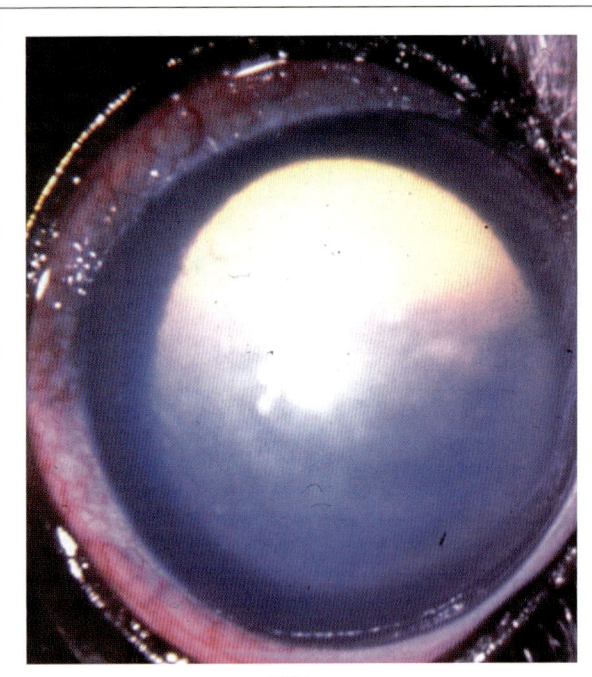

術前
眼圧65mmHg，散瞳状態，角膜混濁。

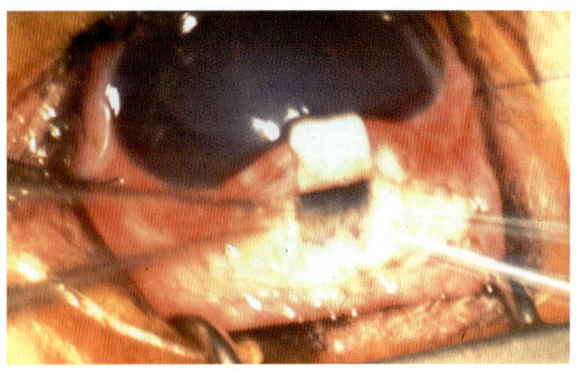

術中
強膜フラップ作成。

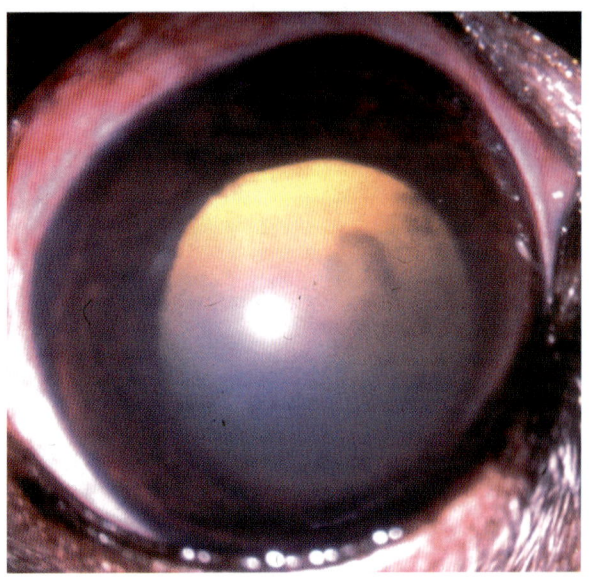

術後1日目

図1　トラベクレクトミーを施した1症例の前眼部所見（右眼）

後，2～3％イソフルラン（フォーレン，アボットジャパン株式会社）の吸入により維持した。

　アプローチ部位は12時の位置で，角膜リンバスから8mm後方の結膜およびテノン嚢をリンバスまで剥離し，強膜を露出した。次いで，角膜リンバスを基点として，強膜を4mm四方の大きさに切開し，造窓を形成した。続いて マイトマイシンC（マイトマイシン注用2mg，協和発酵キリン株式会社）を0.02％に調製したものを点眼して，これに5分間浸漬した後，生理食塩液100mLにて洗浄を行った。さらに10時と2時の方向にそれぞれサイトポートを設け，粘弾性物質を注入し，その後，線維柱帯を切除，同時に虹

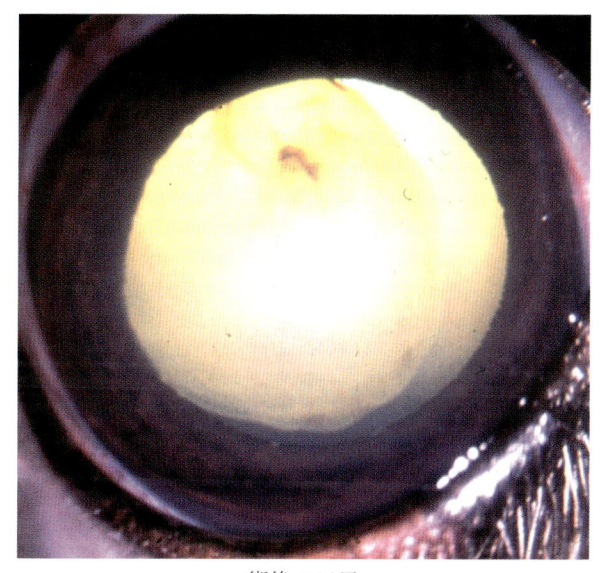

術後4日目

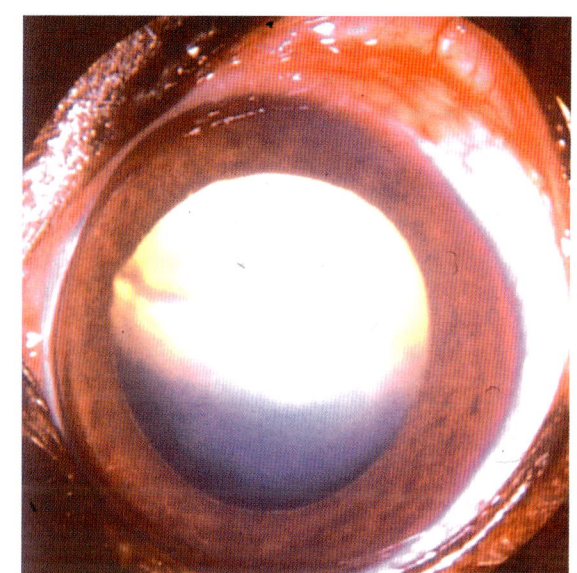

術後24日目

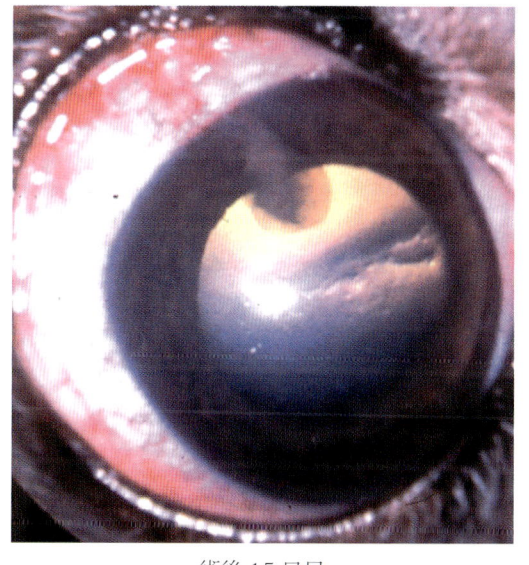

術後15日目

彩も大きく切除した。閉鎖にあたっては，強膜フラップを10－0のナイロン糸を用いて強膜に2糸の埋没結紮縫合し，さらにテノン嚢および結膜弁を10－0のナイロン糸にて結紮縫合して手術を終えた。

術後は眼圧を経日的に観察し，数日後に眼圧が上昇した場合は，再度，濾過胞の部分を開け，フィブリン塊を除去するこによって前房水の通過を促し，正常の眼圧に推移するようにコントロールした。

## 考　察

眼房水の流出を増大させる手術方法として，虹彩はめ込み術，角膜強膜管錐術，毛様体解離術，虹彩はめ

込み術と毛様体解離術の併用など，いくつかの方法がある。しかし，いずれの方法も，経験上，流出路がフィブリン塊により早期に閉塞し，眼圧の上昇をみることが多い。

　今回の検討対象としたトラベクレクトミーにおける第一のポイントは，強膜フラップ作成の手技である。すなわち，強膜切開の大きさおよび縫合糸のサイズ，結紮の強さなどに十分な注意が必要である。また，線維柱帯および虹彩の切除の大きさにも配慮しなければならない。そして，サイトポートを作成して粘弾性物質を注入することにより，濾過胞の形成を著しく促進できると考える。また，マイトマイシンCへの浸漬時間や，その洗浄量なども，術後の眼圧に影響を及ぼすと思われる。

　これまでに実施した17例のうち，1週間以内に眼圧が上昇した例はなく，1か月以内に眼圧が上昇したのが2例，3か月以内に上昇したのが1例，6か月以内に上昇したのが3例，6か月から1年以内に上昇したのが1例，1年以上にわたって眼圧が上昇しなかったのが10例である。1年以上にわたって眼圧の上昇を示さなかった例はすべて視覚が維持されており，とくにそのうちの1例（柴）はすでに3年以上が経過しているが，現在も視覚を維持している。

**参考文献**

1) Slatter,D.（2001）：Glaucoma. Fundamentals of Veterinary Ophthalmology 2nd ed., 338-364, W.B.Saunders.

# Case 38 犬

# 毛様体凍結凝固により良好な経過を得た緑内障の犬の2例

西　賢

### 要　約

　緑内障の犬2例（ロングヘアード・ミニチュア・ダックスフンド，雌，5歳齢および紀州犬雑種，雄，13歳齢）に液体窒素を用いた毛様体凍結凝固術を施した。2例とも一時的に内科的治療に反応したが，その後に眼圧の上昇がみられ，視覚がないと判断したものである。術後は結膜充血，浮腫等がみられたが，眼圧は下降した。術後6か月以上にわたり，眼圧上昇がみられずに良好な経過を取っている。

## はじめに

　緑内障における眼圧のコントロールは通常，内科療法のみ，あるいは内科療法と外科療法の併用によって行われる。この際の外科療法には，線維柱帯切除術やgonioimplant（バルブ付きチューブの設置），さらに毛様体レーザー凝固や毛様体凍結凝固などがある。前二法は，房水を眼球の外へ排出させることによって眼圧を下げる方法であり，一方，後二法は眼内への房水産生を抑制することによって眼圧を下げる方法である[1]。また，前二法はマイクロサージャリーの技術を必要とするが，後二法はこれを必要としない。

　毛様体凍結凝固は，角膜輪部から3～5mm離れた結膜面に凍結手術器のプローブを接触させ，結膜と強膜を介してその下の毛様体を凍結凝固する処置であり，毛様体からの房水の産生を減少させる効果を示し，その結果として眼圧の低下を可能とする。

　今回，内科療法のみで眼圧コントロールが困難になった緑内障の症例に対して毛様体凍結凝固を行い，良好な結果を得た。

## 症例1

　症例は，犬（ロングヘアード・ミニチュア・ダックスフンド），雌，5歳齢である。

### 1）主　訴

　緑内障とのことで，他院より紹介を受けた。

### 2）既往歴

　特記すべき既往症はない。

### 3）現病歴

　当院受診の6日前に左眼の充血羞明にて主治医に上診した。結膜炎との診断で，ロメフロキサシン塩酸塩の点眼液（ロメワン，千寿製薬株式会社）およびデキサメタゾンメタスルホ安息香酸エステルナトリウムの点眼液（サンテゾーン点眼液（0.02％），参天製薬株式会社），プラノプロフェンの点眼液（ティアローズ，千寿製薬株式会社）を処方された。しかし，4日前より眼圧の亢進（66 mmHg）がみられ，D-マンニトール（製剤名不明）の点滴とデキサメタゾン（製剤名不明）の投与を受け，発症6日目に紹介により来院した。

### 4）一般身体検査所見

　体重4.2kgで，疼痛が原因と思われる元気および食欲の減退がみられたが，このほか，一般身体検査では特記すべき異常は認められなかった。

### 5）眼科学的検査所見

　眼科一般検査で，左眼に強度の充血流涙と軽度の羞明がみられ，瞳孔は散大し，対光反射は消失，角膜混濁が観察された。ただし，眼脂は認められなかった。

　眼圧を測定（TONOPEN XLを使用）したところ，右眼は12mmHg，左眼は42mmHgであった。

　また，眼底検査では，左眼の視神経乳頭の萎縮と眼底血管の狭細化が認められた。

　以上の眼科学的検査所見より緑内障と診断した。

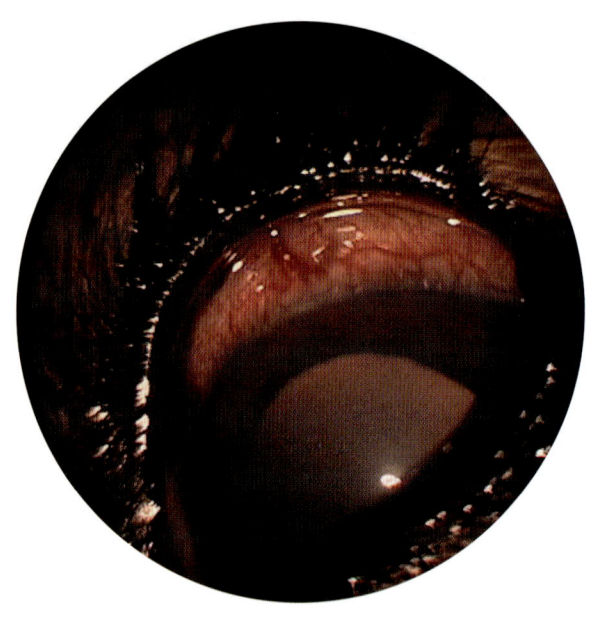

図1　症例1　初診時の前眼部所見（左眼）
充血と角膜の混濁，瞳孔の散大が認められた。眼圧は42 mmHgであった。

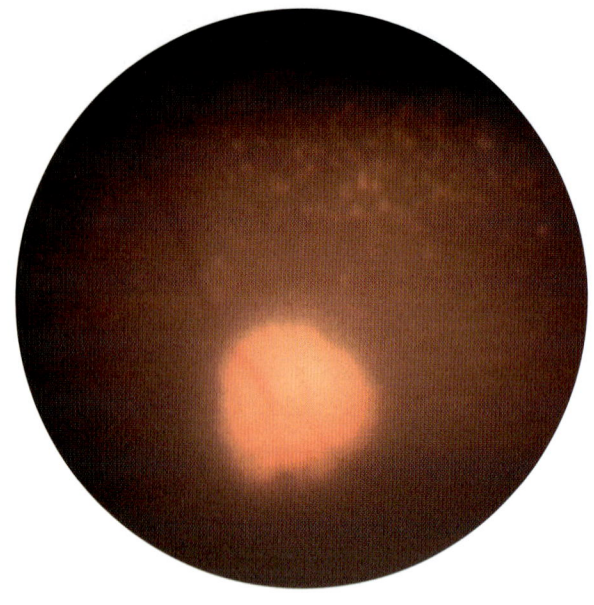

図2　症例1　初診時における眼底検査所見（左眼）
角膜混濁のためにはっきりとは確認できないが，圧迫された視神経乳頭と眼底血管の消失が認められた。

## 6）治療および経過

　まず，眼圧の降下を目的としてD-マンニトール（マンニゲン注射液，日本製薬株式会社）2g/kgを30分かけて点滴により静脈内投与し，その終了時にデキサメタゾンメタスルホ安息香酸エステルナトリウム（水性デキサメサゾン注A，日本全薬工業株式会社）1mg/kgの静脈内注射を行った。また，ラタノプロスト（キサラタン点眼液，ファイザー株式会社）の1時間おきの4回の点眼と，チモロールマレイン酸塩（チモロール点眼液T 0.5％，東亜薬品株式会社）の1日4回の点眼を開始した。

　眼圧は，治療開始から2時間後には18mmHgまで降下し，また，角膜混濁も軽減したが，縮瞳はみられなかった（図1, 2）。しかし，その後，眼圧が翌日の午前7時には35mmHg，午前9時には46mmHgと再び上昇したため，再度，D-マンニトール1g/kgの点滴静注とデキサメタゾンメタスルホ安息香酸エステルナトリウム1mg/kgの静脈内注射を行ったが，午後1時30分には眼圧は54mmHgとさらに上昇を示した。

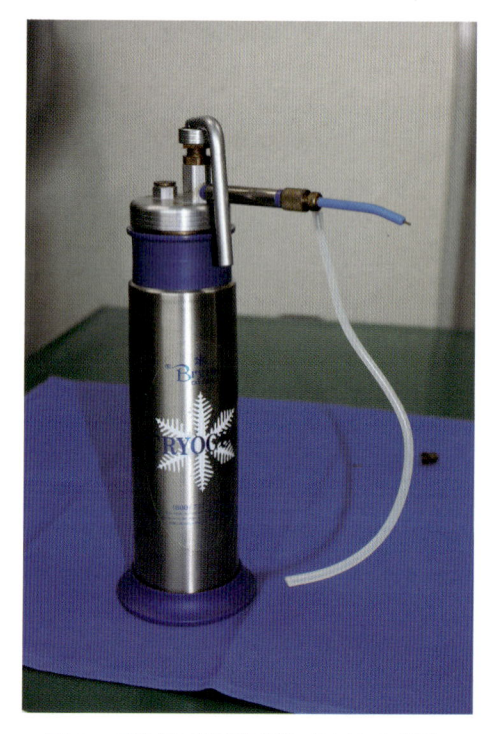

図3　毛様体凍結凝固術に使用した機器
（Brymill Cryogun, Brimill Cryogenic Systems, アメリカ合衆国）

Case 38

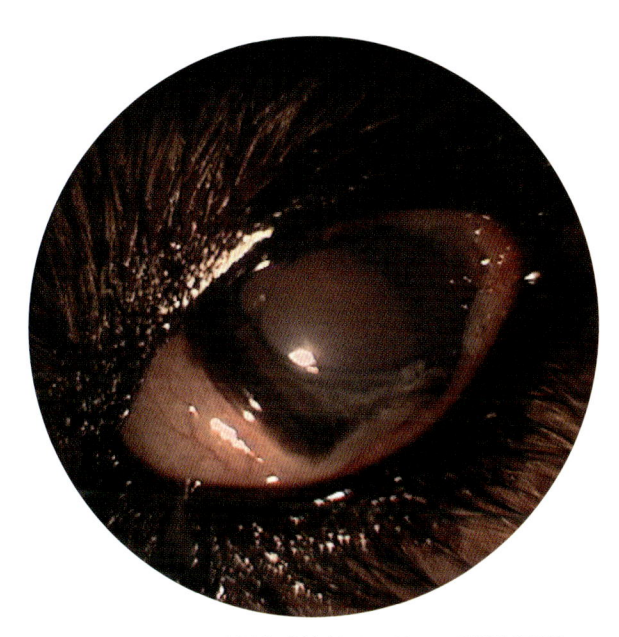

図4　症例1　毛様体凍結凝固の翌日の前眼部所見
（左眼）
結膜の浮腫と角膜の混濁が認められた。

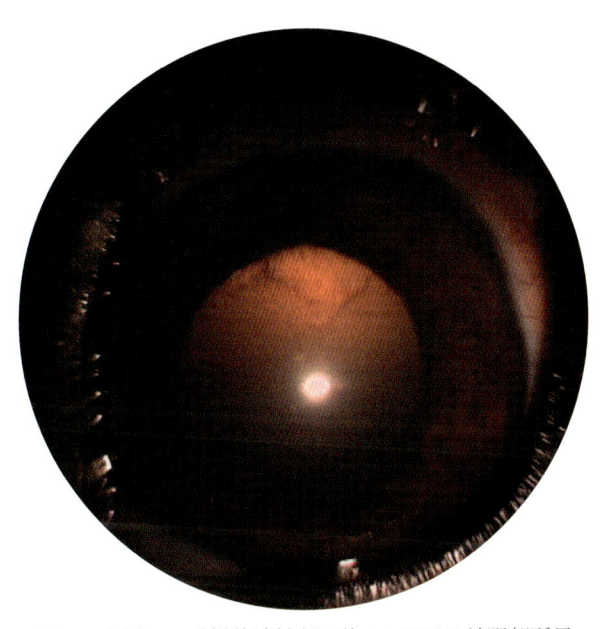

図5　症例1　毛様体凍結凝固後11日目の前眼部所見
（左眼）
結膜の浮腫と角膜の混濁はともに認められなくなった。また，前房内にフィブリン塊が観察された。眼圧は4mmHgと低値を示した。

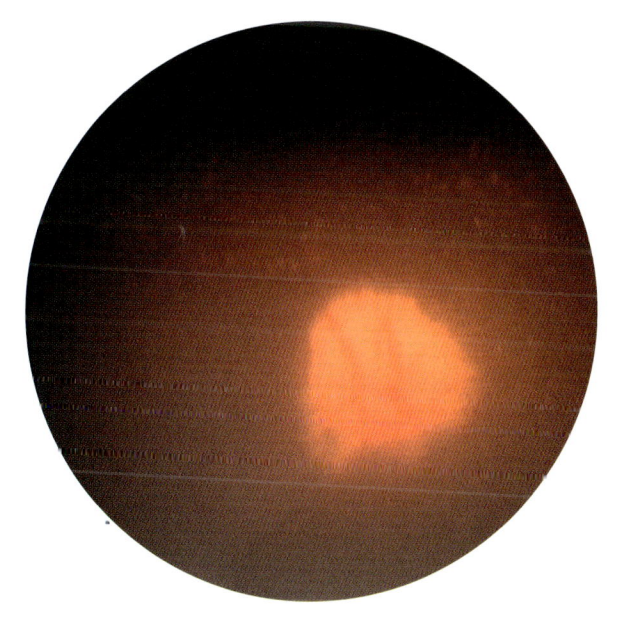

図6　症例1　毛様体凍結凝固後11日目（図5と同日）における眼底検査所見（左眼）
眼圧の降下にともない，視神経乳頭の大きさが回復していた。

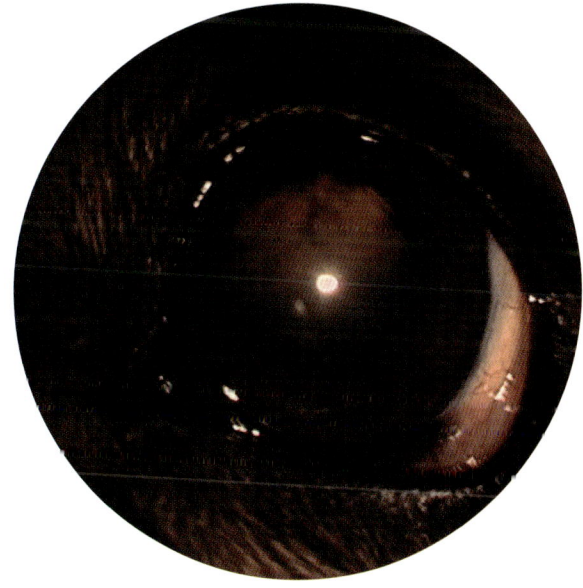

図7　症例1　毛様体凍結凝固後10か月目の前眼部所見
（左眼）
虹彩の癒着が認められたが，眼圧は8mmHgと上昇は認められなかった。

このため，内科療法では眼圧のコントロールが困難であると判断し，液体窒素による毛様体凍結凝固を実施した。

本症例に対しては，メデトミジン塩酸塩製剤（ドミトール，日本全薬工業株式会社）0.12mLとケタミン塩酸塩製剤（ケタミン注10％「フジタ」，フジタ製薬株式会社）0.2mLにより麻酔を施した。凍結にあたっては，機器としてBrimill Cryogun（Brymill Cryogenic Systems，アメリカ合衆国，図3）および径2mmの接触型のプローブを使用し，眼球上部（3時と9時を結ぶラインより上）の4か所，眼球下部の3か所においてそれぞれ2分間，アイスボールの大きさが4～5mmになるように維持した。また，凍結手術後の眼圧上昇を防止する目的で，術後に房水0.2mLを抜去した。さらに，術後の結膜浮腫に対しては，デキサメタゾン眼軟膏（サンテゾーン0.05％眼軟膏，参天製薬株式会社）およびエリスロマイシンラクトビオン酸塩・コリスチンメタンスルホン酸ナトリウム眼軟膏（エコリシン眼軟膏，参天製薬株式会社）の点入を行った。

術後は，翌日に結膜の浮腫と角膜の混濁が認められ（図4），次いで3日目に眼圧が47mmHgに上昇したため，D-マンニトール 1g/kgを点滴静注したところ，速やかに24mmHgまで降下した。

術後10日間は，結膜浮腫と眼内炎に対してロメフロキサシン塩酸塩とプラノプロフェンの点眼，緑内障に対してラタノプロストの1日3回の点眼を継続した。その間，眼圧は4～14mmHgの範囲にあり，上昇はみられなかったが，11日後には眼内炎によるものと思われる4mmHgという低値を示したので，ラタノプロストの投与を1日3回から1回に変更した（図5，6）。

これ以降は1か月にわたり眼圧は5～12mmHgの範囲で推移し，術後2か月目にはラタノプロストをドルゾラミド塩酸塩（トルソプト点眼液1％，萬有製薬株式会社）に変更した。さらにその後も眼圧がやや低めながらも良好に維持されたため，術後2か月で投薬を中止し，経過観察を続けている。本症例は術後10か月の現在まで眼圧の上昇はない（図7）。

## 症例2

症例は，犬（紀州犬雑種），雄，13歳齢である。

### 1）主　訴

緑内障の疑いがあるとのことで，主治医からの紹介を受けて来院した。

### 2）既往歴

特記すべき既往歴はない。

### 3）現病歴

当院受診の8日前に右眼の羞明で主治医に上診した。角膜混濁，球結膜充血があり，他の動物病院での処置のため詳細は不明であるが，紹介状によるとアンピシリンおよびプレドニゾロンの注射と，アセチルシステインおよびゲンタマイシンの点眼，さらにアモキシリン，プレドニゾロンの内服を処方されている。しかし，4日前に右眼の対光反応が消失（散瞳）したため，眼圧の亢進を疑い，アンピシリンとプレドニゾロンの注射およびドルゾラミド塩酸塩（トルソプト点眼液1％，萬有製薬株式会社）の点眼を行ったとのことであるが，症状の改善がみられず，当院を紹介された。

### 4）一般身体検査所見

体重13kgで，元気および食欲は発病当時に減少したが，現在は元に戻っているとのことである。ほかにとくに異常は認められず，一般状態は良好であった。

### 5）眼科学的検査所見

右眼に強度の充血羞明がみられ，瞳孔は散大し，対光反応は消失していた。また，眼圧は65mmHgで，角膜混濁が認められた。眼底検査では，視神経乳頭圧迫が確認され，眼底血管の狭細化も観察された。

一方，左眼は，眼圧が15mmHgで，とくに異常所見は認められなかった。

以上の眼科学的検査所見より緑内障と診断し，治療を開始した（図8，9）

### 6）治療および経過

眼圧の降下を目的として，D-マンニトール（マンニゲン注射液，日本製薬株式会社）1g/kgを30分

かけて点滴により静脈内投与し，その終了時にデキサメタゾンメタスルホ安息香酸エステルナトリウム（水性デキサメサゾン注A，日本全薬工業株式会社）1mg/kgを静脈内注射した．その結果，点滴後の眼圧は34mmHgまで降下した．また，ラタノプロスト（キサラタン点眼液，ファイザー株式会社）の点眼を8時間毎に1日3回，チモロールマレイン酸塩（チモロール点眼液T 0.5％，東亜薬品株式会社）の点眼を1日3～4回，それぞれ開始した．

翌日および3日後の眼圧は18～22mmHgと安定し，角膜混濁もなく，充血も軽減していた（図10，11）．

この後，9日間は症状が安定していたが，10日目に羞明と角膜混濁の再発により来院した．このとき，眼圧は67mmHgであり，D-マンニトール1g/kgを点滴静注したが，点滴後の眼圧は57mmHgであり，これ以降，内科的治療には反応しなくなった．しかし，飼い主の希望により，ラタノプロストとチモロールマレイン酸塩の各1日3回の点眼を継続した．

23日後，眼球は腫大を呈し，羞明と角膜混濁を認めるようになったため，毛様体凍結凝固を提案し，30日後に実施した．毛様体凍結凝固を実施した当日の眼圧は61mmHgであった．

毛様体凍結凝固は，メデトミジン塩酸塩（ドミトール，日本全薬工業株式会社）とケタミン塩酸塩（ケタミン注10％「フジタ」，フジタ製薬株式会社）による麻酔下で行い，症例1と同様に眼球周囲の7か所で2分間ずつ，アイスボールの大きさを4～5mmに維持した（図12）．

凝固終了時にトリアムシノロンアセトニド（ケナコルト－A筋注用関節腔内用水懸注40mg/1mL，ブリストル・マイヤーズ株式会社）0.1mLを抗炎症の目的で結膜下に注射し，その後にアチパメゾール塩酸塩（アンチセダン，日本全薬工業株式会社）を用いて覚醒させた．

術後翌日は，結膜浮腫が強く，眼圧は32mmHgであった．このとき，デキサメタゾン眼軟膏（サンテゾーン0.05％眼軟膏，参天製薬株式会社）とエリスロマイシンラクトビオン酸塩・コリスチンメタンスルホン酸ナトリウム眼軟膏（エコリシン眼軟膏，参天製薬株式会社）の点入を行ったところ，術後2日目からは眼圧は17～19mmHgに降下し，角膜混濁も消失した（図13）．また，結膜浮腫は術後5日目にはほぼ消失していた．そこで，ラタノプロストの1日1回の点眼を術後10日まで続け，以後はチモロールマレイン酸塩の1日3回の点眼に変更した．

その後もチモロールマレイン酸塩の点眼を継続しているが，眼圧上昇はみられず，現在まで7か月間にわたって良好に経過している．

## 考　察

緑内障は，ヒトでも失明の原因の上位にある治療の困難な疾患の1つである．

犬における緑内障も柴，アメリカン・コッカー・スパニエルなどの好発犬腫では失明原因の上位に入るのではないかと推察される．これらの犬に発生する緑内障は，原発性閉塞隅角緑内障であることが多く，急性経過（緑内障発作）により上診されることが多い．しかしながら，そのコントロールは困難で，薬物療法だけでは奏功なく，経時的に視覚も失われていく．早期に薬物投与や外科的処置により好結果が得られればよいのだが，獣医臨床の場では，視覚の維持よりも，疼痛，牛眼による併発症の管理に追われることが多い．緑内障に対する最終的な手段としては，シリコンボールを挿入する眼内義眼があるが，初期の段階では，飼い主の同意を得られないこともある．

今回の2症例に対して実施した毛様体凍結凝固は，液体窒素で結膜上から毛様体を凍結凝固させ，房水の分泌を抑制することによって眼圧を下げようとするものである．凍結深度はプローブの周囲のアイスボールの大きさを見ながら4～5mmになるように維持し，2分間1回の凍結を行った．その結果，術後には結膜浮腫が観察されたが，ステロイド製剤の全身投与および点眼で4～5日後には改善された．

レーザーを用いた毛様体凝固では，ここに認められたような浮腫はないようである．レーザーによる方法

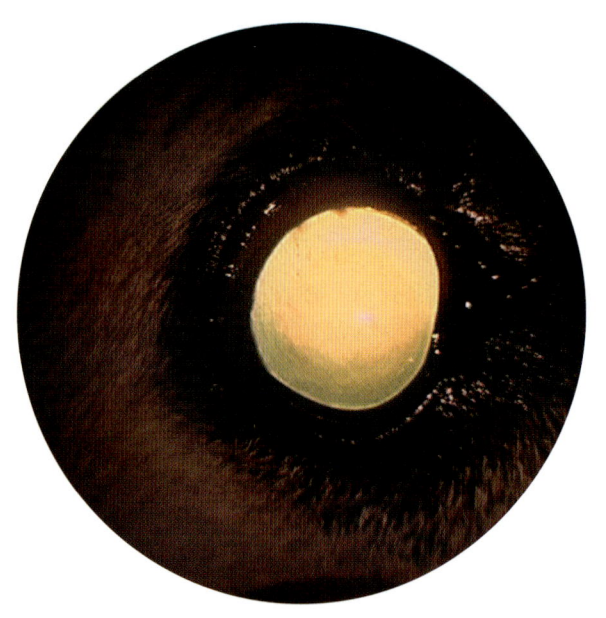

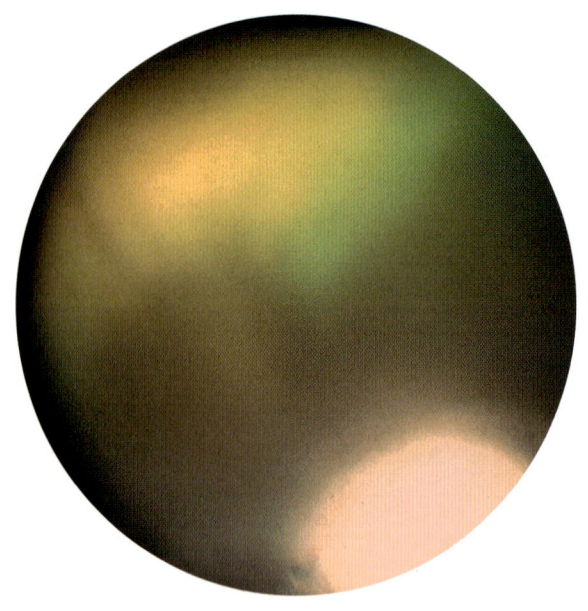

図8　症例2　初診時の前眼部所見（右眼）
瞳孔の散大と軽度の角膜浮腫が認められた。眼圧は65mmHgであった。

図9　症例2　初診時における眼底検査所見（右眼）
視神経乳頭は高眼圧のために圧迫され，血管も細くなっていた。

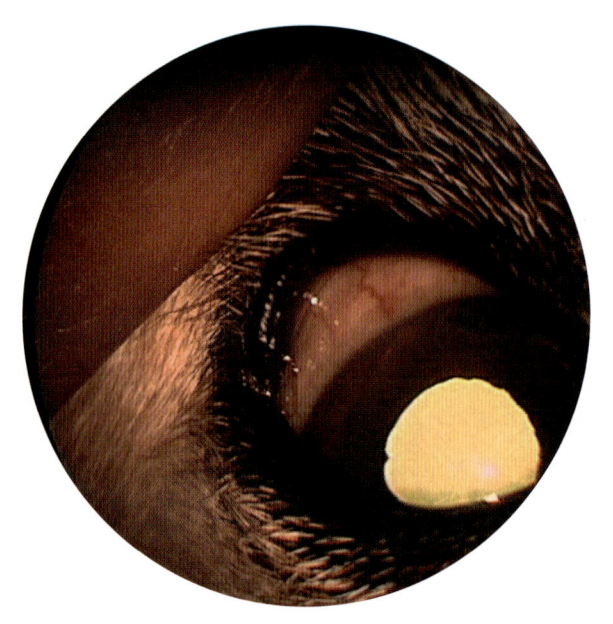

図10　症例2　初診後3日目の前眼部所見（右眼）
充血，角膜の混濁ともに軽減していた。眼圧は18mmHgであった。

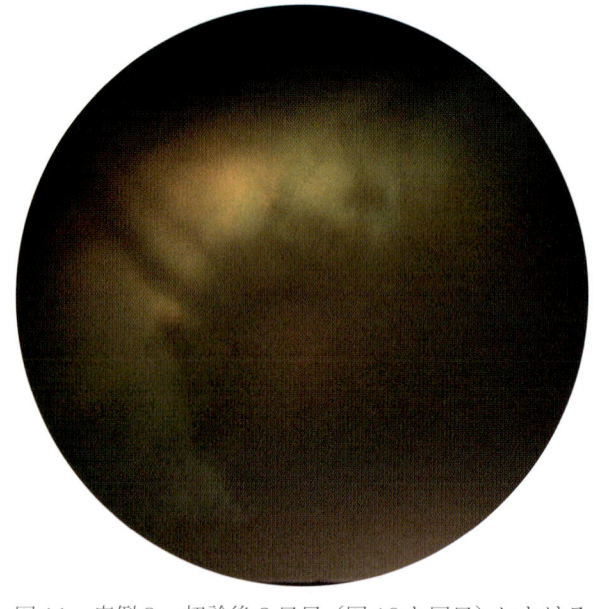

図11　症例2　初診後3日目（図10と同日）における眼底検査所見（右眼）
視神経乳頭の萎縮が観察された。眼圧降下のために眼底血管は初診時より太くなっていた。

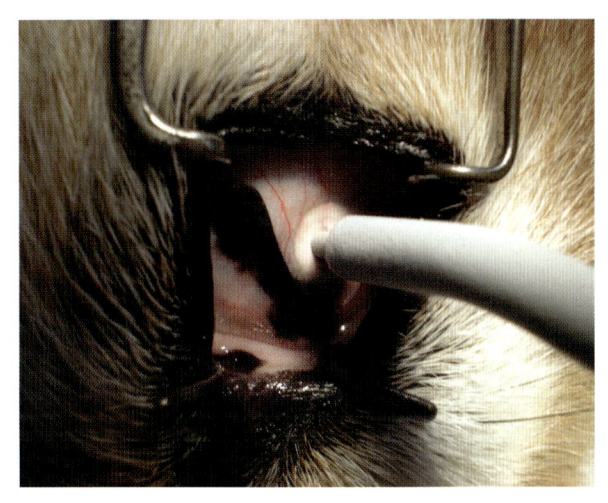

図12 症例2 毛様体の凍結凝固（右眼）
角膜輪部から約5mmの部位を7か所，2分間ずつ凍結凝固した。

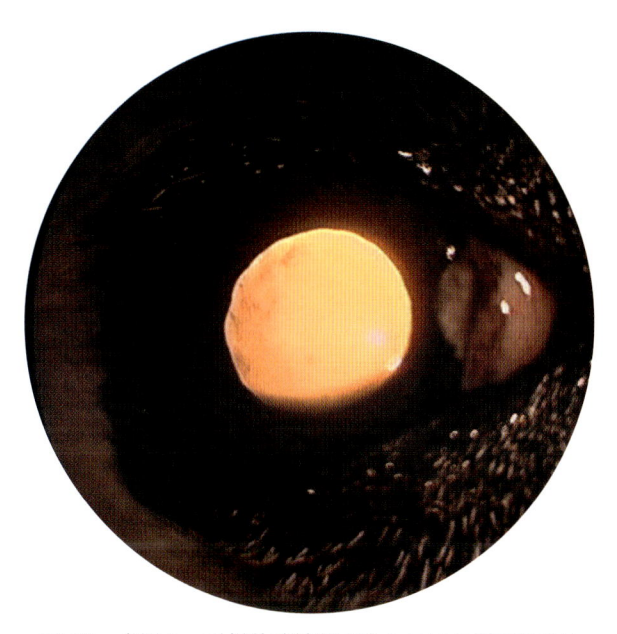

図13 症例2 毛様体凍結凝固後3日目の前眼部所見（右眼）
瞬膜の浮腫が認められた。眼圧は17mmHgと降下し，角膜は透明化していた。

と比べて，凍結凝固は，この点が眼球に対する侵襲が大きいと思われる。そのため，術後に眼内炎や網膜剥離を起こすこともレーザーに比べて多いかもしれない[1]。しかしながら，今回のような視覚を失っている眼に対する眼圧降下処置として，比較的安価な機器でレーザーと同様の結果が得られる方法でもあり，1つの選択肢であると考える。

### 文 献
1) Miller,P.E. (2008) The Glaucomas. Slatter's Fundamentals of Veterinary Ophthalmology 4th ed., 230-257, Saunders.

Case 39　犬

# 視覚回復の可能性のない眼疾患に対して強膜内義眼挿入術を適用した犬の5例

掛端健士

### 要約

視覚回復の可能性がないと判断された緑内障および緑内障以外の眼疾患を有する犬5例に対して，強膜内義眼挿入術を実施した結果，眼疼痛および角膜障害の改善が認められ，加えて外観上の眼球形態を維持することが可能であった。

## はじめに

強膜内義眼（intrascleral prosthesis）挿入術は，主に不可逆的に視覚を喪失した緑内障眼に対する救護法であり，緑内障末期で牛眼を呈している場合，あるいは様々な緑内障治療を実施したにもかかわらず視覚回復の見込みがない場合に，眼疼痛や角膜障害からの開放を目的に適応される。また，緑内障以外の眼疾患に対しても，外観上の変化に対する美容形成法として，あるいは看護負担の軽減のために試みる価値があると思われる[1,6]。

今回，牛眼および緑内障慢性期の犬2例のほか，視覚回復の可能性がないと判断された緑内障以外の眼疾患を有する犬3例に対して，シリコン球（Silicone Orbital Implant, Jardon Eye Prosthetics，アメリカ合衆国）を用いた強膜内義眼挿入術を実施したところ，眼疼痛および角膜障害の改善，眼脂の減少，涙液量の増加などが認められ，加えて外観上の眼球形態を維持することができたので報告する。

## 症例

視覚回復の可能性がないと判断された5症例，すなわち牛眼，疼痛をともなう緑内障，強膜裂傷による眼球萎縮，非感染性眼内炎，水晶体前方脱臼を起こしている犬に対し，経強膜による眼球内容除去術とともに強膜内義眼挿入術を実施した。術式は成書[2,4,5]に準拠し，シリコン球のサイズは対側（正常眼）の角膜径より1～2mm大きいものとするか，または超音波検査で眼球径を計測することにより決定した。

### 1）牛眼

症例は，犬（シー・ズー），雄，4歳齢，体重6.5kgである。

**現病歴**：右眼の網膜剥離に続発した緑内障に対して点眼治療を続けていたが，牛眼に陥った。

**眼科学的検査所見**：右眼の眼脂の分泌と角膜の浮腫および血管新生，眼球拡張，瞬目不全が認められ，眼圧は45mmHgであった。また，シルマー涙液試験の結果は7mm/分であった。

**治療**：強膜内義眼挿入術（シリコン球のサイズ18mm）および瞬膜被覆術（7日間）を実施し，術後は抗菌薬としてオフロキサシン（タリビッド点眼液0.3%，参天製薬株式会社）およびセファレキシン（ケフレックスシロップ用細粒200，塩野義製薬株式会社）と非ステロイド系消炎薬としてプラノプロフェン（ティアローズ，千寿製薬株式会社）およびカルプロフェン（リマダイル錠25，ファイザー株式会社）の点眼および経口投与を13日間にわたって行い，その後，ヒアルロン酸ナトリウム（アイケア点眼液0.1%，科研製薬株式会社）の点眼を継続した。

**経過**：術後8日目および39日目には角膜の浮腫と血管新生が認められたが，84日目には眼脂および角膜の血管の減少，角膜浮腫の改善，瞬目および角膜径の正常化が認められ（図1），シルマー涙液試験の結果は18mm/分となった。

しかしながら，220日目に乾性角結膜炎の症状が認められ，シルマー涙液試験の結果が5mm/分であっ

| | |
|---|---|
| 術前の角膜 | 術後8日目の角膜 |
| 術後39日目の角膜 | 術後84日目の角膜 |

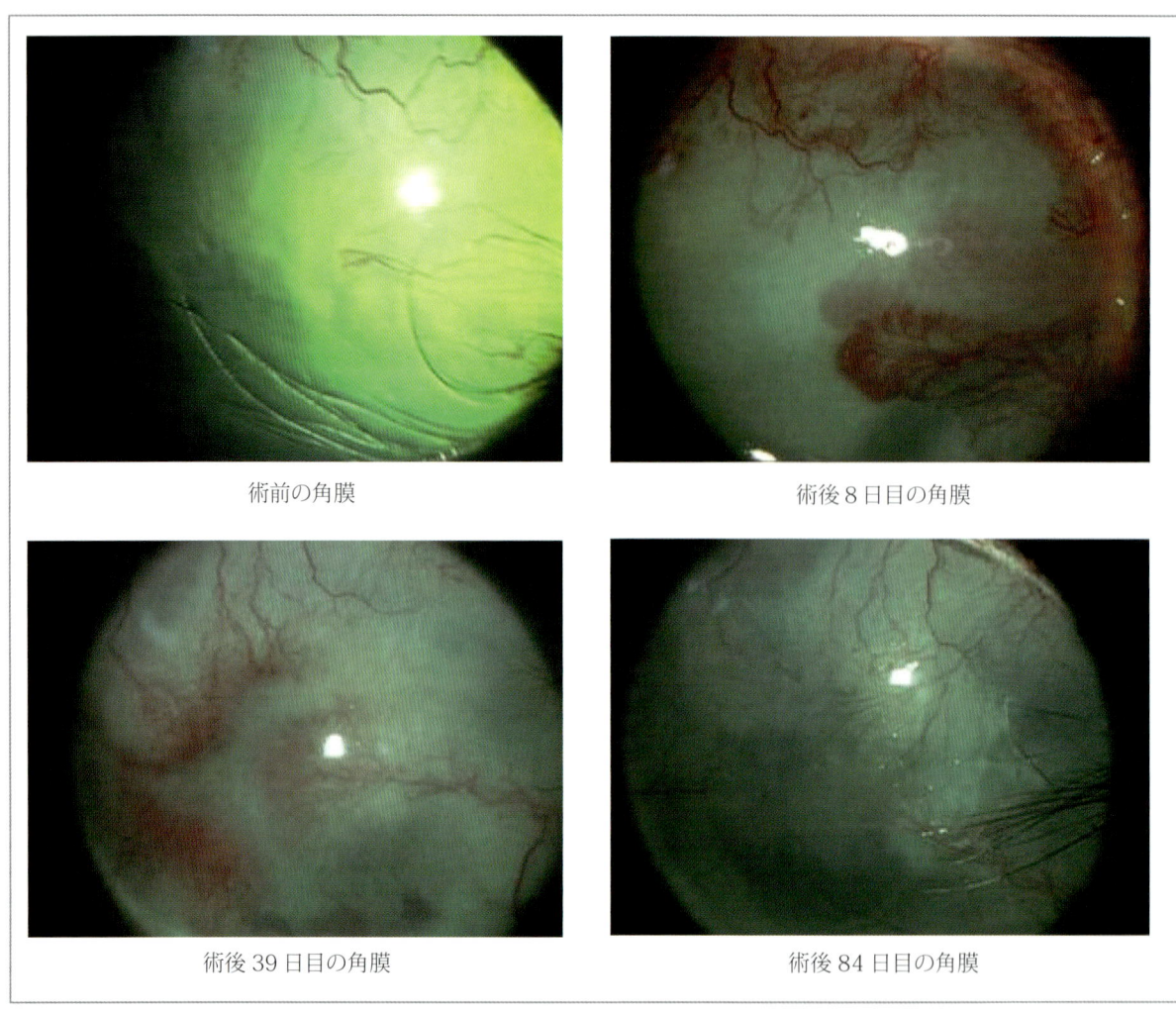

図1　症例1　牛眼（右眼）

| | |
|---|---|
| 術前の角膜 | 術後14日目の角膜 |

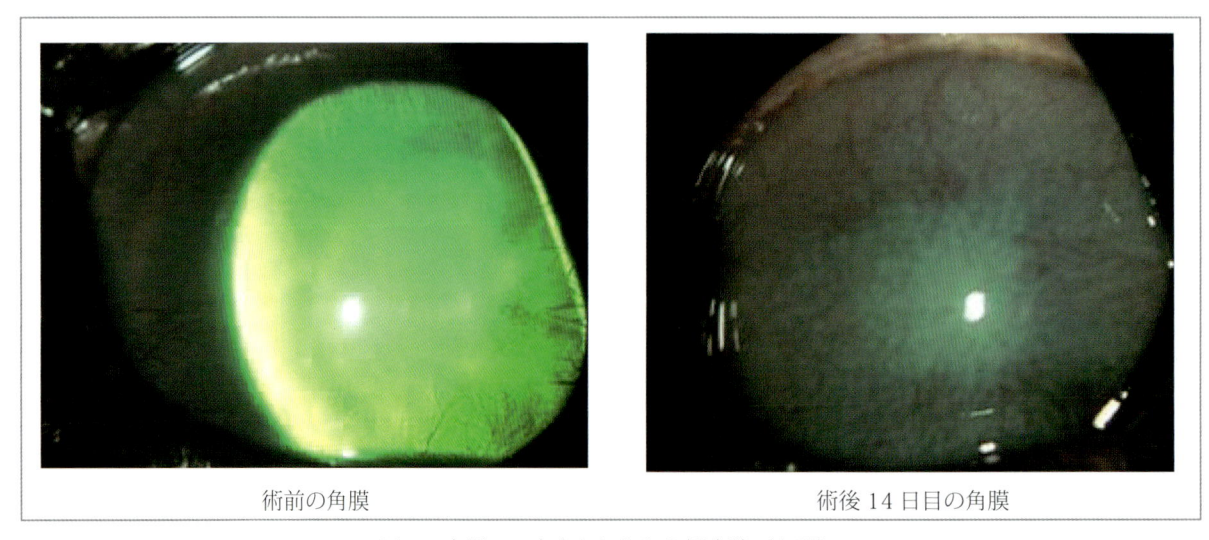

図2　症例2　疼痛をともなう緑内障（右眼）

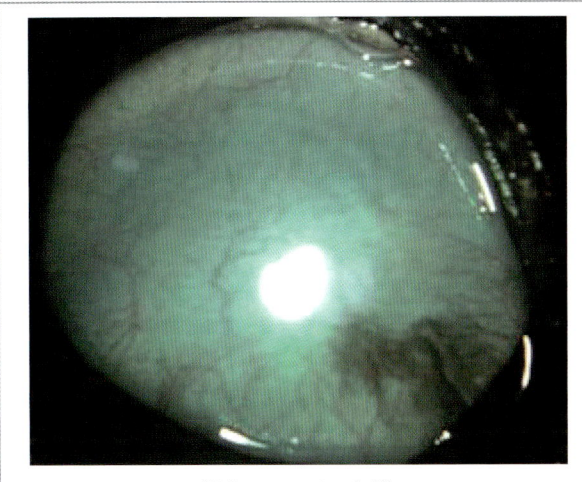

術後60日目の角膜　　　　　　　　　術後1年目の外貌（両眼施術後）

図2　つづき

術前の外貌　　　　　　　　　　　シリコン球のトリミング

術前の角膜　　　　　　　　　　　　術後14日目の角膜

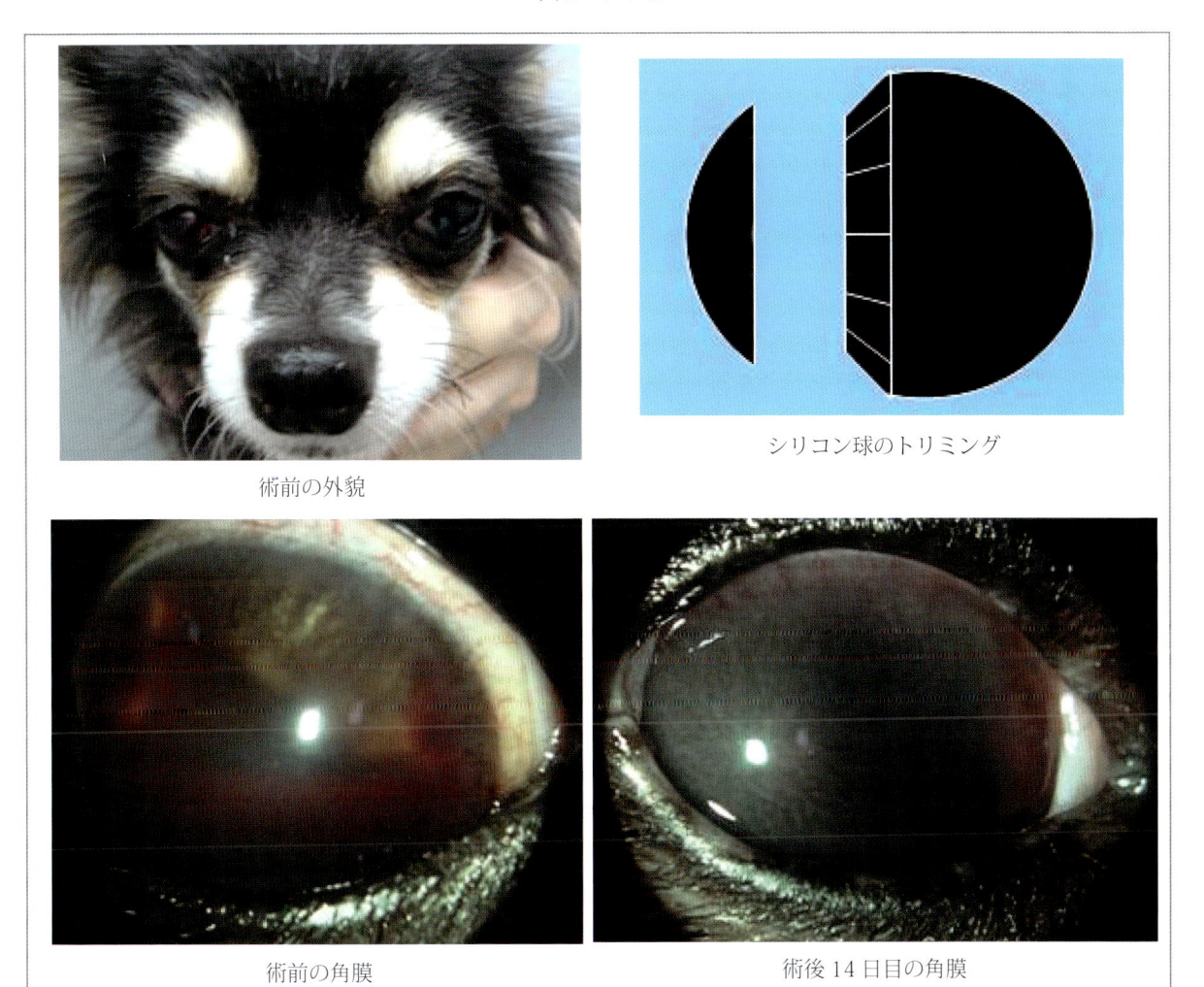

図3　症例3　強膜裂傷による眼球萎縮（右眼）

たため，以後もヒアルロン酸ナトリウムの点眼を継続した。

### 2）疼痛をともなう緑内障

症例は，犬（柴），雄，7歳齢，体重15kgである。

現病歴：右眼に対して緑内障急性期と診断し，治療を開始した。しかし，犬の性格上，点眼処置が困難であり，十分な治療が行えず，視覚喪失に至った。

眼科学的検査所見：右眼に激しい眼疼痛，眼脂の分泌，角膜の浮腫および血管新生，水晶体亜脱臼，網膜血管の狭細化および視神経乳頭の陥凹が認められた。眼圧は79mmHgであった。

治療：強膜内義眼挿入術（シリコン球のサイズ18mm）および瞬膜被覆術（5日間）を実施し，術後は抗菌薬としてオフロキサシン（タリビッド眼軟膏0.3%，参天製薬株式会社）およびオルビフロキサシン（ビクタスS錠40mg，大日本住友製薬株式会社）と非ステロイド系消炎薬としてカルプロフェン（リマダイル錠75，ファイザー株式会社）の点眼および経口投与を7日間にわたって行い，それ以降は無投薬とした。

経過：術後14日目には角膜の浮腫と血管新生が認められていたが，60日目には眼脂分泌量の低下や角膜の浮腫および血管の減少，眼疼痛の改善が認められた。しかし，対側眼（左眼）にも緑内障を発症したため，同様に強膜内義眼挿入術を実施した（図2）。

### 3）強膜裂傷による眼球萎縮

症例は，犬（ロング・コート・チワワ），雌，8歳齢，体重2.5kgである。

現病歴：咬傷による右眼の耳側眼窩内の強膜裂傷と診断し，経過を観察したが，眼球の虚脱と萎縮が進行した。

眼科学的検査所見：右眼に羞明，眼疼痛，結膜充血，眼脂が認められ，眼圧は4mmHg未満であった。また，超音波検査により，眼球内に血餅と思われる貯留物，水晶体後方脱臼，眼球容積の減少，強膜壁の肥厚が確認された。ただし，角膜の状態と涙液量に異常は認められなかった。

治療：対側眼の超音波検査所見よりシリコン球の理想サイズを16mmと判断した。しかし，強膜裂傷部の癒着と瘢痕化が激しく，加えて強膜壁に肥厚と伸縮性の欠如が生じて眼球内容積が著しく減少していたため，理想的と考えた大きさの強膜内義眼挿入することが不可能であった。そこで，シリコン球の後方1/3を切除し，辺縁をトリミングしたうえで使用した。また，強膜内義眼挿入術に併せて瞬膜被覆術（7日間）を施し，術後は抗菌薬としてエンロフロキサシン（バイトリル15mg錠，バイエル薬品株式会社）と非ステロイド系消炎薬としてカルプロフェン（リマダイル錠25，ファイザー株式会社）1/2錠の経口投与を7日間にわたって行い，以後，抗菌薬としてオフロキサシン（タリビッド点眼液0.3%，参天製薬株式会社）とヒアルロン酸ナトリウム（アイケア点眼液0.1%，科研製薬株式会社）の点眼を14日間実施した。

経過：術後14日目に眼疼痛の改善と眼脂分泌の減少が認められた。また，外観上の眼球形態と可動性も良好に維持され，眼球萎縮の進行が阻止された（図3）。

### 4）非感染性眼内炎

症例は，犬（シー・ズー），雌，11歳齢，体重5.8kgである。

現病歴：右眼に対して白内障に起因する免疫介在性ブドウ膜炎と診断し，デキサメタゾン（マキシデックス懸濁性点眼液0.1%，日本アルコン株式会社）およびプレドニゾロン（プレドニゾロン錠5mg，塩野義製薬株式会社）の点眼と経口投与を12日間実施したが，症状が増悪した。

眼科学的検査所見：右眼に羞明，眼疼痛，前房蓄膿，結膜充血，角膜浮腫および血管新生，角膜中央部における潰瘍形成，重度の眼脂が認められた。眼圧は19mmHg，シルマー涙液試験の結果は5mm/分であった。また，超音波検査により，眼球内に炎症産物と思われる貯留物を認め，さらに網膜剥離とブドウ膜の肥厚を確認した。前房穿刺液の細胞診では好中球とマクロファージ，リンパ球が採取されたが，採取物の塗抹検査および培養検査において細菌は検出されなかった。

治療：眼球摘出術を推奨したが，飼い主の希望によ

り強膜内義眼挿入術（シリコン球のサイズ18mm），コラーゲンシールド（Vetshield, Oasis Medical, Inc.，アメリカ合衆国）の装着，瞬膜被覆術（7日間）を実施し，術後は抗菌薬としてオフロキサシン（タリビッド点眼液0.3%，参天製薬株式会社）およびセファレキシン（ケフレックスシロップ用細粒200，塩野義製薬株式会社）と非ステロイド系消炎薬としてカルプロフェン（リマダイル錠25，ファイザー株式会社）の点眼および経口投与を7日間にわたって行った。その後，治療用ソフトコンタクトレンズ（メニわんコーニアルバンデージわん，株式会社メニワン）を装用し，さらにオフロキサシンとヒアルロン酸ナトリウム（アイケア点眼液0.1%，科研製薬株式会社）の点眼を20日間実施した。

経過：術後28日目には眼脂および角膜血管の減少，角膜浮腫，角膜潰瘍，眼疼痛の改善が認められ（図4），シルマー涙液試験の結果は18mm/分となった。眼球内容物を病理学的検査に供した結果，非感染性全眼球炎と診断された。本症例は現在，術後3年以上が経過し，良好に維持されている。

**5）水晶体前方脱臼**

症例は，犬（ロングヘアード・ミニチュア・ダックスフンド），雄，7歳齢，体重7.8kgである。

現病歴：左眼の進行性網膜萎縮に続発した白内障の経過観察中，水晶体前方脱臼を発症した。

眼科学的検査所見：左眼に激しい眼疼痛および眼脂の分泌を示し，シルマー涙液試験の結果は4mm/分であった。

治療：強膜内義眼挿入術（シリコン球のサイズ18mm）および瞬膜被覆術（6日間）を実施した。術後は抗菌薬としてオフロキサシン（タリビッド点眼液0.3%，参天製薬株式会社）およびエンロフロキサシン（バイトリル50mg錠，バイエル薬品株式会社）と非ステロイド系消炎薬としてカルプロフェン（リマダイル錠75，ファイザー株式会社）1/2錠の点眼および経口投与を6日間にわたって行ったが，角膜潰瘍が認められたため，それ以降，治療用ソフトコンタクトレンズ（メニわんコーニアルバンデージわん，株式会社メニワン）を装用し，オフロキサシン（タリビッド点眼液0.3%，参天製薬株式会社）およびヒアルロン酸ナトリウム（アイケア点眼液0.1%，科研製薬株式会社）の点眼を継続した。

経過：術後90日目には眼疼痛および眼脂の改善が認められ，外観上の眼球形態も維持された。また，シルマー涙液試験の結果は19mm/分であった。しかし，対側眼にも水晶体前方脱臼が認められたため，同様に強膜内義眼挿入術を実施した（図5）。

## 考　察

犬において強膜内義眼挿入術の適応例として圧倒的に多いのは牛眼である。牛眼は，眼疼痛や角膜障害などの様々な問題を引き起こすほか，飼い主や治療に携わる獣医師にとっても大きなストレスとなる病態である。強膜内義眼挿入術は，牛眼および緑内障の苦痛から症例の犬を永久に開放するための救護療法として，あるいはまた，緑内障以外の眼疾患においても，長期の症状改善および眼球形態維持など，満足すべき予後が期待できる方法と思われた。

強膜内義眼挿入術の実施にあたっては，術後の角膜保護や，感染および炎症のコントロールが必須である。強膜および角膜がシリコン球にフィットするまでの期間（数日から数週間）は，瞬膜被覆術あるいは一時的瞼板縫合術を施し，抗菌薬および非ステロイド系消炎薬の点眼や全身投与を行うべきである。また，重度の角膜障害を有する例では，角膜穿孔や瘢痕収縮による角膜径の縮小がみられることがあるため，コラーゲンシールドや治療用ソフトコンタクトレンズ，角膜保護作用を有する点眼薬を併用するとよいだろう。通常，術後は角膜浮腫および血管新生がみられるが，炎症の沈静化と角膜上皮および実質の再生にともない，ほとんどが消失する。なお，角膜内皮は前房水からの栄養供給が絶たれるため，線維性結合組織に変化すると推測される。そのため，術後の角膜の色は，初期には浮腫による白色および血管の進入による赤色，次いで結合組織が透過視されることにより灰色（シリコン球が黒色のため）に変化する。角膜が露出している犬種で

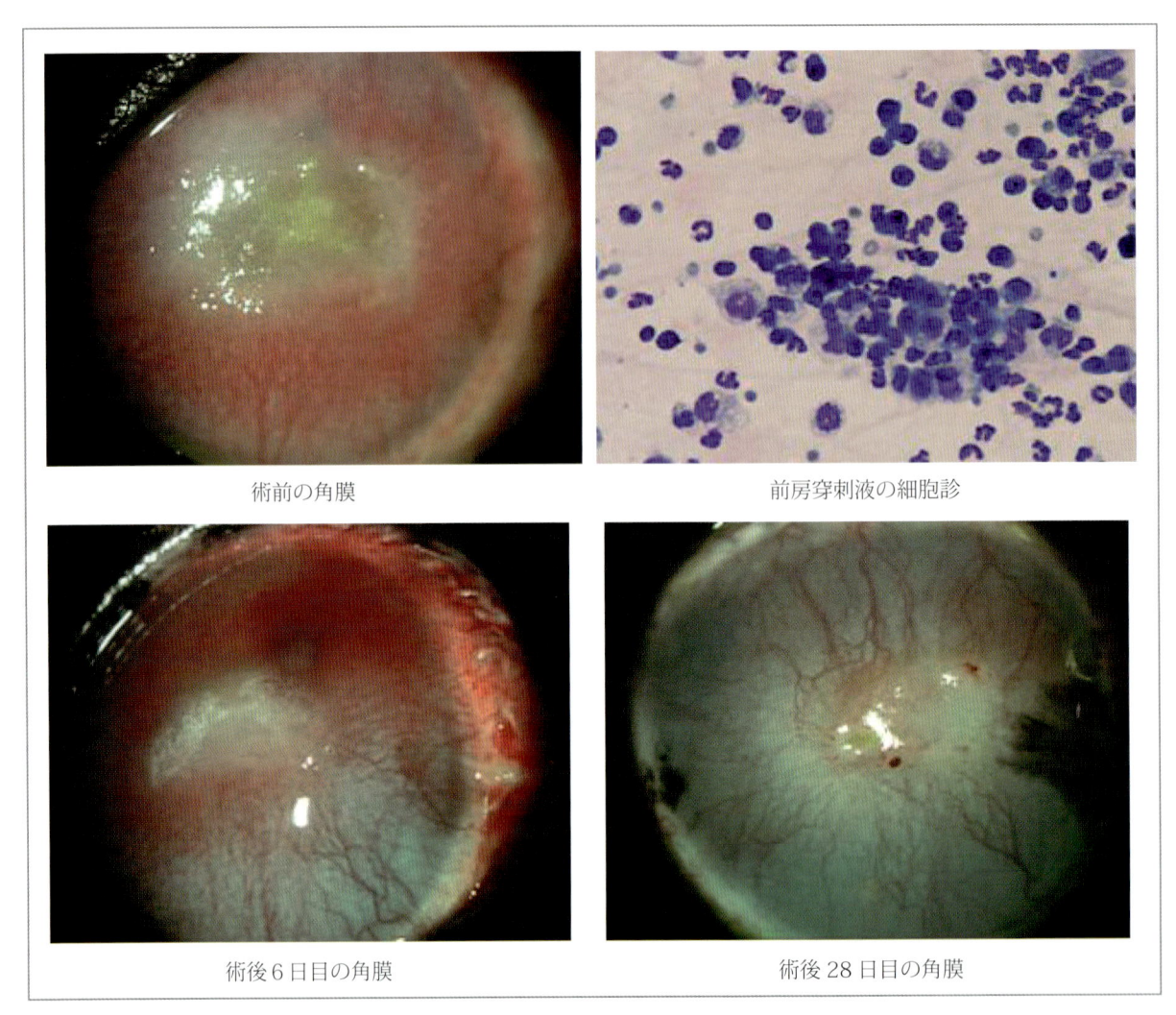

| | |
|---|---|
| 術前の角膜 | 前房穿刺液の細胞診 |
| 術後6日目の角膜 | 術後28日目の角膜 |

図4　症例4　非感染性眼内炎（右眼）

は，角膜上皮の色素沈着により黒色に変化する場合もある。

　術前に適正なサイズのシリコン球を選択することはきわめて重要であるが，それに加えて，角膜上皮および実質は主に涙液からの栄養供給により維持されているため，術前に涙液やマイボーム腺などの眼表面を十分に検査する必要がある[3]。さらに，角膜の機能低下による涙液減少症などが術後に発生する可能性があ

り，術後の定期的なモニターも求められる。涙液量の低下が認められた場合は，角膜保護薬や人工涙液などを併用する。

　また，強膜内義眼挿入術が禁忌とされている眼内感染症や腫瘍に罹患していないか，慎重に診断を行っていくべきであり，そのために術前の細胞診と術後の病理学的検査は非常に有用である。病理学的検査の結果によっては眼球摘出に至る可能性があるというイン

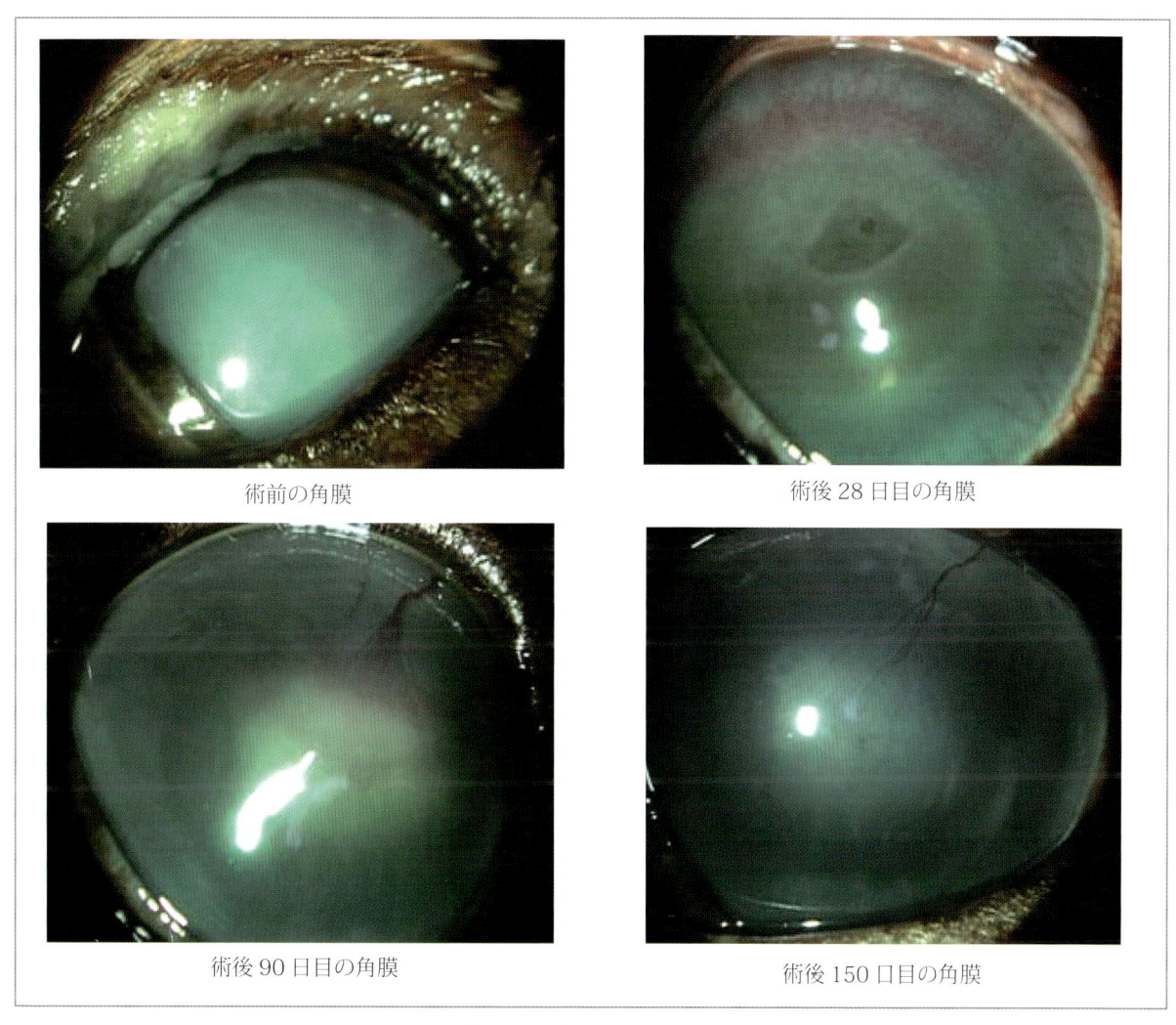

| 術前の角膜 | 術後 28 日目の角膜 |
| 術後 90 日目の角膜 | 術後 150 日目の角膜 |

図5　症例5　水晶体前方脱臼（左眼）

フォームドコンセントも必要であろう。

**文　献**

1) Bernard,M.S., Nils,W.H.（2000）：Diseases and surgery of the canine orbit. Essentials of Veterinary Ophthalmology（Gelatt,K.N. ed.），27-46, Lippincott Williams & Wilkins.

2) Gelatt, K.N., Gelatt,J.P.（2001）：Surgery of the orbit. Small Animal Ophthalmic Surgery（Gelatt,K.N., Gelatt,J.P. eds），46-73, Butterworth Heinemann.

3) 斉藤陽彦（2000）：難治性角膜疾患について考える. Surgeon, 22, 6-13, インターズー.

4) 利田堯史（2002）：視覚回復の可能性のない緑内障の治療. Surgeon, 32, 37-45, インターズー.

5) 山形静夫（1999）：眼内義眼. 動物臨床医学, 8, 127-131.

6) 余戸拓也, 工藤荘六, 土田修一, 多川政弘（2001）：強膜内シリコン/義眼挿入術を施した犬46眼の手術成績. 日本獣医師会雑誌, 54, 847-850.

Case 40 犬

# 犬の水晶体前房内脱臼の内科的治療

太田充治

## 要約

　水晶体前房内脱臼を生じた犬5頭6眼に対して，その症状を緩和するための内科的治療を試みた。その結果，硝子体脱出がなく，眼圧が上昇していないような例，すなわち老齢犬によくみられるタイプの水晶体前房内脱臼では，散瞳薬を点眼することにより症状を緩和することが可能であった。

## はじめに

　水晶体前房内脱臼は，老齢犬においてしばしば遭遇する疾患で，その治療は唯一，前房内の脱臼水晶体の摘出である。しかし，本手術は専門的な器具と技術を必要とする。そこで，いかなる動物病院においても本症に対処できる方法として，水晶体前房内脱臼に内科的な治療を試みたところ，若干の知見を得ることができた。以下にその概要を報告する。

## 症例

　水晶体前房内脱臼を生じた犬5頭6眼を検討の対象とした（表1）。このうち，症例1～4の4頭4眼は，硝子体脱出などの合併症はなく，眼圧も正常であった。しかし，刺激症状は，その程度に差はあったが，全例に認められた。また，症例5のブル・テリアにおける水晶体前房内脱臼は，他の4例とは異なり，老化によるチン小帯の断裂によるものではなく，テリア種によくみられるタイプで，硝子体脱出および緑内障を併発していた。

## 方法（水晶体前房内脱臼緊急レスキュー法）

　水晶体前房内脱出を起こしている側の眼に，トロピカミドとフェニレフリン塩酸塩の合剤の点眼液（ミドリンP点眼液，参天製薬株式会社）を1～3回点眼し，点眼前と15分後の眼の刺激症状，眼圧および細隙灯（スリットランプ）検査による水晶体の位置について検討した。

## 成績

　検討した全例において，上記のトロピカミド・フェニレフリン点眼液の点眼後，羞明などの症状は明らかに改善した。また，眼圧は，点眼後もほとんど上昇せず，点眼前から高値を示していた症例5においても，

表1　症例および処置前後の所見

| 症例 | 犬種 | 性別 | 年齢 | 患眼 | 点眼前 | | 点眼後 | | 最終処置 |
|---|---|---|---|---|---|---|---|---|---|
| | | | | | 刺激症状 | 眼圧(mmHg) | 刺激症状 | 眼圧(mmHg) | |
| 1 | 柴 | 雌 | 13歳 | 右眼 | +++ | 21 | − | 19 | 点眼のみ |
| 2 | 雑種 | 雄 | 8歳 | 左眼 | ++ | 17 | − | 19 | 水晶体摘出 |
| 3 | マルチーズ | 雌 | 14歳 | 右眼 | ± | 15 | − | 15 | 点眼のみ |
| 4 | マルチーズ | 雄 | 12歳 | 右眼 | +++ | 17 | ± | 19 | 水晶体摘出 |
| 5 | ブル・テリア | 雄 | 5歳 | 右眼 | +++ | 26 | ± | 33 | 水晶体摘出 |
| | | | | 左眼 | ++ | 40 | + | 26 | 水晶体摘出 |

−：なし，±：わずか，+：あり，++：強い，+++：非常に強い

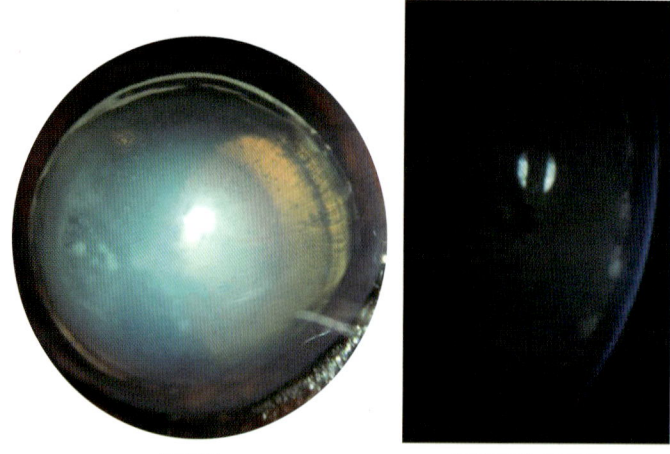

　　　　　前眼部　　　　　　　　　　細隙灯検査所見
　　　　図1　症例3　トロピカミド・フェニレフリン点眼液の点眼前の眼所見
水晶体は完全に前眼房内に脱臼し，その後方にやや縮瞳気味の瞳孔が観察できた。細隙灯検査により，水晶体は角膜内皮に接触していることが確認された。

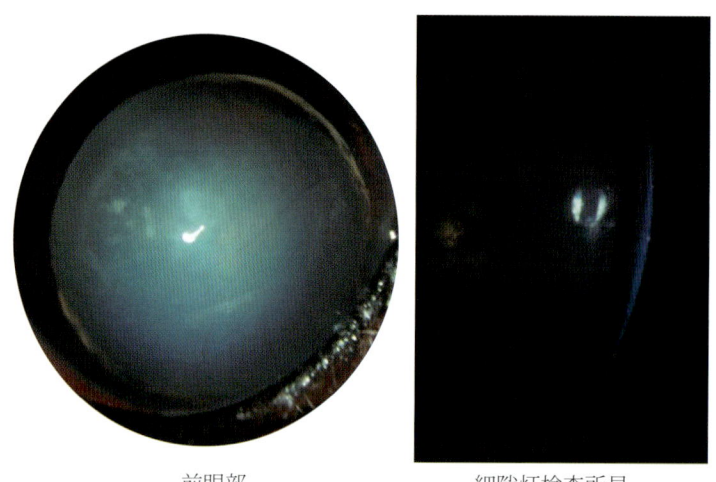

　　　　　前眼部　　　　　　　　　　細隙灯検査所見
　　　　図2　症例3　トロピカミド・フェニレフリン点眼液の点眼後の眼所見
写真ではわかりにくいが，瞳孔は脱臼した水晶体の直径とほぼ同程度の大きさまで散瞳していた。細隙灯検査により，点眼前までは角膜内皮に接触していた水晶体が，点眼後には後方へ移動して角膜との間に隙間ができていることが確認された。

点眼前後で症状を悪化させるような眼圧の上昇はみられず，刺激症状の改善が認められた。前房内の水晶体の位置については，点眼前は角膜の内皮と水晶体はほぼ接触していた（図1）が，点眼後は角膜内皮と水晶体との間に隙間ができた（図2）。

症例5例のうち3頭4眼に対しては最終的に水晶体摘出術を実施し，2頭2眼は点眼薬投与のままで経過を観察しているが，臨床上，とくに問題はみられていない。

## 考　察

水晶体の脱臼は，加齢などにより脆弱化したチン小

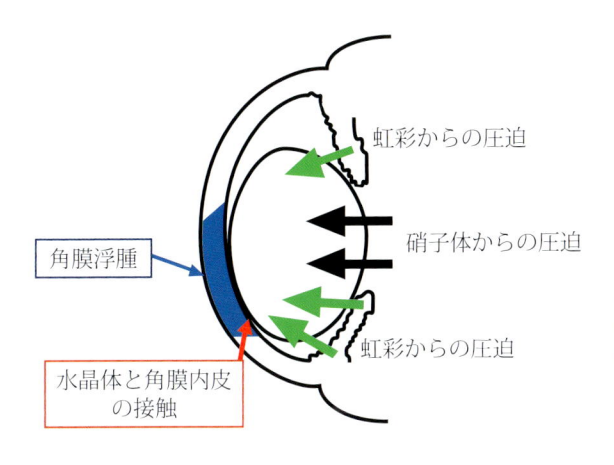

図3 水晶体前房内脱臼の病態
前眼房内に脱臼した水晶体は後方の硝子体および虹彩から圧迫を受けて前方に押し付けられ，角膜内皮に接触する。その結果，角膜浮腫（混濁），疼痛などの症状が発現する。

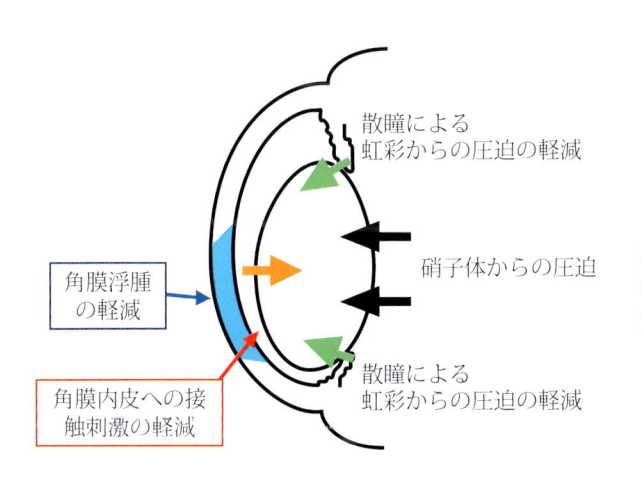

図4 水晶体前房内脱臼緊急レスキュー法の原理
瞳孔を開くことによって，後方で水晶体に接触する虹彩の面積が減少し，水晶体を後方から圧迫する力が軽減する。これにより角膜内皮に接触していた水晶体は後方へ移動し，疼痛を緩和することができる。また，硝子体脱出がある場合には，それによる瞳孔ブロックも解除できる。

帯が断裂することによって起こり，とくに前房内脱臼では急性症状（角膜浮腫，羞明，流涙など）を呈する。また，テリア種では，チン小帯の発育不全に関連して若齢でも発生し，その症状は激烈である[1, 4]。

一般に水晶体前房内脱臼は緑内障の原因になるとされているが[1-4]，著者の経験では実際に眼圧が上昇している例は高齢犬では少なく，脱臼した水晶体によって虹彩が後方に押されて隅角はむしろ広くなっていることが多い。したがって，本症の羞明や流涙などの刺激症状は，眼圧の上昇によるものではなく，脱臼した水晶体による角膜内皮への刺激が大きく関与している

と考えられる（図3）。

通常，水晶体前房内脱臼時には，眼圧を上げるような散瞳薬あるいは瞳孔ブロックを起こすような縮瞳薬の投与は危険である。しかし，前述の観点から，瞳孔を散瞳させれば，虹彩が水晶体を前に押す力を軽減し，さらに瞳孔ブロックも解除できると考え，今回の検討においてこれを試してみたところ，良好な成績を得ることができた。ただし，硝子体脱出をともなった緑内障眼（症例5の左眼）では，点眼後にある程度の症状の緩和は認められたが，水晶体は角膜内皮に接触したままであった。これは点眼前の瞳孔が緑内障によっ

てすでに散瞳状態にあったことと，点眼後も前房内に脱出した硝子体による水晶体への圧迫が持続していたためであったと考えられる（図4）。

以上のことから，本法は症状の緩和に有効ではあるが，適用する症例を選択しなければならないといえる。適応症例としては，① 眼圧が上昇しておらず，硝子体脱出などの合併症がない例，② 瞳孔がある程度縮瞳している例，③ 比較的老齢で，硝子体のシネレシスがあることが予想されるような例，④ 症例自身，飼い主あるいは診断した動物病院の事情で早急な手術の実施が困難である例が対象となると考える。また，本法を実施する際には，数日間にわたって入院させ，状態の急変時に対処できるようにし，1回の点眼で何時間症状の緩和が得られるかを調べたうえで点眼の頻度を決定するべきである。

ただし，水晶体前房内脱臼の治療は基本的には手術による脱臼水晶体の摘出であり，できることなら早急に水晶体摘出術を実施すべきであることを強調したい。今回の症例のうち，最終的に手術をしていない2例（症例1および3）は，飼い主による手術の同意が得られなかった例と，年齢的および一般状態が全身麻酔に不適と判断された例である。

この方法は根治治療ではないが，症例の犬のQOL（quality of life）を改善するために，非常に簡便であり，費用のかからない方法である。今後，さらに適用症例を増し，適応症例の条件や実用性など検討を重ねていきたい。

## 文 献

1) Galett,K.N.（1982）：水晶体の脱臼と不全脱臼．獣医眼科学全書（松原哲舟 監訳），510-513，LLLセミナー．
2) Petersen-Jones,S.M.（1993）：水晶体脱臼．小動物の眼科学マニュアル（印牧信行 訳），187-191，学窓社．
3) Severin,G.A.（1989）：水晶体の変位．獣医臨床眼科学（松原哲舟 監訳），160-168，LLLセミナー．
4) Slatter,D.（1990）：Lens luxation. Fundamentals of Veterinary Ophthalmology 2nd ed, 389-392, W.B. Saunders.

Case 41　犬

# 前房フレア値による犬における白内障術後炎症の評価

余戸拓也

**要約**

　白内障手術を施した犬における前房フレア値をレーザーフレアメーターを用いて経日的に測定した。術後のフレア値は1日目と2日目にはともに術前に比べて有意に上昇していたが，3日目以降は減少した。術後1日目のフレア値と症例の年齢あるいは体重，超音波発振時間，手術に要した時間との関係を検討したところ，1日目のフレア値と有意な相関が得られたのは手術時間のみであった。このことから，手術侵襲によるフレア値の増加には手術時間が大きく影響していると考えられた。

## はじめに

　犬の白内障手術において，周術期の管理は，一般の手術の場合と同様に，術後の合併症の発現を防止するために非常に重要である。白内障手術の術後の合併症としては，術後炎症，線維素の析出，角膜浮腫，術後高眼圧，後発白内障，緑内障，網膜剥離，感染性眼内炎などが知られている[2]。とくに術後炎症は，白内障手術の眼内操作にともなって血液房水関門が破綻するため，必ず出現する反応である。この際，術後に経日的に炎症の程度を検査することによって術後経過の良否を判断することができると考えられ，医学の眼科領域ではレーザーフレアメーターによるフレア値の測定が行われている[7-9,11,15]。

　今回，犬の白内障手術の臨床例について，術後炎症の指標としてフレア値を経日的に測定し，また，手術時間，手術操作の程度とフレア値との関連性についても併せて検討した。

## 材料および方法

### 1）症例

　検討の対象としたのは，白内障に罹患した犬17頭の24眼である。これらの犬の年齢は11か月齢〜12歳齢，体重は1.2〜11.3kgであった。犬種別では，キャバリア・キング・チャールズ・スパニエルが11眼，パピヨンが3眼，柴とアメリカン・コッカー・スパニエル，シー・ズーが各2眼，ウエスト・ハイランド・ホワイト・テリア，ロングヘアード・ミニチュア・ダックスフンド，ビーグル，トイ・プードルが各1眼である。また，白内障の進行度による分類[2]としては，初発白内障が1眼，未熟白内障が2眼，成熟白内障が15眼，過熟白内障が6眼であった。

### 2）白内障手術

　白内障の手術にあたっては，超音波白内障手術装置（CataRhex，株式会社ナイツ）を用いた水晶体超音波乳化吸引術によって水晶体を乳化吸引した後，ポリエチルメタクリレート製のワンピース後房レンズである犬用眼内レンズ（メニわん眼内レンズDV-20，株式会社メニワン）を水晶体嚢内に挿入した。なお，これらの各症例に対する手術はすべて同一の術者が行った。

### 3）周術期における薬剤の投与

　術前処置として，手術2日前からプレドニゾロン（プレドニゾロン錠「タケタ」5mg，武田薬品工業株式会社）を2mg/kgの用量で1日1回，ミソプロストール（サイトテック錠100，ファイザー株式会社）を5μg/kgの用量で1日2回，それぞれ経口投与した。

　また，手術1日前から院内調製して1%としたプレドニゾロン酢酸塩（2.5%プレドニン，塩野義製薬株式会社，現在販売中止），ジクロフェナクナトリウム（ジクロード点眼液0.1%，わかもと製薬株式会社），アトロピン硫酸塩水和物（日点アトロピン点眼液1%，

株式会社日本点眼薬研究所）の1日4回の点眼を行った。

手術直後には，リンコマイシン塩酸塩水和物の注射液（リンコシン注射液 1g，ファイザー株式会社）とベタメタゾンリン酸エステルナトリウムの注射液（リンデロン注 2mg（0.4%），塩野義製薬株式会社）を 0.3mL ずつ混合し，結膜下に注射した。

次いで術後1週間は，ロメフロキサシン塩酸塩（ロメフロン点眼液 0.3%，千寿製薬株式会社）とジクロフェナクナトリウムの点眼をそれぞれ1日4回，さらにセファゾリンナトリウム（セフマゾン注射用 1g，ニプロファーマ株式会社）25mg/kg の静脈内注射を1日2回とプレドニゾロン 2mg/kg の経口投与を1日1回行った。

なお，術後は，それぞれの症例に適した大きさのエリザベスカラーを着用し，自虐行為から眼球を保護した。

### 4）前房フレア値の測定

フレア値は，術前と術後1日目，2日目，3日目，4日目，5日目，6日目にレーザーフレアメーター FM-500（興和株式会社）を用いて測定した。この際，鎮静薬は使用せず，散瞳薬も用いなかった。

### 5）統計学的解析

術後1日目のフレア値と手術症例の年齢（歳）および体重（kg），超音波発振時間（秒），手術に要した時間（分）との相関をステップワイズ重回帰分析により，また，術後1日目および2日目のフレア値と手術時間との相関を線形回帰分析により検討した。なお，手術に要した時間は，角膜切開時から結膜下注射までとした。

術前に比較して術後6日間のフレア値に有意な変動があるか否かは，データが等分散でない（Bartlett 検定，$p < 0.001$）ことから Friedman 検定を行い，それにより有意差がみられた場合，各群間の有意差を Bonferroni/Dunn 法を用いて検定した。

## 成　績

手術前のフレア値は平均 16.39pc/ms であった。一方，術後のフレア値は個体間のばらつきが大きかったが，平均値としては術後1日目から上昇して2日目にピーク（297.13pc/ms）となり，その後，3日目には急激に低下し，それ以降は緩徐な低下を示した（図1）。

レーザーフレアメーターを用いて測定した術後1日目のフレア値と手術症例の年齢および体重（kg），超音波発振時間（秒），手術に要した時間（分）との相関を検討した結果，術後1日目のフレア値と有意な相関が認められたのは手術時間のみであった（ステップワイズ重回帰分析，重相関係数（R）＝ 0.848，$p < 0.001$）（図2）。ただし，術後2日目のフレア値と手術時間との間には，統計学的に有意な相関は認められなかった（線形回帰分析，R ＝ 0.410，$p = 0.0914$）。

## 考　察

白内障手術に際しての術後炎症の評価方法として，細隙灯（スリットランプ）顕微鏡による前房フレアの観察[3,14]がある。この方法は非侵襲的に反復測定が可能であるが，その判定は3〜5段階の半定量的なものであり，微妙な変化の検出が難しく，また，検査実施者の技量や主観的要素が大きく影響するために炎症の程度を正確に判定することが困難である。

これに対して，レーザーフレアメーターを用いた前房水の評価は，無侵襲であることに加え，前房水中のフレア値の客観的かつ定量的な反復測定が可能である。今回，白内障手術の臨床症例におけるフレア値を周術期で経日的に測定した結果，術前のフレア値は 16.39pc/ms で，若干高めの値が得られた。ただし，この値はこれまで報告されている犬の白内障術前の測定値 17.4pc/ms[5] に近似した値である。ヒトの白内障眼では水晶体の混濁により前房内に照射したヘリウムネオンレーザーの反射が増強するため，測定値が高くなることが指摘されており[10]，今回の検討でも成熟および過熟白内障で高値を示す例が多くみられた。

術後のフレア値は1日目から急速な上昇を認めた。ヒトでは手術後のフレア値は通常は 50pc/ms 前後であり[1,12]，術後のフレア値は犬のほうが明らかに高

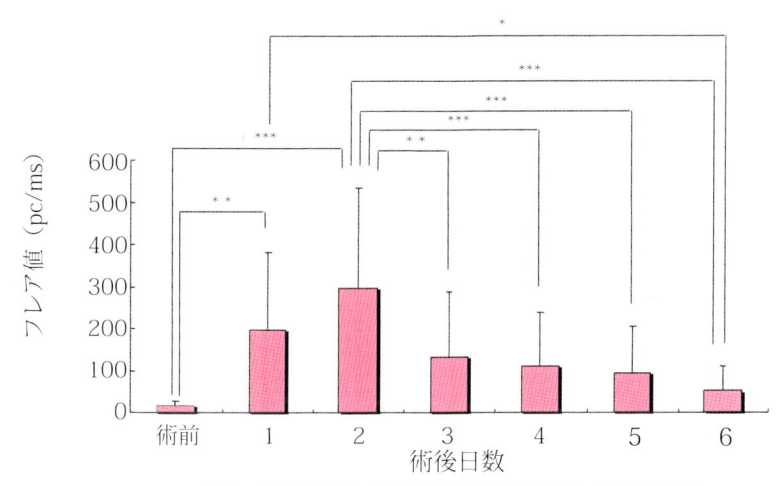

図1 臨床症例における白内障術後フレア値の変動
棒グラフの上の直線は標準誤差を示す。それぞれのポイントにて統計学的な有意差が認められた。
Friedman 検定：p < 0.001
Bonferroni/Dunn 法：*p < 0.05, **p < 0.01, ***p < 0.001

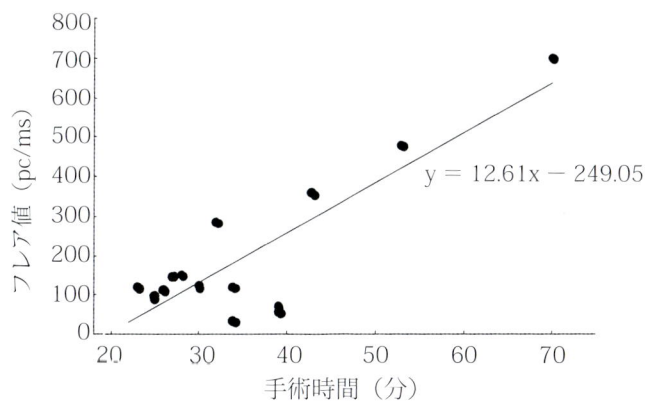

図2 術後1日目のフレア値と手術時間の相関
相関係数 (R) = 0.848, p < 0.001

かった。この理由の1つとして水晶体の大きさの違いが考えられる。すなわち犬の水晶体の赤道部の直径は約10mm, 前極から後極までの厚さは約7mm[13]であるのに対し, ヒトの水晶体の直径は9mmと犬とほぼ同じであるが,厚さは3mm[16]と犬の1/2以下である。この解剖学的な相違から, 犬のように大きな水晶体の手術では必然的に手術侵襲が大きくなるといえるだろう。このほか,動物は術後の安静を得ることが難しく,麻酔覚醒後に暴れたり吠えたり, あるいはエリザベスカラーで保護しているとはいえ眼球を擦ったりすることがある点も, 術後のフレア値が高くなる原因になっ

ていると思われる。さらに, ヒトと犬の炎症反応の違いが大きく影響している可能性もある[2,4]。また, 手術手技の優劣もフレア値に影響を及ぼすことが指摘されている[17]。

また, 術後に上昇したフレア値は3日目以降に低下を示した。ヒトの白内障手術でも術後3日目以降にフレア値が低下することが報告されており[12,17], 犬でも術後のフレア値の変動の傾向はヒトと同様であることが示された。

術後1日目のフレア値と手術症例の年齢（歳）および体重（kg）, 超音波発振時間（秒）, 白内障手術に

要した時間（分）との相関性に関しては，有意な相関が確認されたのは手術時間のみであった。これに対して，術後2日目のフレア値と手術時間との間には統計学的な有意差は認められなかった。手術時間は手術侵襲を表す1つの指標であると考えられ，術後1日目のフレア値が手術侵襲を反映していると判断した。また，術後2日目には手術侵襲以外の因子で比較的遅く発現する反応，たとえば眼内レンズに対する異物反応などをフレア値が反映している可能性がヒトでは指摘されているが[6,18]，犬でも同様の反応が起きていると考えられた。手術侵襲によるフレア値の上昇には，手術時間以外にも，超音波の発振時間，超音波のエネルギー量，超音波発振をしたチップ先端の眼内位置に加えて，角膜切開，前嚢切開，水晶体吸引，眼内レンズ挿入，角膜縫合など，白内障手術の一連の操作による侵襲が影響を及ぼしていることが推察される。したがって，より侵襲の少ない白内障手術を行うためには，その手術手技に熟練し，正確に，かつ短時間に手術を終えることが重要である。

　また，レーザーフレアメーターは，非侵襲的に客観的なフレア値が反復測定できることから，白内障手術後の侵襲の程度を評価することができ，さらに，新しい白内障の手術法を開発する際に，その評価手段として用いることも可能であると考えられた。

## 文献

1) El-Maghraby, A., Marzouki, A., Matheen, T.M., Souchek, J., Van der Karn, M. (1992)：Reproducibility and validity of laser flare/cell meter measurements as an objective method of assessing intraocular inflammation. *Archives of Ophthalmology*, 110, 960-962.

2) Gelatt, K.N. (1991)：The canine lens. Veterinary Ophthalmology (Gelatt, K.N. ed.), 442, Lea & Febiger.

3) Kimura, S.J., Thygeson, P. (1959)：Signs and symptoms of uveitis. I. Anterior uveitis. *American Journal of Ophthalmology*, 47, 155-170.

4) 小谷忠生 (1999)：眼内レンズ挿入における術後合併症. Surgeon (Technical Magazine for Veterinary Surgeons), 3(2), 82-88.

5) Krohne, S.G., Krohne, D.T. (1995)：Use of laser flaremetry to measure aqueous humor protein concentration in dogs. *Journal of American Veterinary Medical Association*, 206, 1167-1172.

6) 黒部直樹, 飯田了 (1990)：各種材質の眼内レンズにおける術後炎症. レーザーフレア・セル測定 (清水昊幸, 増田寛次郎 編), 91-95, 金原出版.

7) Ohara, K., Okubo, A. (1988)：Aqueous flare and cell meter in iridocyclitis. *American Journal of Ophthalmology*, 106, 487-488.

8) Ohara, K., Okubo, A. (1989)：Aqueous flare and cell measurement using laser in endogenous uveitis patients. *Japanese Journal of Ophthalmology*, 33, 265-270.

9) Oshika, T., Araie, M. (1988)：Diurnal variation of aqueous flare in normal human eyes measured with laser flare-cell meter. *Japanese Journal of Ophthalmology*, 32, 143-150.

10) Oshika, T., Kato, S. (1989a)：Changes in aqueous flare and cells after mydriasis. *Japanese Journal of Ophthalmology*, 33, 271-278.

11) Oshika, T., Kato, S. (1989b)：Quantitative assessment of aqueous flare intensity in diabetes. *Graefe's Archive for Clinical and Experimental Ophthalmology*, 227, 518-520.

12) Oshika, T., Yoshimura, K. (1992)：Postsurgical inflammation after phacoemulsification and extracapsular extraction with soft or conventional intraocular lens implantation. *Journal of Cataract & Refractive Surgery*, 18, 356-361.

13) Samuelson, D.A. (1991)：Ophthalmic embryology and anatomy. Veterinary Ophthalmology (Gelatt, K.N. ed.), 80, Lea & Febiger.

14) 澤充 (1990)：レーザーフレア・セルメーターの特性. レーザーフレア・セル測定 (清水昊幸, 増田寛次郎 編), 27-44, 金原出版.

15) Sawa, M., Tsurimaki, Y. (1988)：New quantitative method to determine protein concentration and cell number in aqueous *in vivo*. *Japanese Journal of Ophthalmology*, 32, 132-342.

16) 所敬, 金井淳 (1996)：解剖・発生. 現代の眼科学, 12, 金原出版.

17) 釣巻穣 (1990)：後房レンズ挿入手術. レーザーフレア・セル測定 (清水昊幸, 増田寛次郎 編), 74-82, 金原出版.

18) 山中昭夫 (1997)：生体適合性とIOL選択. 眼科ブレークスルー 白内障IOL手術 (小暮文雄, 三宅謙作, 林文彦 編), 24-25, 中山書店.

Case 42　犬

# 白内障の自然吸収がみられた犬の1例

仙田美夏，山形静夫，村上元彦

### 要　約

　若年性白内障の犬（アメリカン・コッカー・スパニエル，雌，2歳齢）において，白内障が自然吸収される過程を観察した。初診時に軽度な前部ブドウ膜炎が認められたが，副腎皮質ホルモン製剤の点眼により治癒した。白内障がさかんに吸収されている時期，虹彩では色素沈着がみられ，隅角では色素沈着や櫛状靱帯の肥大が観察されたが，これらの所見は白内障の吸収が終了する頃より改善した。

## はじめに

　白内障手術を施した眼の術後経過を観察していると，隅角の線維柱帯に増殖性の変化が認められることがある。しかし，白内障手術を行った眼の隅角を経時的に観察して記録することは，様々な理由から困難なことが多い。

　今回，若年性白内障で，白内障の自然吸収がみられるとともに，隅角を経時的に観察する機会を得たので，その概要を報告する。

## 症　例

　症例は，犬（アメリカン・コッカー・スパニエル），雌，2歳齢である。

### 1）主　訴

2週間前から右眼が白くなっているとの主訴で来院した。

### 2）一般身体検査所見

体重7.7kgで，特記すべき異常は認められなかった。

### 3）眼科学的検査所見

　左眼に異常はみられなかったが，右眼は白内障で，水晶体の中央部分がとくに白濁していた。さらに毛様充血や縮瞳，低眼圧など，前部ブドウ膜炎の諸症状が認められた。

### 4）治療および経過

　副腎皮質ホルモン製剤としてデキサメタゾン液（マキシデックス懸濁性点眼液0.1％，日本アルコン株式会社）の点眼を行ったところ，諸症状が改善した。しかし，水晶体過敏性ブドウ膜炎を疑い，炎症の再発を防止する目的で，症状改善後も同じく副腎皮質ホルモン製剤であるベタメタゾンリン酸エステルナトリウムの液剤（サンベタゾン眼耳鼻科用液0.1％，参天製薬株式会社）による点眼治療を実施した。

　初診から約1か月後，白内障の混濁はやや改善し，水晶体前嚢は軽度に陥凹していた。両眼の隅角を観察したところ，右眼の櫛状靱帯は繊細な構造が粗造化し，若干肥大しているようであった。左右の眼の虹彩の色調を比較すると，右眼の虹彩色素がより濃くなっていた。

　3か月後，水晶体の混濁には，吸収されて透明化した部分と，やや混濁の増した部分が混在していた（図1）。

　6か月後，右眼の水晶体の混濁は全般的に改善し，眼底からの反射光が透過している範囲が拡大していた。しかし，水晶体前嚢の陥凹は顕著で，前嚢はほぼ平坦化していた。また，虹彩の色素沈着はさらに顕著になり，隅角の線維柱帯は汚濁したように不明瞭化して櫛状靱帯も肥大していた（図2）。

　9か月後，水晶体はさらに透明化し，視覚も回復していた。

　10か月後，前回の検査と比較して，水晶体前嚢の形状や水晶体に変化がみられなくなっていた。水晶体はかなり透明化した状態で安定化していた。隅角は汚濁が消失して明瞭化し，櫛状靱帯もやや細くなり，改

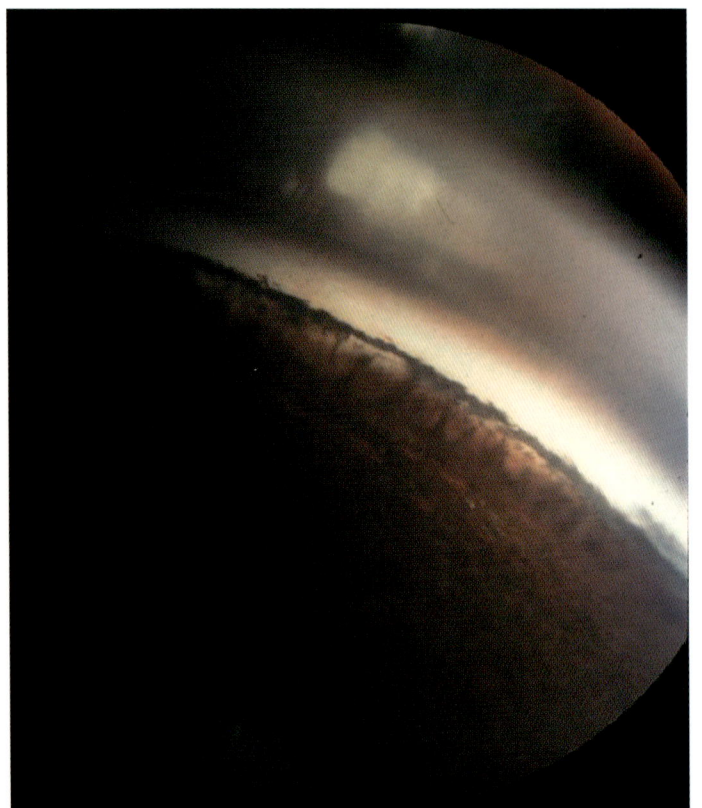

図1　3か月後の右眼の隅角
櫛状靱帯がやや肥大していた。

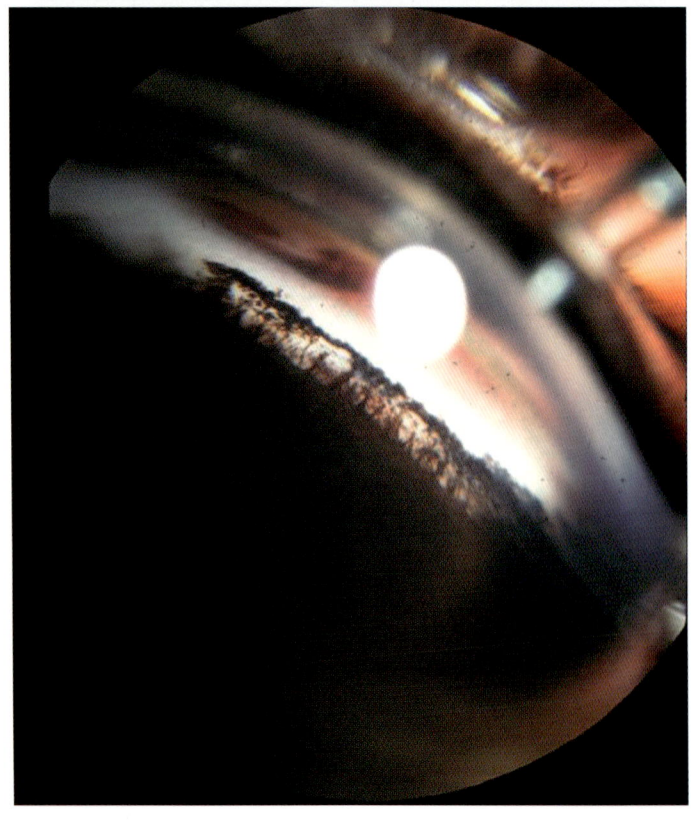

図2　6か月後の右眼の隅角
隅角に色素化がみられ，櫛状靱帯が肥大していた。

図3 10か月後の右眼の隅角
隅角の色素化と櫛状靭帯の肥大は改善傾向にあった。

善傾向にあるように観察された（図3）。

なお、この頃までに、左眼にも白内障が生じ、右眼と同様の病変および経過が認められた。

## 考察

本症例の白内障は、経時的に混濁範囲が進行するとともに、水晶体前嚢が陥凹して平坦化した。これは、白内障が進行すると同時に、変性した一部の水晶体蛋白質が水晶体嚢から前房内へ漏出して吸収されたためと思われる。水晶体蛋白質が前房に漏出すると、水晶体過敏性ブドウ膜炎を起こすといわれているが[2,3]、この例でも初期に前部ブドウ膜炎が認められた。

その後は、点眼治療の継続によって、水晶体蛋白質漏出による炎症を長期間にわたって抑制することが可能であったと思われる。一方、虹彩、隅角、線維柱帯には、あたかも色素細胞が増殖しているような変化がみられたが、白内障の吸収が停止すると隅角にみられていた病変は改善し、このことからこれらの病変は漏出した水晶体蛋白質に起因するものであったと推測した。時間の経過した白内障眼では緑内障を併発していることが多く[1]、今回のような隅角病変から緑内障に至るのかもしれない。

白内障手術を実施しても、術後に後発白内障がみられる例がある[2,3]。後発白内障は水晶体が再生している状況であり、水晶体蛋白質が前房へ漏出している可能性がある。そして、白内障手術に成功したと思われるにもかかわらず、数か月以上経過してから緑内障を発症する例もあり、本症例のような所見は、その一因として考慮する必要があると思われた。

## 文献

1) Gelatt,K.N. (2007)：Disease of the canine lens and cataract. Veterinary Ophthalmology 4th ed.（Gelatt,K.N. ed.）, 797-825, Blackwell.

2) Gelatt,K.N. (2007)：Surgery of the canine lens. Veterinary Ophthalmology 4th ed.（Gelatt,K.N. ed.）, 915-917, Blackwel.

3) Severin,G.A. (2003)：水晶体. セベリンの獣医眼科学 ―基礎から臨床まで― 第3版（小谷忠生，工藤荘六 監訳）, 325-349, メディカルサイエンス社.

## Case 43 犬

# 急性の視覚障害を呈する視神経炎を発症した犬の2例

太田充治

**要約**

急性の視覚障害を呈した犬2例〔シー・ズー，雌，3歳3か月齢およびビーグル，雌（避妊手術実施済み），5歳1か月齢〕に対して眼科学的検査を実施した結果，視神経炎が確認された。ただちにステロイド製剤の全身的投与を中心とした治療を開始したが，眼底所見は改善されたものの，2例とも視覚を回復するには至らなかった。

## はじめに

犬の視神経炎は，突然の散瞳と視覚喪失を呈する疾患として知られている。その原因としては，犬ジステンパーウイルスなどのウイルスやクリプトコッカスなどの真菌の感染のほか，外傷，中毒あるいは肉芽腫性髄膜脳炎などが考えられる[3, 5]。

今回，両眼に急性の視覚障害を呈した犬2例において，それぞれ片眼に強い視神経炎を認めたので，その概要を報告する。

## 症例1

第1例は，犬（シー・ズー），雌，3歳3か月齢である。

**1）主訴**

元気がなく，外に出しても走らなくなったとのことで来院した。

**2）既往歴**

特記すべき既往歴はない。

**3）現病歴**

昨日より元気を失い，外に出しても走らなくなっている。

**4）一般身体検査所見**

体重3.5kgで，外観上はとくに異常は認められず，栄養状態も良好であった。また，食欲もあり，神経症状等の異常も確認されなかった。

**5）眼科学的検査所見**

両眼ともに，瞳孔が散瞳し，瞳孔対光反射は直接，間接のいずれも陰性であり，視覚検査において両眼の視覚の消失が確認された。

眼圧は，右眼，左眼とも14mmHgと正常で，結膜充血と強膜充血はみられず，さらに角膜混濁も認められず，外眼部にも異常は観察されなかった。

眼底検査では，右眼には大きな異常は認められなかったが，左眼の視神経乳頭は著しく充血および腫大し，3ディオプター（D）の隆起を認め，乳頭周辺に出血および網膜剥離が確認された（図1）。

網膜電位図（flash ERG）検査では，両眼ともsubnormal ERGを示した（図2）。

なお，CT検査およびMRI検査は実施しなかった。

**6）治療および経過**

各種の検査所見から，本症例は，視神経から視交叉に至る部分に視神経炎の存在が推定され，それによって左眼に視神経炎様の症状が発現したものと考えられた。

治療には，視神経の圧迫病変と網膜剥離に対して，最初の3日間はD-マンニトール（20%マンニトール注射液「コーワ」，興和株式会社）2g/kgおよびデキサメタゾンメタスルホ安息香酸エステルナトリウム（水性デキサメサゾン注A，日本全薬工業株式会社）0.5mg/kgを静脈内に点滴投与し，その後はプレドニゾロン（プレドニン錠5mg，塩野義製薬株式会社）を2mg/kgの用量で1日1回，3週間にわたって経口投与した。

左眼の視神経炎の眼底所見は，1週間後の検診でほ

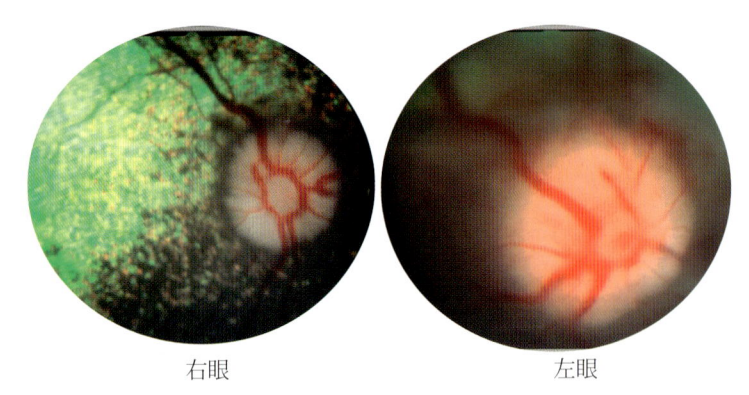

図1 症例1 初診時における眼底検査所見
右眼は、視神経乳頭の若干の突出と乳頭周辺の滲出病変がみられたが、ほぼ正常な所見であった。これに対して、左眼では、視神経乳頭が著しく充血および腫大し、前方へ3Dの突出を示していた。また、乳頭周辺には出血および網膜剥離も観察された。

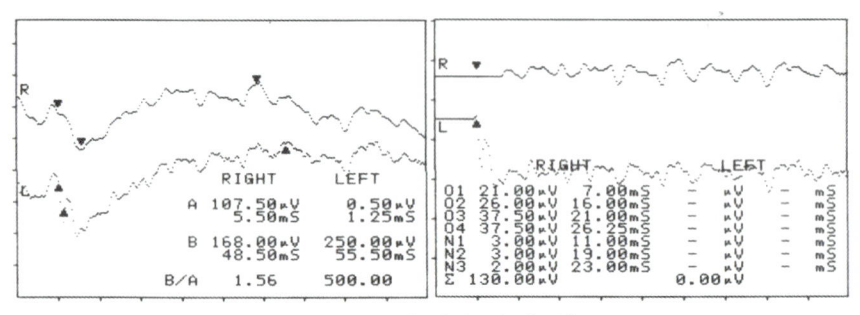

右眼　　　左眼

図2 症例1 初診時の網膜電位図
動物の鎮静が弱く、やや読み取りにくいが、両眼ともsubnormal ERGと判断した。

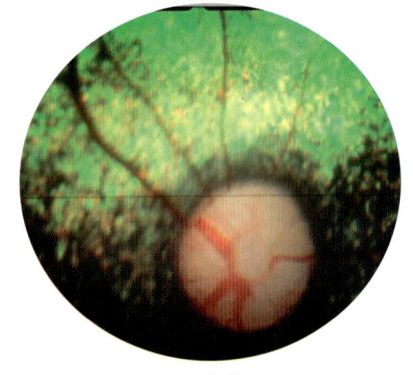

図3 症例1
治療開始1か月後における眼底検査所見（左眼）
視神経乳頭の充血および腫大は消失したが、乳頭全体に5Dの陥凹が認められた。

とんどみられなくなっていたが、両眼の対光反射や視覚の回復は認められなかった。

また、1か月後の検診時にも、両眼とも対光反射と視覚の回復はみられず、眼底検査において左眼の視神経の萎縮と、5Dの乳頭の陥凹が認められた（図3）。

## 症例2

第2例は、犬（ビーグル）、雌（避妊手術実施済み）、5歳1か月齢である。

### 1）主　訴

緑内障の疑いがあるとのことで、他院よりの紹介を受けて当院を受診した。

### 2）既往歴

特記すべき既往歴はない。

### 3）現病歴

3日前に突然、散歩中に物にぶつかるようになったとのことで主治医を受診した。右眼周辺部に疼痛がみられたため、緑内障の疑いがあるとして当院を紹介されて来院した。

### 4）一般身体検査所見

体重16kgで、元気、食欲ともに正常で、外観上もとくに異常は認められなかった。

### 5）眼科学的検査所見

両眼ともに、瞳孔が完全に散瞳し、瞳孔対光反射は

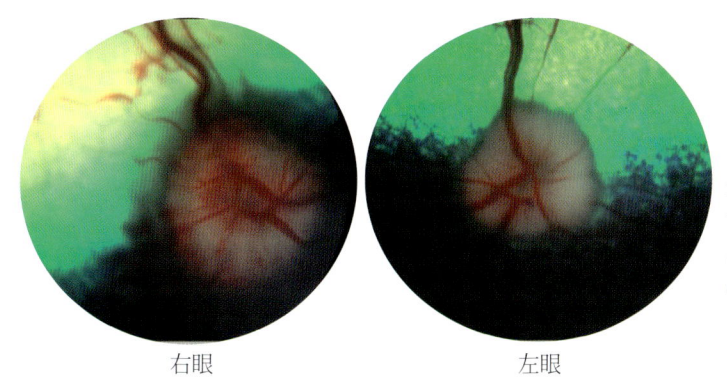

図4 症例2 初診時における眼底検査所見
右眼の視神経乳頭が著しく充血および腫大し，前方に10D突出していた。また，乳頭周辺には出血および網膜剥離が確認された。一方，左眼の眼底所見は，ほぼ正常であった。

右眼　　　　　左眼

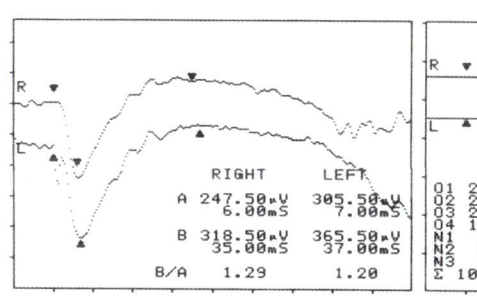

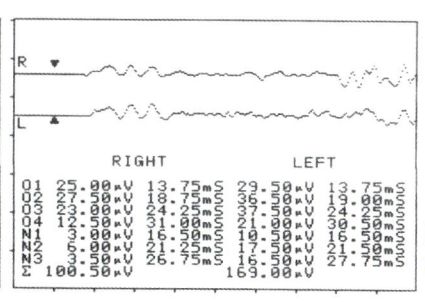

図5 症例2 初診時の網膜電位図
両眼とも normal ERG を示した。

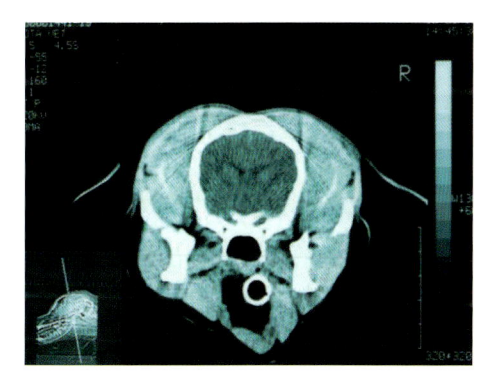

図6 症例2 CT検査所見
脳内にマスなどの異常は認められなかった。

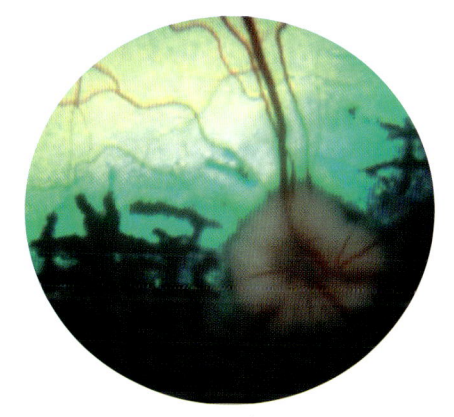

図7 症例2
治療開始4週間後における眼底検査所見（右眼）
右眼の視神経乳頭の状態はほぼ正常の状態に戻っていた。ただし，乳頭周辺のタペタムとノンタペタムの境界部には，線状の網膜萎縮領域が多数観察された。

直接，間接のいずれも陰性であり，視覚検査において両眼の視覚の消失が確認された。

　眼圧は，右眼が 17mmHg，左眼が 19mmHg と両眼ともに正常で，外眼部にとくに異常は認められなかった。

　眼底検査では，右眼の視神経乳頭が充血および腫大し，10Dの隆起を示し，乳頭周辺に出血および網膜剥離が確認された。一方，左眼の眼底検査所見は，ほぼ正常であった（図4）。

　また，網膜電位図（flash ERG）検査では，両眼とも normal ERG を示した（図5）。

**6）臨床病理学的検査所見**

　血液学的検査〔セルタックα（日本光電工業株式会社）を用いて実施〕の結果は，赤血球数 $746 \times 10^4/\mu L$，白血球数 $8400/\mu L$，ヘマトクリット値 52.0%，ヘモグロビン濃度 16.7g/dL，また，血液生化学的検査〔富

士ドライケム 3000V（富士フイルム株式会社）を用いて実施〕の結果は，総蛋白質濃度 8.2g/dL，アルブミン濃度 3.8g/dL，尿素窒素濃度 8.3 mg/dL，クレアチニン濃度 0.6mg/dL，アンモニア濃度 22mg/dL，グルコース濃度 122mg/dL，総コレステロール濃度 233mg/dL，総ビリルビン濃度 0.5mg /dL，アスパラギン酸アミノトランスフェラーゼ活性 21 IU/L，アラニンアミノトランスフェラーゼ活性 56 IU/L，アルカリ性ホスファターゼ活性 442 IU/L と，とくに異常は認められなかった。

さらに，脳脊髄液検査も実施したところ，細胞数の著しい上昇（細胞数：61/3，細胞分画：リンパ球93％，その他の白血球7％）がみられたが，これ以外に異常は確認できなかった。

### 7）CT検査所見

脳炎あるいは球後部の炎症も考えてCT検査を行ったが，異常は認められなかった（図6）。

なお，MRI検査は実施しなかった。

### 8）治療および経過

各種の検査所見から，症例1と同様に，視神経から視交叉に至る部分における病変，あるいは肉芽腫性髄膜脳炎の存在が疑われ，それによって右眼に視神経炎様の症状が発現したものと考えられた。

治療には，視神経の圧迫および炎症性病変と網膜剥離に対して，プレドニゾロン（プレドニン錠 5mg，塩野義製薬株式会社）2mg/kg，トラネキサム酸（トランサミン錠 250mg，第一三共株式会社）10mg/kg，オルビフロキサシン（ビクタスS錠 40mg，大日本住友製薬株式会社）2.5mg/kg をそれぞれ1日1回，4週間にわたって経口投与した。

4週間後の検診では，右眼の視神経乳頭および網膜血管の外観はほぼ正常に戻っていたが，両眼ともに対光反射や視覚の回復は認められなかった。また，網膜には，炎症後の所見と考えられる線状の網膜萎縮領域が多数観察された（図7）。

## 考察

視神経炎は，視神経炎と球後視神経炎に分類され，それぞれに様々な原因が考えられている[1-3]。しかしながら，実際の症例において，その発症原因を特定することは困難であり，診断上は特発性とされることが多い。

今回の2症例は，片側の眼に視神経炎様の症状を呈しながら，両眼の視覚と対光反射が完全に消失しているものであった。原因となっている病変部はいずれの症例も，視交叉を含む中脳にあると考えられ，病変の重症度の左右差が眼底像に反映されたことが推測された。

なお，症例1では，飼い主がそれ以上の検査を望まなかったために原因は不明である。一方，症例2では，脳脊髄液検査において脳脊髄液中の細胞数の著しい増加が認められたため，肉芽腫性髄膜脳炎も疑ったが，確定診断には至らなかった。今回は実施しなかったが，これらのような症状を呈している場合，炎症部位の特定にはMRI検査が有効ではないかと考えられる[3]。

今回の2症例とも，視覚消失の症状の発現から3日以内にステロイド製剤を中心とした積極的な治療[4, 5]を行ったにもかかわらず，眼底所見の回復にともなって視覚が回復することはなかった。視覚消失に先立って，初期には何らかの異常がみられたのかもしれないが，飼い主がそのことに気づく可能性は低く，完全な視覚消失が認められた時点では，すでに予後不良となっていることが推察された。

### 文献

1) Barnett,K.C.（2002）：Optic neurits（papillitis）. Canine Ophthalmology An Atlas and Text, 178-179, W.B.Saundrs.

2) Curtis,R., Barnett,K.C., Leon,A.（1991）：Disease of the canine posterior seguement. Veterinary Ophthalmology（Gelatt,K.N. ed.）, 517-518, Lea&Febiger.

3) Gelatt,K.N.（2000）：Canine posterior segment. Essentials of Veterinary Ophthalmology, 289-294, Lippincott Williams & Wilkins.

4) Petersen-Jones,S.M.（1993）：視神経炎. 小動物の眼科マニュアル（印牧信行 訳）, 215, 学窓社.

5) Slatter,D.（1990）：視神経炎. 獣医眼科学（松原哲舟 監訳）, 490-491, LLL セミナー.

Case 44　犬

# 下垂体腫瘍により急性視覚喪失を生じた犬の1例

滝山　昭

## 要約

　突発的に視覚喪失を起こした犬（ゴールデン・レトリーバー，雄，7歳4か月齢）に対して眼科学的検査を行った結果，視覚障害の原因は視神経乳頭部より中枢側にあると判断し，さらにCT検査を実施した。その結果，下垂体腫瘍が視神経を圧迫したために視覚障害が生じたと考えられ，外科的治療を行わず，経過観察とした。その後，神経症状を呈して死亡した際に病理組織学的検査に供したところ，下垂体腺腫と診断された。

## はじめに

　突発的に発生する視覚喪失として，犬では突発性後天性網膜変性症候群（sudden acquired retinal degeneration：SARD）が知られている。

　ここに報告するのは，突然の視覚喪失を主訴として来診されたもので，病初期には視覚障害の原因を特定ができず，その他の神経症状にも乏しかったが，CT検査によって正確な診断がなされた症例である。

## 症例

　症例は，犬（ゴールデン・レトリーバー），雄，7歳4か月齢である（図1）。

### 1）主訴

　突発的な視覚喪失を主訴として来院した。

### 2）現病歴

　1か月ほど前から視覚異常がみられ，瞳孔が常に散瞳状態にあることから他院を受診したところ，視神経乳頭の腫脹を指摘され，コルチゾン製剤の投与が続けられていた。その後，4日前に突然，完全な視覚喪失を示した。

### 3）一般身体検査所見

　初診時は，体重43kgで，特記すべき異常は認められなかった。

### 4）眼科学的検査所見

　右眼は，瞳孔が散大したままで（図2），対光反射は直接，間接ともに陰性であった。ただし，上強膜および結膜の充血や中間透光体の異常は認められなかった。また，眼圧は17mmHgであった。眼底検査所見としては，視神経乳頭が不鮮明であり，乳頭腫脹を起こしていると考えられたが，網膜に変性は観察されなかった（図3）。加えて網膜電位図検査を実施したところ，正常な所見が得られた（図5）。

　一方，左眼も，右眼と同様に，瞳孔が散大したままで，対光反射は直接，間接ともに陰性であった。上強膜および結膜の充血や中間透光体の異常は認められず，眼圧は19mmHgであった。眼底検査では，視神経乳頭が球状に突出し，その色調は暗色で蒼白化しており，視神経乳頭萎縮を起こしていると考えられた。また，乳頭からの血管新生が認められたことから，比較的長期にわたって視神経乳頭炎を発症していることが疑われた。しかしながら，網膜への分布血管には著変は認められず，網膜の変性所見もとくに観察されなかった（図4）。また，網膜電位図検査の結果も正常であった（図5）。

### 5）臨床病理学的検査所見

　血液生化学的検査では，総コレステロール濃度が347mg/dL，アスパラギン酸アミノトランスフェラーゼ活性が200 IU/L，アラニンアミノトランスフェラーゼ活性が1005 IU/L，アルカリ性ホスファターゼ活性が1849 IU/Lと，いずれも高値を示していた。

　そこで，クッシング症候群を疑い，血中コルチゾール濃度の測定ならびに副腎皮質刺激ホルモン（ACTH）負荷試験を実施したが，コルチゾール濃度は3.8

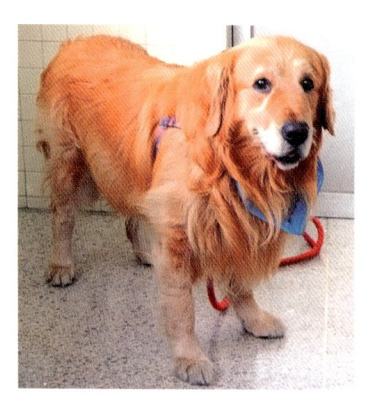

図1　初診時の外貌

図2　初診時の顔貌
瞳孔が散大していた。

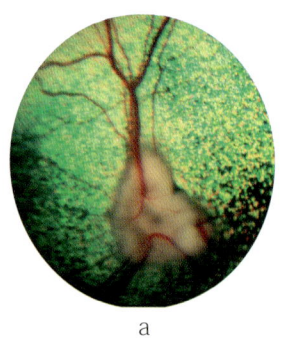

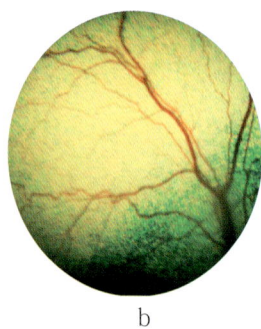

図3　初診時における眼底検査所見（右眼）
a：視神経乳頭が軽度に腫大し，突出していた。
b：網膜の変性は認められなかった。

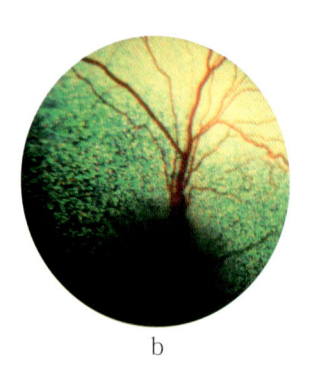

図4　初診時における眼底検査所見（左眼）
a：視神経乳頭が球状に突出し，新生血管が認められた。
b：網膜の変性は認められなかった。

μg/dL，ACTH負荷試験の結果は，投与30分後の測定値が9.8μg/dL，1時間後の測定値が13.6μg/dLで，異常は認められなかった。

**6）治療および経過**

注射用グルタチオン（イセチオン注用200mg，東和薬品株式会社）の投与を行った結果，肝機能は正常に戻り，第40病日頃に数日間にわたって視覚が回復したと思われる時期があった。

しかし，その後，再び視覚を喪失したまま推移したため，3か月後にCT検査を実施した。その結果，造影後に強調される腫瘍が下垂体部に認められ（図6），下垂体周囲の腫瘍が視交叉周辺を圧迫したことにより生じた視神経炎と視覚喪失であると診断した。

この際，下垂体腫瘍の摘出術の実施も検討したが，飼い主の希望もあり，経過観察とした（図7）。その後，次第に痴呆などの神経症状が進行し，初診から218病日に死亡した。その際，剖検ならびに病理組織学的検査に供した結果，下垂体腺腫と診断された（図8）。

**考　察**

視交叉あるいはその近傍に生ずる腫瘍として，ヒトでは下垂体腺腫や視神経膠腫など，犬では下垂体腺腫，視神経髄膜腫，視神経膠腫などが知られている[1]。また，犬の眼窩腫瘍としては線維腫，髄膜腫，骨肉腫，

Case 44

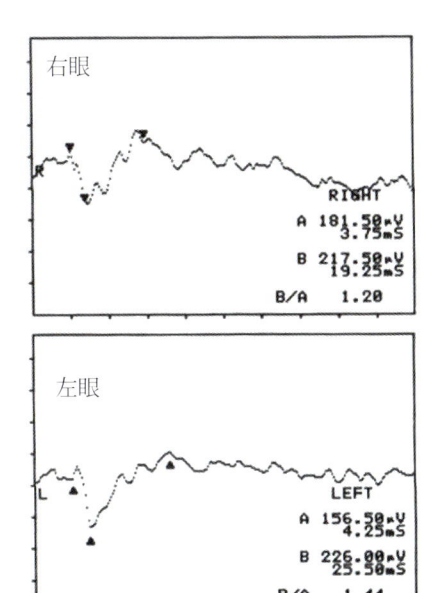

図5 初診時の網膜電位図
両眼ともに正常所見であった。

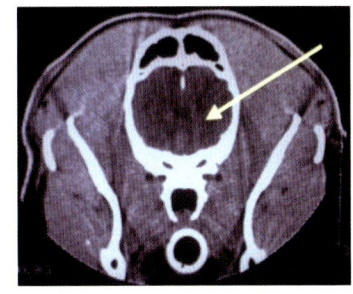

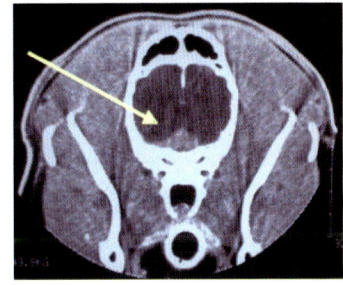

図6 第90病日におけるCT検査所見
下垂体部（矢印）が造影剤により増強されていた。

図7 第187病日における眼底検査所見
右眼：視神経乳頭の突出は消退していたが、網膜変性が認められた。
左眼：視神経乳頭は突出したままであり、その周囲は不鮮明で、血管新生が認められた。

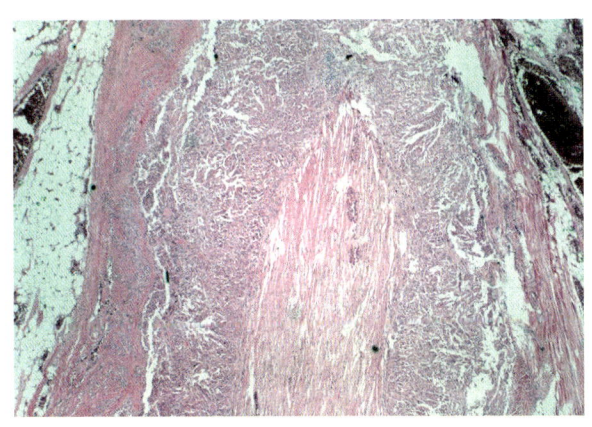

図8 視神経の病理組織学的検査所見
（ヘマトキシリン・エオジン染色）
視神経外鞘下へ腫瘍細胞が高度に侵入していた。

リンパ肉腫などがあるが、眼窩に発生する腫瘍の大半は悪性である[3]。

眼窩の腫瘍や下垂体腫瘍により視覚喪失が生じた犬の例がすでに報告されているが[2,5]、今回の症例も下垂体腺腫が両側の視神経を障害したために視覚喪失に至ったものと考えられた。

本症例は眼底検査の所見が左右の眼で大きく異なっ

ていたことが特徴的である。頭蓋内の腫瘍は，視神経乳頭の浮腫や萎縮を起こすことがある[4]。また，網膜への血管の進入に関しては，視交叉付近で内頸動脈から分枝する眼動脈が篩板後方で視神経に入り，網膜中心動脈となって網膜に分布している。こうした視神経および眼動脈に対しての腫瘍による圧迫の相違が右眼と左眼の眼底検査所見の差異となって現れたものと思われる。

また，この症例では，血液生化学的検査所見から，病初にクッシング症候群を疑い，ACTH負荷試験を実施したが，下垂体腫瘍を思わせる所見は得られなかった。下垂体腺腫には副腎皮質刺激ホルモン分泌性腫瘍や成長ホルモン産生腺腫，プロラクチン産生腺腫などがあるが，本症例における腫瘍は副腎皮質刺激ホルモン分泌性腫瘍ではなかったため，コルチゾール値に異常がみられなかったものと考えられる[6]。

なお，今回の症例に対しては視覚障害の確定診断をするにとどまったが，今後の課題として，外科的治療を含めて積極的な治療の方策を検討するべきであると考えている。

## 文 献

1) Brook,D.E.（1999）：The canine optic nerve. Veterinary Ophthalmology 3rd ed（Gelatt,K.N. ed.）, 992, Lippincott Williams & Wilkins.
2) Davidson,M.G., Nasisse,M.P., Breitschwerdt,E.B., Thrall,D.E., Page,R.L., Jamieson,V.E., English,R.V.（1991）：Acute blindness associated with intracranial tumors in dogs and cats: Eight cases（1984-1989）. *Journal of American Veterinary Medical Association*, 15, 755-758.
3) Hendrix,D.V. & Gelatt,K.N.（2000）：Diagnosis, treatment and outcome of orbital neoplasia in dogs: A retrospective study of 44 cases. *Journal of Small Animal Practice*, 41, 105-108.
4) Martin,C.L.（1999）：Ocular manifestation of systemic disease. Veterinary Ophthalmology 3rd ed（Gelatt,K.N. ed.）, 1437-1438, Lippincott Williams & Wilkins.
5) Miller,W.H.Jr.（1991）：Parapituitary meningioma in a dog with pituitary-dependent hyperadrenocorticism. *Journal of American Veterinary Medical Association*, 198（3）, 444-446.
6) 本好茂一，高橋和明，鈴木勝士，梅田昌樹，天尾弘実 訳（1991）：副腎皮質機能亢進症．犬猫の内分泌病学（本好茂一 監訳），182-258，LLLセミナー．

## Case 45 犬

# 多発性眼異常が認められたゴールデン・レトリーバー

太田充治

### 要約

瞳孔膜遺残と白内障が認められた犬（ゴールデン・レトリーバー，雄，82日齢）に対して詳細な眼科学的検査を実施した結果，水晶体コロボーマが発見された。その後もこの犬の飼育を続けたところ，成長後も眼球の大きさが発達せずに小眼球症となり，7か月齢時の検査では網膜異形成の存在が確認され，さらに視神経乳頭コロボーマも疑われた。また，網膜電位図（ERG）検査においては，82日齢時と7か月齢時のいずれの時期にも subnormal ERG を示していた。

### はじめに

ゴールデン・レトリーバーには，遺伝性の白内障や網膜異形成，進行性網膜萎縮，網膜色素上皮ジストロフィーなどが発生する。

今回，約3か月齢のゴールデン・レトリーバーに先天白内障を含めた複数の眼異常を認めたので以下に報告する。

### 症例

症例は，犬（ゴールデン・レトリーバー），雄，82日齢である。

#### 1）主訴

ワクチン接種のために受診した病院で瞳孔膜遺残と白内障の存在を指摘され，精査のために当院を受診した。

#### 2）既往歴

特記すべき既往歴はない。

#### 3）現病歴

現病歴に関しても，特記すべき点はない。

#### 4）一般身体検査所見

体重5.4kgで，体格はやや小さいが，元気および食欲は正常で，視診，触診，聴診においても異常は認められなかった。

#### 5）眼科学的検査所見

両眼とも，角膜に混濁はなかったが，角膜径はやや小さく，通常の開瞼時でも結膜が露出気味であった。ただし，羞明などの刺激症状は観察されず，眼脂もみられなかった。また，瞳孔対光反射も両眼ともに正常で，綿球落下試験や迷路試験でも視覚障害は認められなかった。

**右眼**：虹彩捲縮輪から水晶体の前面中央部に向かって糸状組織（瞳孔膜遺残）が伸びており，水晶体前嚢にはその組織が癒着している位置に一致して白色の混濁（癒着性白斑）が認められた。水晶体は12時から4時の位置までの赤道部に欠損（水晶体コロボーマ）がみられ，水晶体の辺縁は直線状になり，その部分に毛様小帯ではなく，毛様突起が直接付着していた。また，水晶体の皮質から核にかけて限局性の混濁（先天白内障）が多数観察され（図1），このために眼底検査では，タペタムの色調は確認できたが，視神経乳頭や網膜血管の観察はほとんど不可能であった。

**左眼**：瞳孔膜遺残はみられなかったが，右眼と同様に7時から12時の位置までの水晶体赤道部における水晶体コロボーマと，右眼よりは混濁の程度が若干軽い先天白内障が認められた（図1）。眼底検査では，水晶体の透明部分から眼底をある程度は観察することが可能であったが，タペタム領域において限局性線状の反射低下領域（網膜異形成）が多数観察された（図2）。

**眼球の超音波検査所見**：水晶体コロボーマが確認されたが，網膜剥離や硝子体動脈遺残，第1次硝子体

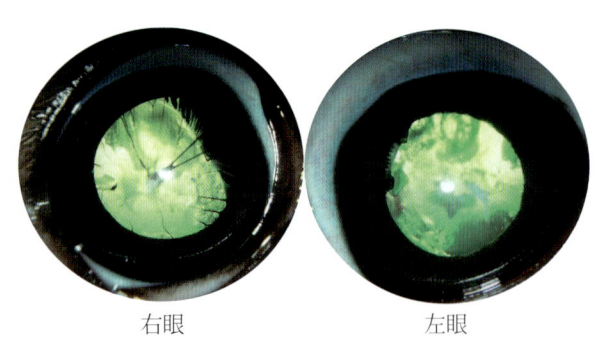

図1 初診時の前眼部所見
両眼ともに眼球径および角膜径が小さく、先天白内障と水晶体コロボーマが認められた。また、さらに右眼には、虹彩から角膜に伸びる瞳孔膜遺残がみられ、瞳孔膜が癒着している部分の角膜には癒着性白斑も観察された。

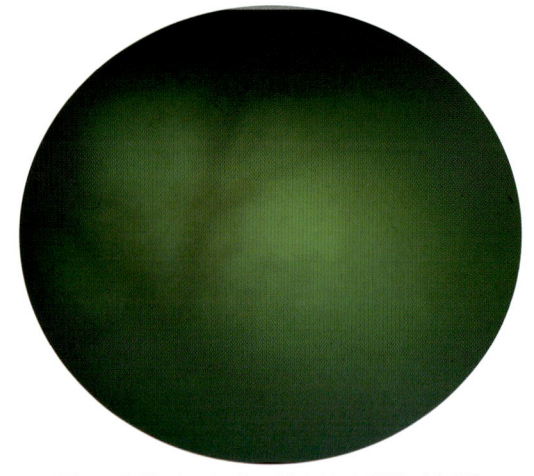

図2 初診時における眼底検査所見（左眼）
白内障のため鮮明には観察できなかったが、網膜血管の蛇行とタペタム領域に線状の網膜異形成病変が確認された。

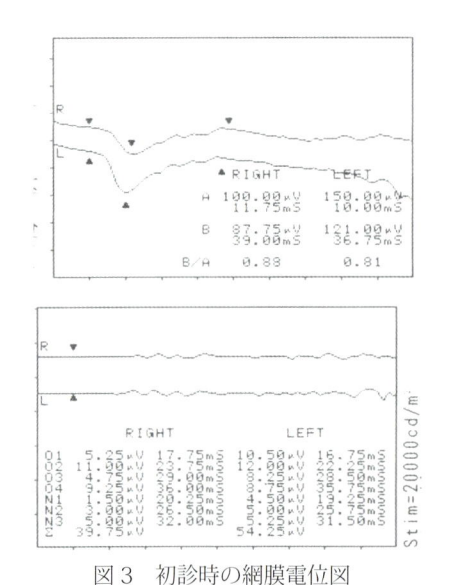

図3 初診時の網膜電位図
a波、b波ともに、潜時の延長および振幅の低下がみられるsubnormal ERGであると判断された。

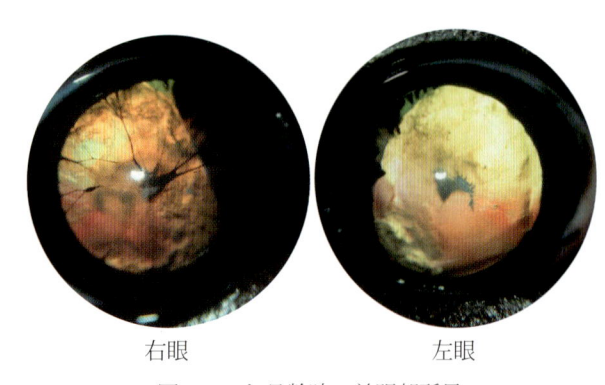

図4 7か月齢時の前眼部所見
初診時と同様の異常が認められたが、それぞれの症状が進行している様子はみられなかった。

過形成異残などの眼異常は観察されなかった。

**網膜電位図（ERG）検査所見**：両眼において、a波、b波ともに、潜時の延長と振幅の低下がみられるsubnormal ERGを示し、とくに右眼においてその傾向が顕著であった（図3）。

**6）臨床病理学的検査所見**

血液学的検査〔セルタックα（日本光電工業株式会社）を用いて実施〕の結果、赤血球数 $540 \times 10^4/\mu L$、白血球数 $13300/\mu L$、ヘマトクリット値37.7%、ヘモグロビン濃度13.0g/dLの測定値を得た。

血液生化学的検査〔富士ドライケム3000V（富士フイルム株式会社）を用いて実施〕の結果は、総蛋白質濃度5.2g/dL、アルブミン濃度2.7g/dL、尿素窒素濃度29.7mg/dL、クレアチニン濃度0.8mg/dL、グルコース濃度77mg/dL、総コレステロール濃度302mg/dL、総ビリルビン濃度0.6mg/dL、アスパラギン酸アミノトランスフェラーゼ活性26 IU/L、アラニンアミノトランスフェラーゼ活性25 IU/L、アルカリ性ホスファターゼ活性203 IU/Lであった。ま

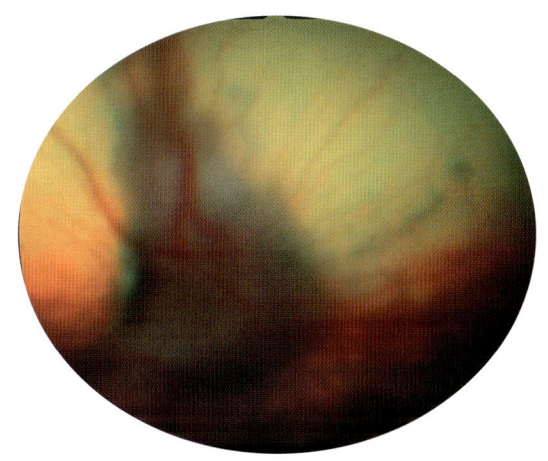

図5　7か月齢時における眼底検査所見（左眼）
視神経乳頭の3時と9時の位置にコロボーマが観察された。また，視神経乳頭の周辺には線状の網膜異形成が認められた。

た，電解質〔富士ドライケム800V（富士フイルム株式会社）により測定〕については，ナトリウム濃度142mEq/L，カリウム濃度5.0mEq/L，クロール濃度112mEq/Lの結果を得た。

以上の各測定値にとくに異常は認められなかった。

**7）治療および経過**

初診時には，とくに治療は施さず，経過観察とした。

その後，症例の犬は，一般健康状態は非常に良好であった。しかし，成長が悪く，極端に痩せているわけではないが，7か月齢になっても体重が14.1kgまでにしか増えなかった。

また，6か月齢を過ぎた頃から視覚障害が進んだよ

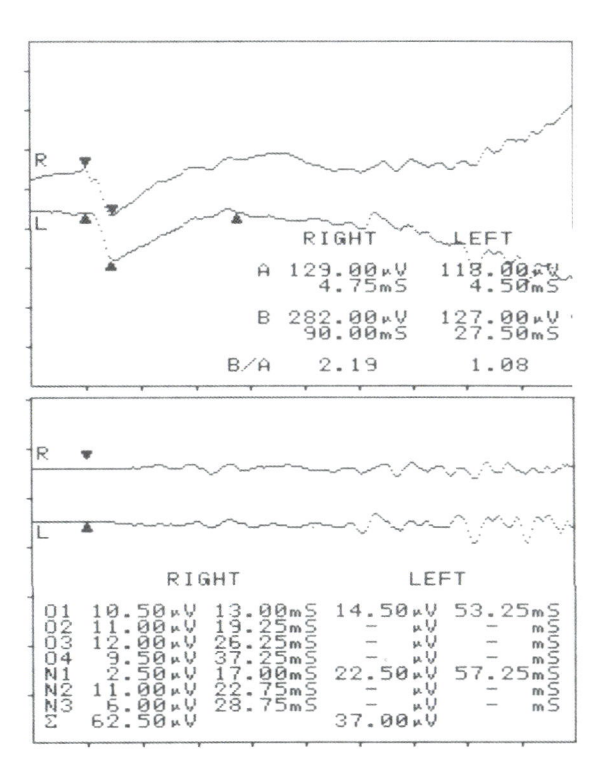

図6　7か月齢時の網膜電位図
初診時とほぼ同様の所見を示し，subnormal ERG と判断された。

うで，完全な視覚の喪失には至っていないが，歩行時などに物に当たったり，目前の物を過剰に怖がったりするようになったため，7か月齢時に再度の眼科学的検査を実施した。

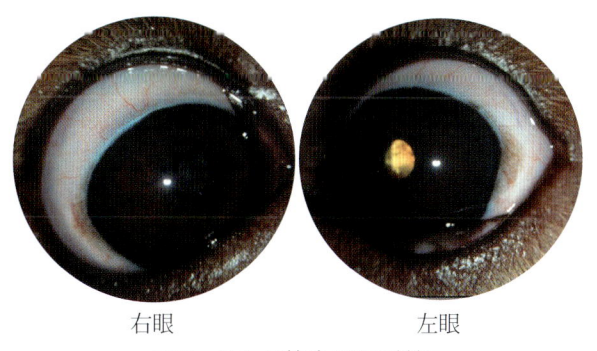

右眼　　　　　左眼
図7　7か月齢時の眼の外観
眼球の発達が悪く，眼球径，角膜径とも小さかった。また，通常の開瞼時でも結膜が露出していた。

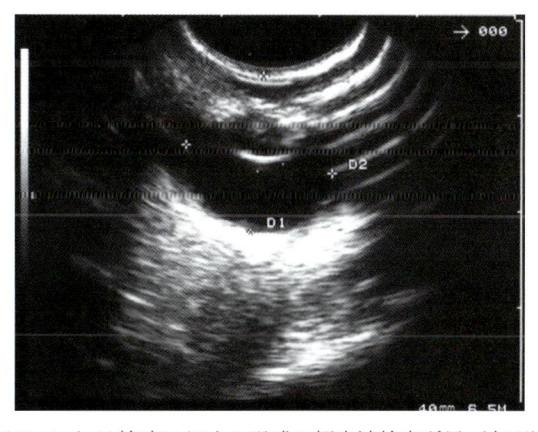

図8　7か月齢時における眼球の超音波検査所見（左眼）
眼球径は前後が16.3mm，上下が15.2mmで，同じ月齢のゴールデン・レトリーバーや，同程度の体重の他犬種の犬と比べて，やや小さかった。

このとき，前眼部の検査では，初診時にみられた異常以外に新たな異常は認められず，白内障の進行も確認されなかった（図4）。しかし，眼底検査では，初診時よりもやや鮮明に観察できるようになっており，視神経乳頭の一部にコロボーマがあることが確認された。一方，網膜異形成の状態はほとんど変わらず，網膜剥離などの合併症も認められなかった（図5）。網膜電位図検査においても，初診時とほぼ同様の結果であったが，左右の眼に差異はみられなくなっていた（図6）。さらに眼球の超音波検査においても初診時と同様に，網膜剥離など，視覚に影響が出るような異常は認められなかった。ただし，眼球径は15〜16mm（小眼球症）で，同じ月齢のゴールデン・レトリーバーや，あるいは同程度の体重のその他の犬種の犬と比べて，やや小さかった（図7，8）。

現在，網膜機能の維持のためにビタミンとミネラルのサプリメント（Ocuvite Lutein Eye Vitamin and Mineral Supplements，Bausch & Lomb Incorporated，アメリカ合衆国）を与えて経過を観察中である。

## 考 察

ゴールデン・レトリーバーに発生する先天白内障は，通常，後極部の後嚢下に縫線に沿って認められる三角形の混濁で，これは遺伝性であることが証明されている[1]。これに加えて，近年，多発性眼異常をともなった先天白内障に関しても，遺伝性であるか否かの研究が進められている[1]。その多発性眼異常は，小眼球症，瞳孔膜遺残，水晶体の形態異常，網膜異形成などとされており[2]，今回の症例にみられた多発性眼異常とよく一致する。本症例はペットショップから購入された動物で，その同腹子や直系の動物に同様の異常が出現しているかについては不明であるが，可能性は高いと思われる。

個体発生上は，水晶体は表層外胚葉から，網膜は神経外胚葉から，そして角膜実質と強膜および瞳孔膜は中胚葉から発生する。したがって，ここにみられた多発性眼異常は，発生学的にまったく異なる部位において先天的な異常が多発性に生じたものと考えられる。

白内障は混濁の面積や程度が重度になれば視覚障害を起こすし，網膜異形成もそれが多巣性であったり，網膜剥離をともなっている場合には視覚に影響する。また，瞳孔膜遺残も，癒着性白斑の程度が著しければ視界を妨げることになろう。本症例の場合は，白内障の混濁の程度は未熟で，4か月間ほとんど進行せず，左眼については眼底の観察も不明瞭ながら可能であったし，加えて網膜異形成や瞳孔膜遺残は生後に進行していくものではなく，網膜電位図も初診時とほぼ変化はなかった。そのため，生後6か月まではほとんど不自由なく行動していたが，それが突然に視覚障害を呈した原因は不明である。

先天白内障の治療法としては，外科的な水晶体摘出（嚢内法あるいは嚢外法）が主である。しかし，本症例の場合は，水晶体コロボーマも併発しているため，水晶体は非常に不安定であることが予想され，嚢外法では手術時に水晶体の脱臼を起こす危険性が高い。また，右眼には重度の瞳孔膜遺残があり，両眼の水晶体表面に毛様突起が直接付着している部位があることから，手術操作中にここから出血する危険性も想定される。あるいは，水晶体は良好に摘出できたとしても，網膜異形成があり，網膜電位図はsubnormal ERGと低下しているために，術後も視覚が十分には回復しない可能性も考えられる。さらに白内障以外の眼異常については治療法がなく，それらに関しては，今後の発生予防のために繁殖を制限する以外に対応策がない。これらの種々の理由から，現在のところ，治療としてはビタミンおよびミネラルの投与のみとせざるをえない状況である。

### 文 献

1) Gelatt,K.N.（1991）：The canine lens. Veterinary Ophthalmology（Gelatt,K.N. ed.），429-460，Lea&Febiger.
2) Williams,L.W.（1977）：Multiple ocular defects in a golden retriever puppy. *Veterinary Medicine, Small Animal Clinician*, 72, 1463-1465.

# Case 46　犬

## 種々の眼異常を含む多発奇形が認められたシー・ズー

上岡尚民，上岡孝子，長澤　裕

### 要 約

角膜類皮腫に罹患した犬（シー・ズー，雌，1歳6か月齢）の手術を行う予定で各種検査を実施した結果，多発眼異常に加え，骨格の奇形や心奇形が認められた。

### はじめに

様々な形態異常をともなう眼異常がサモエドやドーベルマン，ラブラドール・レトリーバーなど，多くの犬種で報告されている[1-3]。

本稿では，複数の眼異常に加えて，骨格や心臓の異常が認められたシー・ズーについて，その概要を報告する。

### 症　例

症例は，犬（シー・ズー），雌，1歳6か月齢である。

#### 1）主　訴

2か月齢のとき，眼から毛が生えているとの主訴で来院した。

#### 2）既往歴

特記すべき既往歴はない。

#### 3）現病歴

初診時に角膜類皮腫と診断し，成犬になるまで待ってから手術をするように勧めた。

その後，類皮腫から生じる毛を定期的に抜去する処置のみを行っていたが，1歳6か月の時点で飼い主が手術を希望した。

#### 4）一般身体検査所見

術前の一般身体検査では，体重4.0kgで，栄養状態は良好であった。体温は38.7℃，心拍数は180回/分で，不整脈が確認された。

#### 5）X線検査所見および超音波検査所見

胸部X線検査においてT3－10にかけて数か所に塊状椎骨や肋骨の変形および融合が観察され（図1），また，超音波ドップラー検査により軽度の動脈管開存症および第Ⅱ度房室ブロックの不整脈が認められた（図2）。

#### 6）眼科学的検査所見

右眼では角膜類皮腫および睫毛重生が原因と思われ

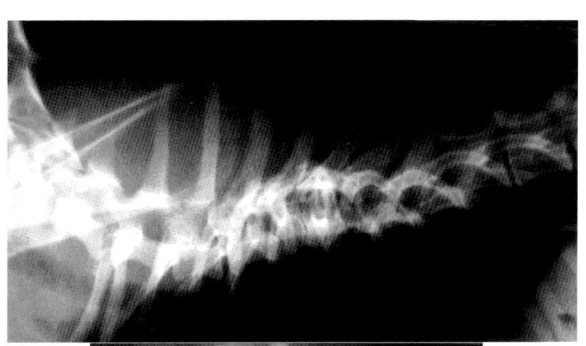

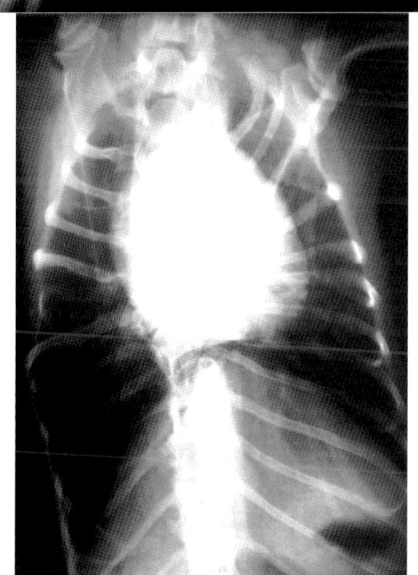

図1　胸部X線検査所見
T3－10にかけて塊状椎骨や肋骨の変形および融合が認められた。

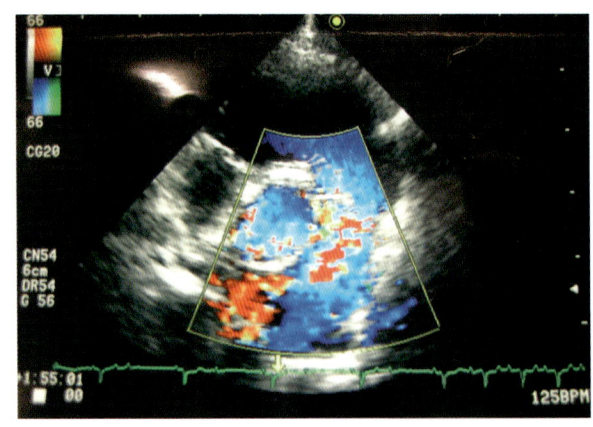

図2 心臓の超音波ドップラー検査所見
軽度の動脈管開存症および第Ⅱ度房室ブロックの不整脈が認められた。

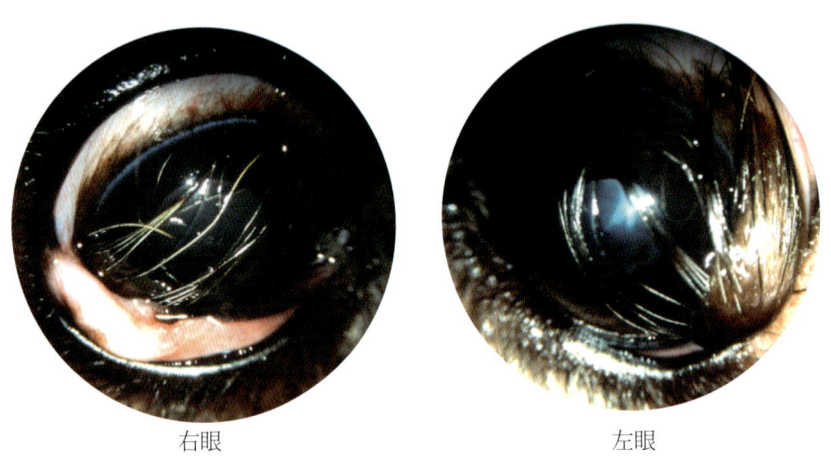

右眼　　　　　　　　　　左眼

図3 前眼部所見
角膜類皮腫および睫毛重生が原因と思われる流涙症が認められた。

る流涙症を認めたが、眼脂、結膜充血などは観察されなかった（図3）。しかし、眼底検査を行ったところ、完全網膜剥離が観察された（図4）。また、超音波検査の結果、網膜剥離のほかに小眼球症が確認された（図5）。

左眼では右眼と同様に、角膜類皮腫および睫毛重生が原因と思われる流涙症を認めたが、眼脂、結膜充血などは観察されなかった（図3）。超音波検査の結果、右眼よりもさらに小さい小眼球症が確認され（図5）、さらに、細隙灯（スリットランプ）検査により水晶体

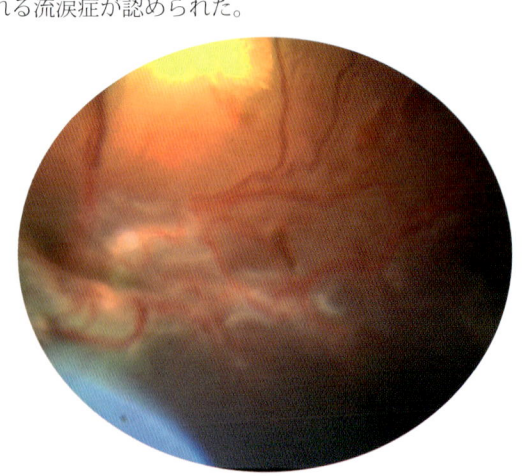

図4 眼底検査所見（右眼）
網膜が裂けたような完全網膜剥離が認められた。

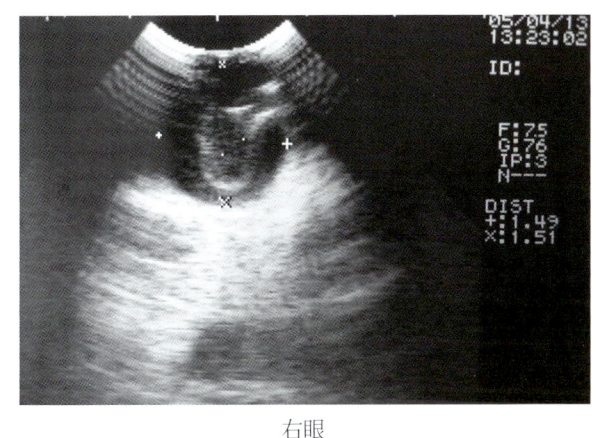

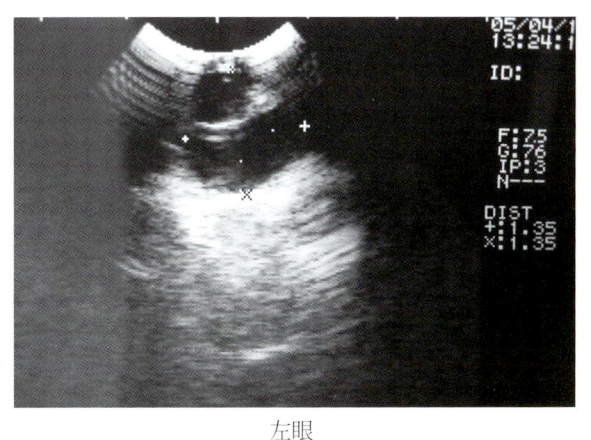

　　　　右眼　　　　　　　　　　　　　　　左眼
写真5　眼球の超音波検査所見
右眼の網膜剥離および左右小眼球症が認められた。
（右眼直径：15mm，左眼直径：13.5mm）

図6　細隙灯検査における徹照像所見（左眼）
水晶体後面に血管網を含む線維性白色斑（第一次硝子体過形成遺残）
が認められた。このほか，水晶体赤道部に白内障も存在した。

赤道部の白内障および後極部における第一次硝子体過形成遺残を認めた（図6）。

### 7）臨床病理学的検査所見

血液学的検査および血液生化学的検査では異常は認められなかった。

### 8）治療および経過

心奇形および不整脈が存在することが判明したため，角膜類皮腫の手術を中止し，術前どおりの対症的治療を継続することとした。

## 考 察

 本症例のような骨格と心臓の奇形をともなう多発眼異常を発生する犬種としてラブラドール・レトリーバーがあり，遺伝性疾患と考えられている。この場合，眼異常は網膜異形成が主であり，この網膜異形成には多病巣性網膜異形成，網膜全剥離随伴性網膜異形成，そして骨格異常をともなう網膜異形成の3つのタイプが知られている。とくに網膜全剥離随伴性では，小眼球症，白内障，眼内出血，心臓奇形を伴うことがある[4]。しかし，シー・ズーにおけるこのような異常の報告は見当たらず，本症例が遺伝性眼疾患か否かは明らかにできないが，多発眼異常に加えて骨格および心臓の奇形を同時にともなっていることから，胎生期に外胚葉および中胚葉に何らかの有害事象が影響したものと考えられる。

 右眼に認められた網膜剥離については，網膜異形成から二次的に起こったものか，心血管異常の結果として生じたものかは定かではない。2か月齢の初診時に角膜類皮腫にのみ注意を払い，詳細な眼底検査を怠ったことが反省点である。

 今回，飼い主は術前検査を実施する時点まで循環器および視覚の異常に関してとくに認識をしていなかった。もし検査をせずに手術を行っていた場合，麻酔事故が発生したり，手術によって視覚が喪失したと思われかねない状況であった。先天的な眼球異常がある場合にはとくに綿密な術前検査が不可欠であることを再認識させられた例である。

### 文 献

1) Bergsjo,T., Arnesen,K., Heim,P., Nes,N. (1984): Congenital blindness with ocular developmental anomalies, including retinal dysplasia, in Doberman pinscher dogs. *Journal of American Veterinary Medical Association*, 184, 1383-1836.

2) Aroch,I., Ofri,R., Aizenberg,I. (1996): Haematological, ocular and skeletal abnormalities in a Samoyed family. *Journal of Small Animal Practice*, 37, 333-339.

3) Carrig,C.B., Sponenberg,D.P., Schmidt,G.M., Tvodten,H.W. (1988): Inheritance of associated ocular and skeletal dysplasia in Labrador retrievers. *Journal of American Veterinary Medical Association*, 193, 1269-1272.

4) Gelatt,K.N. (1991): Disease of the canine posterior segment. Veterinary Ophthalmology 2nd ed. (Curtis,R., Barnett,K.C., Leon,A. eds), 477-481, Lea & Febiger.

## Case 47 ジャンガリアンハムスター

# ジャンガリアンハムスターの眼窩蜂巣炎の1例

中西比呂子

### 要約

眼窩蜂巣炎により右の眼球の突出を呈したジャンガリアンハムスター（雄，1歳8か月齢）に対して，内科的治療を施した後，眼球摘出処置を施した。症例は，右眼の視覚を喪失したが，通常の生活を送り，良好に経過している。

### はじめに

小型齧歯類では眼窩蜂巣炎の発生が比較的多い。今回，ジャンガリアンハムスターの本症に遭遇したので報告する。

### 症例

症例は，ジャンガリアンハムスター，雄，1歳8か月齢である。

#### 1）主訴

5日前に突然，右眼の周りから出血し，他院にて治療を受けていたが，元気と食欲が低下してきたことを主訴とし来院した。

#### 2）既往歴

特記すべき既往歴はない。

#### 3）現病歴

5日前より他院にて加療（詳細な治療内容は不明）を受けていたが，改善されず，本院を受診した。

#### 4）一般身体検査所見

初診時一般身体検査では，体重34gで，やや削痩していた。また，四肢は貧血色を呈し，呼吸は促迫していた。

#### 5）眼科学的検査所見

右眼は大きく突出して変形し，その表面は完全に乾燥しており，黒い血餅が付着していた（図1）。眼球は正常な構造を成しておらず，右頬の部分まで炎症が波及し，腫脹していた。

#### 6）X線検査所見

無麻酔でマンモグラフィーフィルムを用いて，X線写真を撮影した。その結果，歯根部および眼窩部に明らかな異常所見は認められなかった（図2）。

#### 7）治療および経過

初診時，症例は全身状態が悪かったため，オフロキサシン（動物用ウェルメイト粒10％，明治製菓株式会社）10mg/kgの1日2回，カルプロフェン（リマダイル錠25，ファイザー株式会社）4mg/kgの1日1回，さらに鉄と銅およびビタミンB群を含むサプリメント（ペットチニック，ファイザー株式会社）1回1滴，1日2回の内服を開始し，経過を観察した。なお，オフロキサシンおよびカルプロフェンは乳鉢で粉砕し，単シロップ（日本薬局方）で溶解した。投薬にあたっては，症例を仰向けに保定し，上下切歯咬合面に薬剤を1滴ずつ垂らすと，甘味があるので自ら舐めとった。

第10病日，元気および食欲が回復し，体重も38gに増加したため，麻酔下で眼球摘出術を行った。麻酔は，犬用マスク内でイソフルランにて導入し，自作した極小マスクを用いて維持した。眼球は一部が壊死して変形し，その奥には乾酪様の膿瘍や壊死組織が認められた（図3）。これらの眼窩内内容物をできるだけ掻爬除去すると，さらにその奥には口蓋窩域へ瘻管が形成されていた（図4）。眼窩内を拭って細菌培養検査と薬剤感受性検査の検体とした。眼瞼は辺縁を切除し，縫合した。

術後の経過は順調で，翌日に退院とした。しかし，第17病日に眼窩内に再度，乾酪様の膿が貯留したた

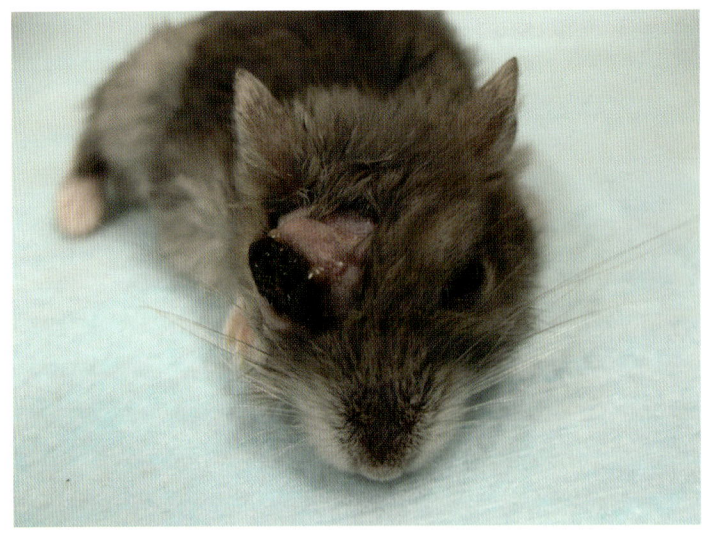

図1 初診時の外貌
右眼は大きく突出して変形し，その表面は完全に乾燥しており，黒い血餅が付着していた。眼球は正常な構造を成しておらず，右頬の部分まで炎症が波及し，腫脹していた。

VD像

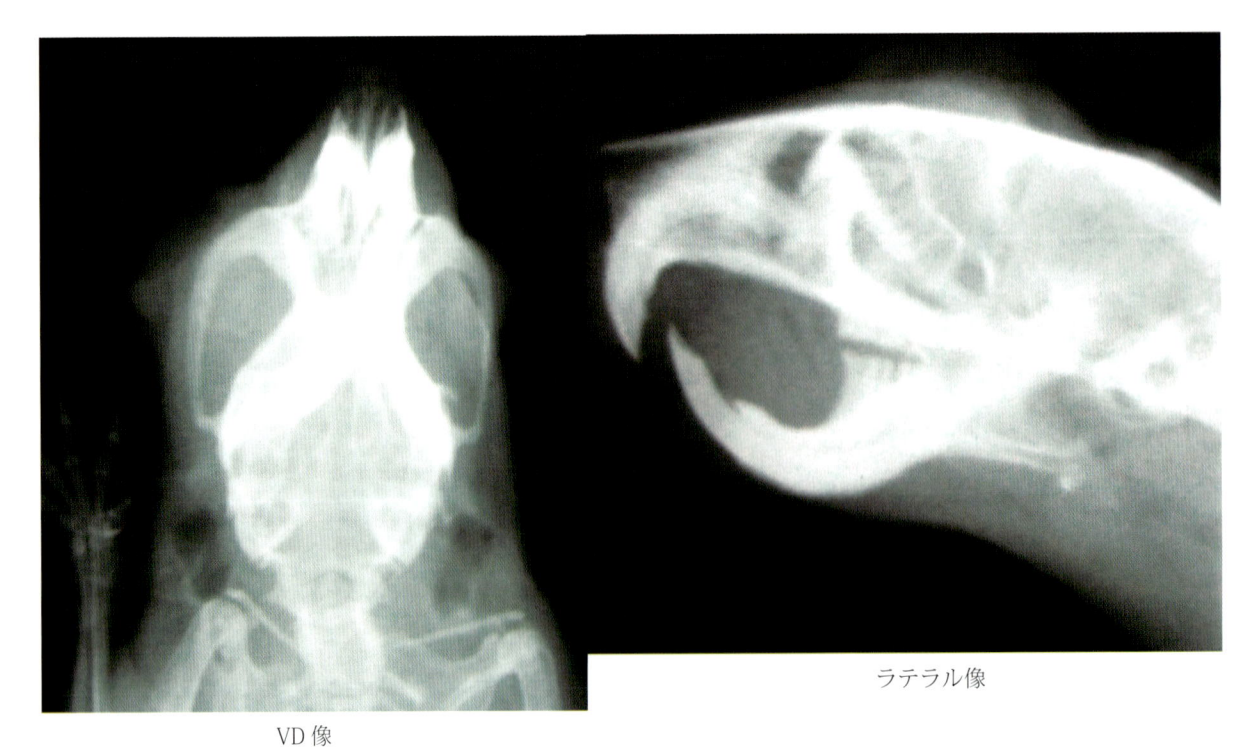

ラテラル像

図2 初診時における頭部X線検査所見

Case 47

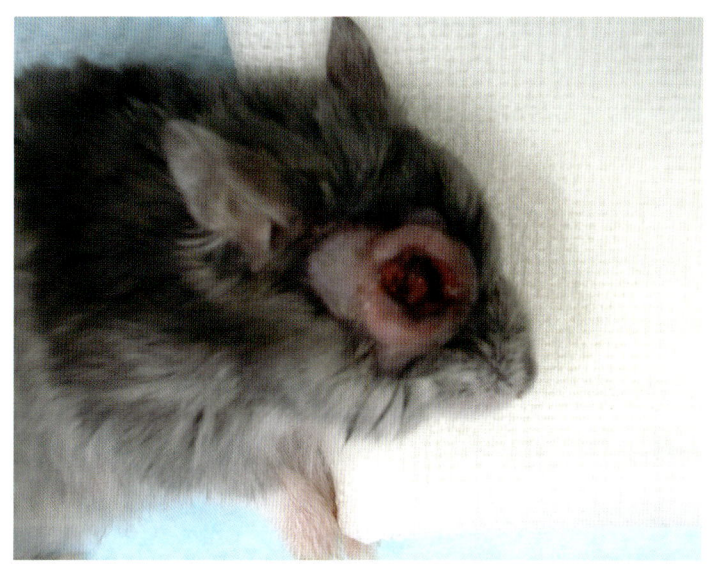

図4　眼球摘出術中所見
眼球および眼窩内内容物を除去した状態で，その奥に口蓋窩域へ瘻管が形成されていた。

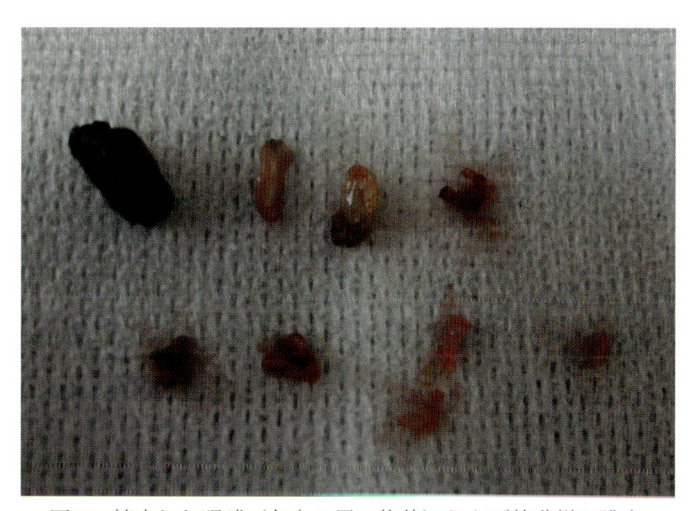

図3　摘出した眼球（左上の黒い物体）および乾酪様の膿瘍

め，眼瞼縫合をとり排膿した。眼瞼は解放として，オフロキサシン点眼液（タリビッド点眼液0.3%，参天製薬株式会社）1日3回の点眼を併用し，内服はエンロフロキサシン（バイトリル2.5%HV液，バイエル薬品株式会社）10mg/kg，1日2回に変更した。なお，エンロフロキサシンは単シロップ（日本薬局方）を水で2倍に希釈したもので溶解し，同様に経口投与した。

第23病日，眼窩からの排膿が減少し，体重も44gまで増加した。

術後，約10か月が経過した現在，本症例のジャンガリアンハムスターは生存中であり，再発することもなく，右眼を失っても通常の生活を送っている。

なお，細菌培養検査の結果は，*Streptococcus* sp.（＋），*Staphylococcus aureus*（＋）であった。

また，薬剤感受性検査の結果は，オフロキサシン OFLX（＋），エンロフロキサシン ERFX（＋），クロラムフェニコール CP（＋），オルビフロキサシン OBFX（＋），スルファメトキサゾール／トリメトプリム ST（－）であった。

## 考　察

眼窩蜂巣炎（球後膿瘍）はハムスター類やモルモットでたまに遭遇する疾患である。犬や猫では，眼窩蜂巣炎は，上顎最終臼歯の後を切開し，滲出物を排泄することによって眼球を温存することができる。しかし，小型齧歯類では犬，猫に比較すると炎症が激しく，来院時には眼球の温存が不可能な場合が多い。さらに，この眼球が感染源となり，敗血症を起こして死亡することもある。

しかし，ハムスター類では抗菌薬を投与すると，腸管毒血症を引き起こすことがあるため，使用できる薬物はニューキノロン系やST合剤，クロラムフェニコールなどに限られる。また，投与経路も限られ，静脈投与は現実には難しい。さらに，Grahn et al.（1995）はモルモットの眼窩蜂巣炎の症例の安楽死後の検死において，組織形態学的にはアクチノミセスとフソバクテリウムが確認されたが，局所からこれらの細菌は分離できなかったと報告している[1]。このことから，今回は培養検査で通性嫌気性の常在菌が分離されたが，検出の難しい嫌気性あるいは偏性嫌気性菌が関与していた可能性も否定はできない。

以上のように，小型齧歯類では，犬，猫と比較すると眼窩蜂巣炎の内科的治療には限界があり，それだけでは予後不良の症例が多い。そのため，眼球の温存が不可能な場合は，眼球からの感染を防ぐための外科的な眼球摘出は有用であると考えられた。

なお，今回の反省点としては，眼球摘出後に眼瞼を縫合したことである。瘻管を通じて口腔内への排膿を期待したが，術後も感染を完全にコントロールすることができなかった。最初から眼瞼は縫合せずに解放にして，点眼薬と併用したほうがよかったと思われた。

### 文　献

1) Grahn,B., Wolfer,J., Machin,K.（1995）：Diagnostic ophthalmology. *Canadian Veterinary Journal*, 36, 59.

Case 48　シマリス

# 眼窩内に脂肪肉腫が発生したシマリスの1例

中西比呂子

> **要約**
> 徐々に右の眼球の突出が進行してきたシマリス（雄，7歳7か月齢）に対して，診断と治療を兼ねて眼球摘出手術を行った。摘出した眼窩内腫瘤は，病理組織学的検査の結果，脂肪肉腫と診断された。

## はじめに

小型齧歯類における眼窩内腫瘍の報告はきわめて少なく，ラット[3]およびカリフォルニアジリス[2]でハーダー腺腫瘍の報告があるのみである。

今回，シマリスの眼窩内腫瘍に遭遇したので報告する。

## 症例

症例は，シマリス，雄，7歳7か月齢である。

### 1）主訴
2日前より右眼から眼脂が出ることを主訴とした。

### 2）既往歴
特記すべき既往歴はない。

### 3）一般身体検査所見
初診時一般身体検査では，体重76gで，やや削痩していた。これは，ヒマワリの種子が主食という偏食傾向と高齢のためと思われた。ただし，元気と食欲はあり，ケージ内で機敏に動き回っていた。

### 4）口腔内検査所見
耳鏡を用いて口腔内の検査を実施したが，特記すべき所見は得られなかった。

### 5）眼科学的検査所見
右眼は軽度に突出し，眼球結膜の軽度の充血と粘稠性の眼脂の分泌が認められた。

イソフルラン吸入麻酔下で眼圧検査を実施したところ，右眼が15mmHg，左眼が19mmHgであった。シマリスの眼圧の基準値は報告されていないが，左右差はなかった。

### 6）X線検査所見
イソフルラン吸入麻酔下でマンモグラフィーフィルムを用いて，X線写真を撮影した。その結果，歯根部および眼窩部に明らかな異常所見は認められなかった（図1）。

### 7）治療および経過
初診時，一般状態は良好であったため，クロラムフェニコールパルミチン酸エステルシロップ（クロロマイセチンパルミテート液(小児用)，第一三共株式会社）100mg/kgの1日2回の内服およびクロラムフェニコール点眼液（クロラムフェニコール点眼液0.5%「ニットー」，日東メディック株式会社）1回1滴，1日3回の点眼を処方し，経過観察とした。ただし，飼い主が症例を保定することができなかったので，内服薬はスポイトを用いてケージ越しに与え，点眼薬は餌を食べているときにケージの上から滴下するものとした。しかし，点眼液は確実には投与できなかったとのことである。

第11病日，眼脂の分泌量は減少したが，眼球突出が増大してきた。眼窩内腫瘍を疑い，マイタケ抽出エキス（犬猫用D-フラクションプレミアム，日本全薬工業株式会社）1日1滴の内服も併用した。

第14病日，眼球はさらに突出し，眼瞼を完全に閉じることができなくなった。角膜には軽度の浮腫が認められ，眼底反射はなくなり，視覚も喪失した（図2）。

第32病日，眼球はさらに突出し，角膜損傷，眼球出血が認められた。シマリス自身でも気にしているようであり，眼を掻くような行動が頻繁にみられるよう

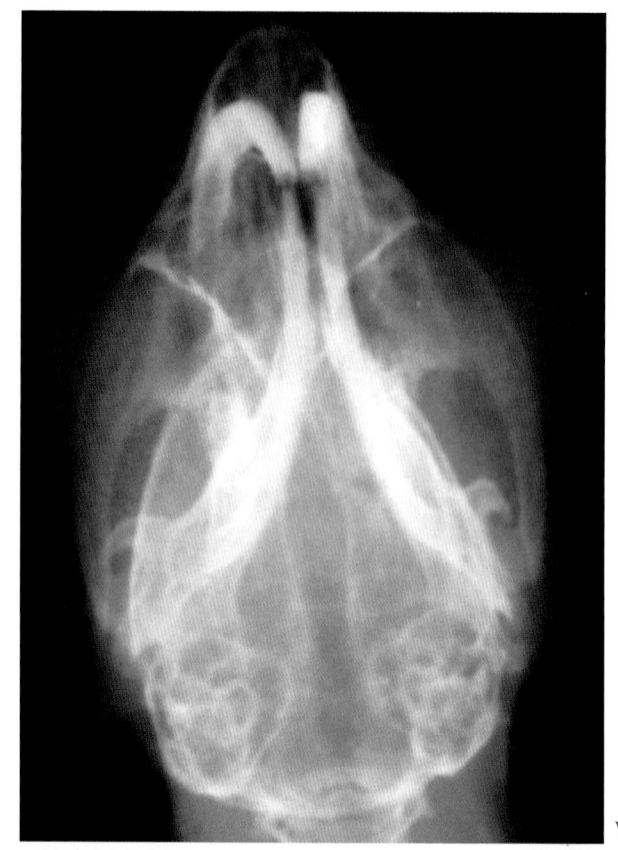

図1 初診時における頭部X線検査所見

VD像

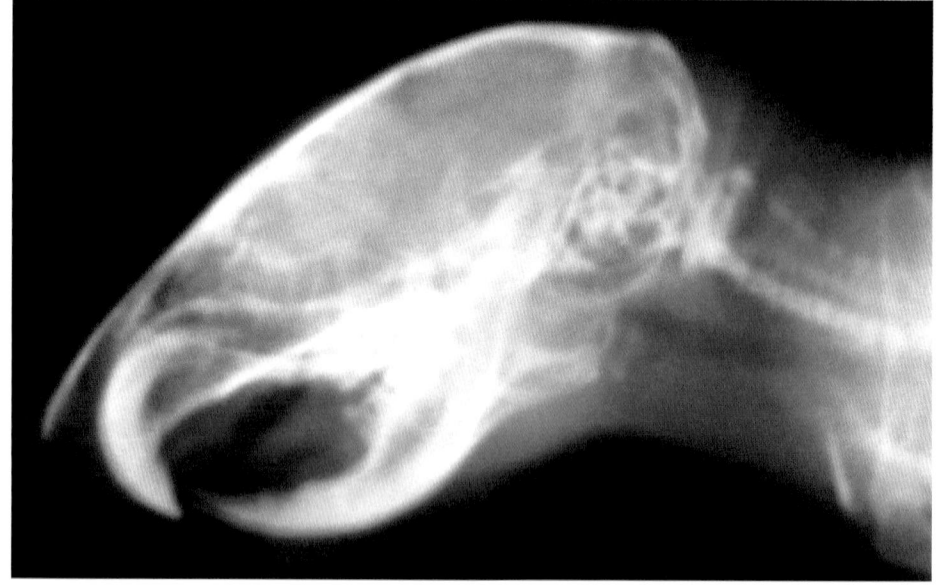

ラテラル像

になった。
そのため、診断と治療を兼ねて、麻酔下で右眼の経結膜眼球摘出術を施した。麻酔にあたっては、症例をケージごと麻酔チャンバーに入れ、イソフルランで導

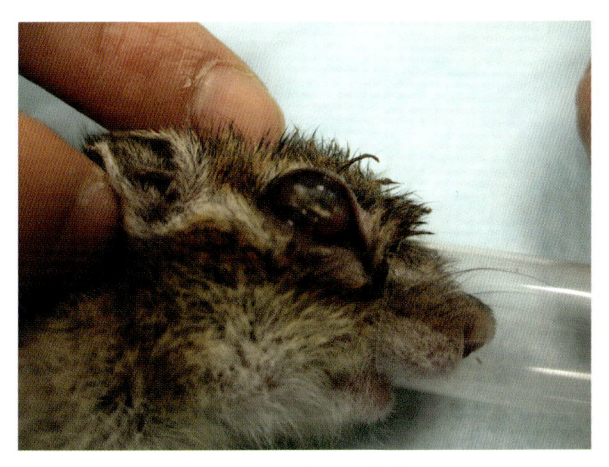

図2 第14病日の外貌
眼球は突出し，眼瞼を完全に閉じることができなくなった。角膜に軽度の浮腫が認められ，眼底反射がなくなり，視覚も喪失した。

図3 第35病日（退院時）の外貌
眼球摘出後，眼瞼は縫合した。軽度の貧血が認められた。

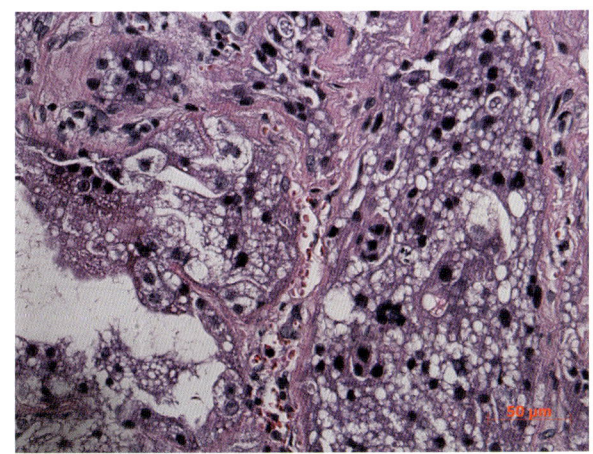

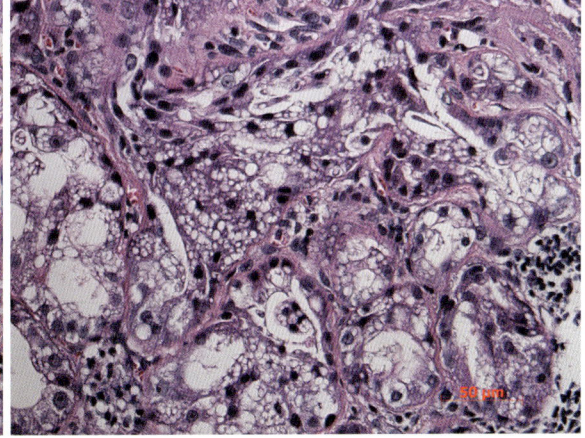

図4 病理組織学的検査所見（ヘマトキシリン・エオジン染色）
多少の多型性と大小のある脂肪芽細胞が充実性に増殖しており，核は濃染し，中心性で小型の核小体を有していた。また，細胞質には多数の空胞が認められた。病理組織学的には脂肪肉腫と診断された。

入し，自作のマスクで維持した。眼球および白色の眼窩内腫瘤を摘出し，眼窩内に残存した組織をできるだけ掻爬除去した。この際，バイポーラー（双極）型電気メスを用いたが，眼窩内の結合組織の小血管からの出血量が多くなった。次いで，眼瞼の辺縁を切除して縫合し，手術を終えた。術後の覚醒はやや遅延した。覚醒後は貧血が著しく，食欲がなかったため，酸素化と強制給餌を行った。その後，元気と食欲が回復した第35病日に退院とした（図3）。

退院後は順調に回復し，3か月後の時点で腫瘍の明らかな再発や転移は認められず，ケージ内の木を飛び回って通常に生活していた。

病理組織学的検査の結果，摘出した腫瘤は腫瘍細胞の塊状増殖からなり，細胞密度には粗密が認められた。腫瘍細胞は類円形を呈していたが，一部に大型の細胞を含み，大小が目立った。個々の腫瘍細胞は，類円形

から短楕円形の濃染核を有し，核小体が明瞭であり，また，比較的豊富で明るい細胞質をもつものが多くみられた。そのため，これら増殖の主体は脂肪芽細胞由来と考えられ，脂肪肉腫と診断された。なお，脈管内浸潤はみられなかった（図4）。

## 考　察

小型齧歯類の腫瘍の報告は少ない。ハムスターの軟部組織の腫瘍には悪性のものが多く，線維肉腫，血管肉腫，神経線維肉腫，脂肪肉腫の報告がある[1]。眼窩内腫瘍では，900日齢以上の高齢のラットにおいてハーダー腺腫瘍の4例（うち1例は腺癌，2例は好酸性細胞質をもつ分裂の激しい細胞を主体とする固形癌，1例は低悪性度の肉腫）が報告されている[3]。また，野生のカリフォルニアジリス167個体のうち18個体（10.8％）にハーダー腺腫瘍がみられ，発がん性物質の存在が示唆されている報告がある[2]。しかし，愛玩動物としての小型齧歯類における報告はなく，シマリスでも報告がない。

症例は，徐々に眼球が突出し，全身状態に問題がなかったため，眼窩内腫瘍が疑われた。体重が100 g以下の小動物では，眼窩内腫瘍が疑われても超音波検査や穿刺吸引細胞診の実施が難しいため，確定診断が困難である。著者は，歯牙疾患の有無，眼圧上昇の有無などを確認して除外した後，眼球突出がひどくなり，視覚を喪失し，角膜潰瘍を引き起こす状態になれば，診断と治療を兼ねて眼球摘出術を選択している。

小型齧歯類における眼窩内腫瘍の報告は少ないため，診断，治療，予後の判定が難しいが，今後，症例を重ねていきたい。

## 文　献

1) Van Hoosier,G.L.Jr., McPherson,C.W. (1987)：Neoplastic disease. Laboratory Hamsters, 157-167, Academic Press.
2) Ranck,R.S., Cullen,J.M., Waggie,K.S., Marion, P.L. (2008)：Harderian gland neoplasms in captive,wild-caught Beechey ground squirrels (*Spermophilus beecheyi*). *Veterinary Pathology*, 45, 388-392.
3) Rothwell,T.L.W., Everitt,A.V. (1986)：Exophthalmos in ageing rats with Harderian gland disease. *Laboratory Animals*, 20, 97-100.

付　表

# 眼科領域で使用される主要な動物用医薬品および医薬品

深瀬　徹

　眼科診療における薬物治療は，局所への薬剤の投与が中心であり，このための眼科用剤として点眼剤や眼軟膏剤という特殊な剤型の製剤が開発されている。

　点眼剤や眼軟膏剤は，注射剤と同じく，無菌製剤である。したがって，その取り扱いあるいは投薬に際しては，注射剤の場合と同様の注意を払わなければならない。

　動物病院内で自己血清点眼液やその他の点眼液を調製する際にも，それらは無菌に製する必要がある。仮に自己血清点眼液に抗菌薬を添加して調製するとしても，抗菌薬を添加するので無菌に製する必要がないと考えるのは，抗菌薬を注射するので注射部位を消毒しなくてもよいというのと変わりがない。

　点眼剤を投与する場合には，以下の点に留意する。

① 点眼剤は無菌製剤であるため，点眼瓶の先端に眼瞼や睫毛が接触して製剤を汚染することがないようにする。

② ほとんどの点眼剤は1滴を基本的な投与量として有効成分を含有しているため，原則として2滴以上を投与する必要はない。高用量の投与が必要な場合は，高濃度の製剤が開発されていればそれを使用し，2滴以上を点眼せざるをえないときには数分間の投与間隔を設けるとよい。続けて2滴以上を投与すると，過剰な薬剤が眼内からあふれ出て眼の周囲に存在する細菌等と接触し，こうした細菌等を含んだ状態で再び眼内に入ることになりかねない。

③ 複数の点眼剤を投与する場合には，5分間以上の間隔をあける。

　ここでは次ページ以降に，眼科領域において使用される主要な動物用医薬品と医薬品（いわゆる人体薬）を要約した。医薬品については，縮瞳薬と散瞳薬，角膜治療薬，ステロイド性抗炎症薬，非ステロイド性抗炎症薬，緑内障治療薬，白内障治療薬，抗菌薬を掲載したが，この分類は必ずしも当該医薬品の承認事項どおりではなく，便宜的なものである。また，記載する医薬品は，原則として先発品としたが，頻用されている後発品についても一部を取り上げている。

　なお，動物用医薬品の眼科用剤はきわめて少ない。そのため，医薬品を用いることが多くなるのは避けられないが，医薬品の使用に際しては飼い主の同意を得ておくことを推奨したい。

## 眼科領域で使用される主要な動物用医薬品

| 有効成分（一般名） | 薬剤名（販売名） | 有効成分含有量 | 対象動物 |
|---|---|---|---|
| プラノプロフェン | ティアローズ | 1 mL 中 1 mg | 犬 |
| アセチルシステイン | パピテイン | 1 mL 中 30 mg | 犬, 猫 |
| ピレノキシン | ライトクリーン | 顆粒 1 包（87 mg）中 0.75 mg<br>（添付の溶解液 15 mL に溶解後 1 mL 中 0.05 mg） | 犬 |
| ゲンタマイシン硫酸塩 | 動物用ゲントシン点眼液 | 1 mL 中 3 mg（力価） | 犬, 猫 |
| クロラムフェニコール | 動物用・マイコクロリン眼軟膏 | 1 g 中 20 mg（力価） | 犬, 猫 |
| ロメフロキサシン塩酸塩 | ロメワン | 1 mL 中 3.31 mg<br>（ロメフロキサシンとして 3 mg） | 犬 |
| シクロスポリン | オプティミューン眼軟膏 | 1 g 中 2 mg | 犬 |

## 眼科領域で使用される主要な医薬品

（1）縮瞳薬と散瞳薬

| 有効成分（一般名） | 薬剤名（販売名） |
|---|---|
| 縮瞳薬 | |
| ピロカルピン塩酸塩 | サンピロ点眼液 0.5 % |
| | サンピロ点眼液 1 % |
| | サンピロ点眼液 2 % |
| | サンピロ点眼液 3 % |
| | サンピロ点眼液 4 % |
| ジスチグミン臭化物 | ウブレチド点眼液 0.5 % |
| | ウブレチド点眼液 1 % |
| 散瞳薬 | |
| シクロペントラート塩酸塩 | サイプレジン 1 % 点眼液 |
| アトロピン硫酸塩水和物 | 日点アトロピン点眼液 1 % |
| | リュウアト 1 % 眼軟膏 |
| フェニレフリン塩酸塩 | ネオシネジンコーワ 5 % 点眼液 |
| トロピカミド | ミドリン M 点眼液 0.4 % |
| トロピカミド<br>＋フェニレフリン塩酸塩 | ミドリン P 点眼液 |

ジスチグミン臭化物製剤の効能・効果は，ウブレチド点眼液 0.5%では緑内障，ウブレチド点眼液 1%では緑内障，調節性内斜視，重症筋無力症（眼筋型）となっているが，縮瞳作用を示すために便宜的に縮瞳薬として掲載した。

| 効能・効果 | 包装 | 製造販売元 |
|---|---|---|
| 結膜炎，角膜炎，眼瞼炎 | 5 mL × 10 | 千寿製薬株式会社〔販売：DSファーマアニマルヘルス株式会社〕 |
| 創傷性角膜炎，角膜潰瘍における角膜障害の改善 | 5 mL × 10 | 千寿製薬株式会社〔販売：DSファーマアニマルヘルス株式会社〕 |
| 老年性初発白内障 | 〔点眼液用顆粒 87 mg・溶解液 15 mL〕× 10 | 千寿製薬株式会社〔販売：DSファーマアニマルヘルス株式会社〕 |
| 結膜炎，眼瞼炎，角膜炎〔有効菌種：本剤感受性のブドウ球菌〕 | 5 mL × 10 | シェリング・プラウアニマルヘルス株式会社 |
| クロラムフェニコール感受性菌による眼瞼炎，結膜炎，角膜炎 | 3 g × 1 | 佐藤製薬株式会社 |
| 細菌性の結膜炎，角膜炎，眼瞼炎，麦粒腫〔有効菌種：本剤感受性の Staphylococcus intermedius, Streptococcus canis, Pseudomonas aeruginosa〕 | 5 mL × 10 | 千寿製薬株式会社〔販売：DSファーマアニマルヘルス株式会社〕 |
| 乾性角結膜炎の症状の改善 | 3.5 g × 1 | ナガセ医薬品株式会社〔販売元：シェリング・プラウアニマルヘルス株式会社〕 |

| 有効成分含有量 | 包装 | 製造販売元 |
|---|---|---|
| 1 mL 中 5 mg | 5 mL × 10 | 参天製薬株式会社 |
| 1 mL 中 10 mg | 5 mL × 10 | 参天製薬株式会社 |
| 1 mL 中 20 mg | 5 mL × 10 | 参天製薬株式会社 |
| 1 mL 中 30 mg | 5 mL × 10 | 参天製薬株式会社 |
| 1 mL 中 40 mg | 5 mL × 10 | 参天製薬株式会社 |
| 1 mL 中 5 mg | 5 mL × 5 | 鳥居薬品株式会社 |
| 1 mL 中 10 mg | 5 mL × 5 | 鳥居薬品株式会社 |
| 1 mL 中 10 mg | 10 mL × 1 | 参天製薬株式会社 |
| 1 mL 中 10 mg | 5 mL × 10 | 株式会社日本点眼薬研究所 |
| 1 g 中 10 mg | 3.5 g × 1 | 参天製薬株式会社 |
| 1 mL 中 50 mg | 10 mL × 1 | 興和株式会社〔販売元：興和創薬株式会社〕 |
| 1 mL 中 4 mg | 5 mL × 10 | 参天製薬株式会社 |
| 1 mL 中トロピカミド 5 mg ＋フェニレフリン塩酸塩 5 mg | 5 mL × 10, 10 mL × 1 | 参天製薬株式会社 |

## （2）角膜治療薬

| 有効成分（一般名） | 薬剤名（販売名） |
|---|---|
| コンドロイチン硫酸エステルナトリウム | コンドロン点眼液1％ |
| | コンドロン点眼液3％ |
| | アンドロイチン1％点眼液 |
| | アンドロイチン3％点眼液 |
| コンドロイチン硫酸エステルナトリウム ＋ナファゾリン塩酸塩 | コンドロナファ点眼液1％ |
| | コンドロナファ点眼液3％ |
| フラビンアデニンジヌクレオチド（FAD）ナトリウム | フラビタン点眼液0.05％ |
| | フラビタン眼軟膏0.1％ |
| フラビンアデニンジヌクレオチド（FAD）ナトリウム ＋コンドロイチン硫酸エステルナトリウム | ムコファジン点眼液 |
| | ムコティア点眼液 |
| ヒアルロン酸ナトリウム | ヒアレイン点眼液0.1％ |
| | ヒアレインミニ点眼液0.1％ |
| | ヒアレインミニ点眼液0.3％ |
| 塩化ナトリウム，塩化カリウム，乾燥炭酸ナトリウム，リン酸水素ナトリウム水和物，ホウ酸 | 人工涙液マイティア点眼液 |

## （3）ステロイド性抗炎症薬

| 有効成分（一般名） | 薬剤名（販売名） |
|---|---|
| プレドニゾロン酢酸エステル | PSゾロン点眼液0.11％「日点」 |
| | プレドニン眼軟膏 |
| | 酢酸プレドニゾロン0.25％眼軟膏T |
| ヒドロコルチゾン酢酸エステル | HCゾロン点眼液0.5％「日点」 |
| デキサメタゾン | サンテゾーン0.05％眼軟膏 |
| デキサメタゾンメタスルホ安息香酸エステルナトリウム | サンテゾーン点眼液（0.02％） |
| | サンテゾーン点眼液（0.1％） |
| | コンドロンデキサ点眼・点耳・点鼻液0.1％ |
| | ビジュアリン点眼液0.02％ |
| | ビジュアリン点眼液0.05％ |
| | ビジュアリン眼科耳鼻科用液0.1％ |

| 有効成分含有量 | 包装 | 製造・販売元 |
| --- | --- | --- |
| 1 mL 中 10 mg | 5 mL × 10, 5 mL × 50 | 科研製薬株式会社 |
| 1 mL 中 30 mg | 5 mL × 10, 5 mL × 50 | |
| 1 mL 中 10 mg | 5 mL × 10 | 参天製薬株式会社 |
| 1 mL 中 30 mg | 5 mL × 10 | |
| 1 mL 中コンドロイチン硫酸エステルナトリウム 10 mg<br>＋ナファゾリン塩酸塩 0.5 mg | 100 mL × 1 | 科研製薬株式会社 |
| 1 mL 中コンドロイチン硫酸エステルナトリウム 30 mg<br>＋ナファゾリン塩酸塩 0.5 mg | 100 mL × 1 | |
| 1 mL 中 0.53 mg（FAD として 0.5 mg） | 5 mL × 10, 5 mL × 50 | トーアエイヨー株式会社<br>〔販売元：アステラス製薬株式会社〕 |
| 1 g 中 1.06 m g（FAD として 1 mg） | 5 g × 5 | |
| 1 mL 中 FAD ナトリウム 0.53 mg（FAD として 0.5 mg）<br>＋コンドロイチン硫酸エステルナトリウム 10 mg | 5 mL × 20, 5 mL × 50 | わかもと製薬株式会社 |
| 1 mL 中 FAD ナトリウム 0.53 mg（FAD として 0.5 mg）<br>＋コンドロイチン硫酸エステルナトリウム 10 mg | 5 mL × 10, 5 mL × 50 | 株式会社日本点眼薬研究所 |
| 1 mL 中 1 mg | 5 mL × 5, 5 mL × 10, 5 mL × 50 | 参天製薬株式会社 |
| 1 mL 中 1 mg | 0.4 mL × 100, 0.4 mL × 500 | |
| 1 mL 中 3 mg | 0.4 mL × 100, 0.4 mL × 500 | |
| 1 ml 中塩化ナトリウム 5.5 mg, 塩化カリウム 1.6 mg, 乾燥炭酸ナトリウム 0.6 mg, リン酸水素ナトリウム水和物 1.8 mg, ホウ酸 12 mg | 5 mL × 10, 5 mL × 50 | 千寿製薬株式会社<br>〔販売：武田薬品工業株式会社〕 |

| 有効成分含有量 | 包装 | 製造販売元 |
| --- | --- | --- |
| 1 mL 中プレドニゾロンとして 1 mg | 5 mL × 10, 5 mL × 50 | 株式会社日本点眼薬研究所 |
| 1 g 中 2.5 mg | 5 g × 10 | 塩野義製薬株式会社 |
| 1 g 中 2.5 mg | 3.5 g × 5, 3.5 g × 10 | 日東メディック株式会社 |
| 1 mL 中 5 mg | 5 mL × 10, 5 mL × 50 | 株式会社日本点眼薬研究所 |
| 1 g 中 0.5 mg | 3.5 g × 10 | 参天製薬株式会社 |
| 1 mL 中 0.3 mg（デキサメタゾンとして 0.2 mg） | 5 mL × 10 | 参天製薬株式会社 |
| 1 mL 中 1.5 mg（デキサメタゾンとして 1 mg） | 5 mL × 10 | |
| 1 mL 中 1.57 mg（デキサメタゾンとして 1 mg） | 5 mL × 5 | 科研製薬株式会社 |
| 1 mL 中 0.3 mg（デキサメタゾンとして 0.2 mg） | 5 mL × 10 | 千寿製薬株式会社<br>〔販売：武田薬品工業株式会社〕 |
| 1 mL 中 0.75 mg（デキサメタゾンとして 0.5 mg） | 5 mL × 10 | |
| 1 mL 中 1.5 mg（デキサメタゾンとして 1 mg） | 5 mL × 10 | |

## （3）ステロイド性抗炎症薬（つづき）

| 有効成分（一般名） | 薬剤名（販売名） |
|---|---|
| デキサメタゾンリン酸エステルナトリウム | オルガドロン点眼・点耳・点鼻液 0.1 % |
| ベタメタゾンリン酸エステルナトリウム | リンデロン点眼液 0.01 % |
| | リンデロン点眼・点耳・点鼻液 0.1 % |
| ベタメタゾンリン酸エステルナトリウム<br>＋フラジオマイシン硫酸塩 | 点眼・点鼻用リンデロン A 液 |
| | 眼・耳科用リンデロン A 軟膏 |
| フラジオマイシン硫酸塩<br>＋メチルプレドニゾロン | ネオメドロール EE 軟膏 |
| フルオロメトロン | フルメトロン点眼液 0.02 % |
| | フルメトロン点眼液 0.1 % |
| | オドメール点眼液 0.02 % |
| | オドメール点眼液 0.05 % |
| | オドメール点眼液 0.1 % |

## （4）非ステロイド性抗炎症薬

| 有効成分（一般名） | 薬剤名（販売名） | 有効成分含有量 |
|---|---|---|
| アズレンスルホン酸ナトリウム水和物 | AZ 点眼液 0.02 % | 1 mL 中 0.2 mg |
| インドメタシン | インドメロール点眼液 0.5 % | 1 mL 中 5 mg |
| プラノプロフェン | ニフラン点眼液 0.1 % | 1 mL 中 1 mg |
| | プロラノン点眼液 0.1 % | 1 mL 中 1 mg |
| ジクロフェナクナトリウム | ジクロード点眼液 0.1 % | 1 mL 中 1 mg |
| ブロムフェナクナトリウム水和物 | ブロナック点眼液 0.1 % | 1 mL 中 1 mg |

## （5）緑内障治療薬

| 有効成分（一般名） | 薬剤名（販売名） |
|---|---|
| 交感神経刺激薬 | |
| ジスチグミン臭化物 | ウブレチド点眼液 0.5 % |
| | ウブレチド点眼液 1 % |
| ジピベフリン塩酸塩 | ピバレフリン点眼液 0.04 % |
| | ピバレフリン点眼液 0.1 % |
| 副交感神経刺激薬 | |
| ピロカルピン塩酸塩 | サンピロ点眼液 0.5 % |
| | サンピロ点眼液 1 % |
| | サンピロ点眼液 2 % |
| | サンピロ点眼液 3 % |
| | サンピロ点眼液 4 % |

| 有効成分含有量 | 包装 | 製造販売元 |
|---|---|---|
| 1 mL 中 1 mg | 5 mL × 10, 100 mL × 1 | シェリング・プラウ株式会社〔販売元：第一三共株式会社〕 |
| 1 mL 中 0.1 mg | 5 mL × 10 | 塩野義製薬株式会社 |
| 1 mL 中 1 mg | 5 mL × 10 | |
| 1 mL 中ベタメタゾンリン酸エステルナトリウム 1 mg ＋フラジオマイシン硫酸塩 3.5 mg（力価） | 5 mL × 10 | 塩野義製薬株式会社 |
| 1 g 中ベタメタゾンリン酸エステルナトリウム 1 mg ＋フラジオマイシン硫酸塩 3.5 mg（力価） | 5 g × 10 | |
| 1 g 中フラジオマイシン硫酸塩 3.5 mg（力価）＋メチルプレドニゾロン 1 mg | 3 g × 10 | ファイザー株式会社 |
| 1 mL 中 0.2 mg | 5 mL × 10, 5 mL × 50 | 参天製薬株式会社 |
| 1 mL 中 1 mg | 5 mL × 10, 5 mL × 50 | |
| 1 mL 中 0.2 mg | 5 mL × 10 | 千寿製薬株式会社〔販売：武田薬品工業株式会社〕 |
| 1 mL 中 0.5mg | 5 mL × 10 | |
| 1 mL 中 1 mg | 5 mL × 10 | |

| 包装 | 製造販売元 |
|---|---|
| 5 mL × 10, 5 mL × 50 | ゼリア新薬工業株式会社 |
| 5 mL × 10 | 千寿製薬株式会社〔販売：武田薬品工業株式会社〕 |
| 5 mL × 10, 5 mL × 50 | 千寿製薬株式会社〔販売：武田薬品工業株式会社〕 |
| 5 mL × 10, 5 mL × 50 | 参天製薬株式会社 |
| 5 mL × 10 | わかもと製薬株式会社 |
| 5 mL × 10, 5 mL × 50 | 千寿製薬株式会社〔販売：武田薬品工業株式会社〕 |

| 有効成分含有量 | 包装 | 製造販売元 |
|---|---|---|
| 1 mL 中 5 mg | 5 mL × 5 | 鳥居薬品株式会社 |
| 1 mL 中 10 mg | 5 mL × 5 | |
| 1 mL 中 0.4 mg | 5 mL × 1, 5mL × 10 | 参天製薬株式会社 |
| 1 mL 中 1 mg | 5 mL × 1, 5mL × 10 | |

| | | |
|---|---|---|
| 1 mL 中 5 mg | 5 mL × 10 | 参天製薬株式会社 |
| 1 mL 中 10 mg | 5 mL × 10 | |
| 1 mL 中 20 mg | 5 mL × 10 | |
| 1 mL 中 30 mg | 5 mL × 10 | |
| 1 mL 中 40 mg | 5 mL × 10 | |

## （5）緑内障治療薬（つづき）

| 有効成分（一般名） | 薬剤名（販売名） | |
|---|---|---|
| プロスタグランジン関連薬 | | |
| イソプロピルウノプロストン | レスキュラ点眼液 0.12％ | |
| タフルプロスト | タプロス点眼液 0.0015％ | |
| トラボプロスト | トラバタンズ点眼液 0.004％ | |
| ラタノプロスト | キサラタン点眼液 0.005％ | |
| プロスタマイド誘導体 | | |
| ビマトプロスト | ルミガン点眼液 0.03％ | |
| $\alpha_1$遮断薬 | | |
| ブナゾシン塩酸塩 | デタントール 0.01％点眼液 | |
| $\beta$遮断薬 | | |
| チモロールマレイン酸塩 | チモプトール点眼液 0.25％ | |
| | チモプトール点眼液 0.5％ | |
| | チモプトール XE 点眼液 0.25％ | |
| | チモプトール XE 点眼液 0.5％ | |
| | リズモン点眼液 0.25％ | |
| | リズモン点眼液 0.5％ | |
| | リズモン TG 点眼液 0.25％ | |
| | リズモン TG 点眼液 0.5％ | |
| ニプラジロール | ハイパジールコーワ点眼液 0.25％ | |
| | ニプラノール点眼液 0.25％ | |
| カルテオロール塩酸塩 | ミケラン点眼液 1％ | |
| | ミケラン点眼液 2％ | |
| | ミケラン LA 点眼液 1％ | |
| | ミケラン LA 点眼液 2％ | |
| ベタキソロール塩酸塩 | ベトプティック点眼液 0.5％ | |
| | ベトプティックエス懸濁性点眼液 0.5％ | |
| レボブノロール塩酸塩 | ミロル点眼液 | |
| 炭酸脱水酵素阻害薬 | | |
| ドルゾラミド塩酸塩 | トルソプト点眼液 0.5％ | |
| | トルソプト点眼液 1％ | |
| ブリンゾラミド | エイゾプト懸濁性点眼液 1％ | |

付表

| 有効成分含有量 | 包装 | 製造販売元 |
|---|---|---|
| 1 mL 中 1.2 mg | 5 mL × 10 | 株式会社アールテック・ウエノ〔販売元：参天製薬株式会社〕 |
| 1 mL 中 15 μg | 2.5 mL × 5, 2.5 mL × 10 | 参天製薬株式会社 |
| 1 mL 中 40 μg | 2.5 mL × 5 | 日本アルコン株式会社 |
| 1 mL 中 50 μg | 2.5 mL × 10 | ファイザー株式会社 |
| 1 mL 中 0.3 mg | 2.5 mL × 5, 2.5 mL × 10 | 千寿製薬株式会社〔販売：武田薬品工業株式会社〕 |
| 1 mL 中 0.1 mg | 5 mL × 10 | 参天製薬株式会社 |
| 1 mL 中チモロールとして 2.5 mg | 5 mL × 10 | 萬有製薬株式会社〔発売元：参天製薬株式会社〕 |
| 1 mL 中チモロールとして 5 mg | 5 mL × 10 | |
| 1 mL 中チモロールとして 2.5 mg | 2.5 mL × 10 | |
| 1 mL 中チモロールとして 5 mg | 2.5 mL × 10 | |
| 1 mL 中チモロールとして 2.5 mg | 5 mL × 10 | わかもと製薬株式会社 |
| 1 mL 中チモロールとして 5 mg | 5 mL × 10 | |
| 1 mL 中チモロールとして 2.5 mg | 2.5 mL × 5, 2.5 mL × 10 | わかもと製薬株式会社〔販売元：キッセイ薬品工業株式会社〕 |
| 1 mL 中チモロールとして 5 mg | 2.5 mL × 5, 2.5 mL × 10 | |
| 1 mL 中 2.5 mg | 5 mL × 10 | 興和株式会社〔販売元：興和創薬株式会社〕 |
| 1 mL 中 2.5 mg | 5 mL × 10 | テイカ製薬株式会社 |
| 1 mL 中 10 mg | 5 mL × 10 | 大塚製薬株式会社〔発売元：千寿製薬株式会社〕〔販売：武田薬品工業株式会社〕 |
| 1 mL 中 20 mg | 5 mL × 10 | |
| 1 mL 中 10 mg | 2.5 mL × 10 | |
| 1 mL 中 20 mg | 2.5 mL × 10 | |
| 1 mL 中 5.6 mg（ベタキソロールとして 5 mg） | 5 mL × 10 | 日本アルコン株式会社 |
| 1 mL 中 5.6 mg（ベタキソロールとして 5 mg） | 5 mL × 10 | |
| 1 mL 中 5 mg | 5 mL × 10 | 杏林製薬株式会社〔発売元：科研製薬株式会社〕 |
| 1 mL 中ドルゾラミドとして 5 mg | 5 mL × 10 | 萬有製薬株式会社 |
| 1 mL 中ドルゾラミドとして 10 mg | 5 mL × 10 | |
| 1 mL 中 10 mg | 5 mL × 10 | 日本アルコン株式会社 |

## （5）緑内障治療薬（つづき）

| 有効成分（一般名） | 薬剤名（販売名） |
|---|---|
| 配合薬 | |
| ラタノプロスト<br>　＋チモロールマレイン酸塩 | ザラカム配合点眼液 |

　緑内障治療薬としては，プロスタグランジン関連薬とβ遮断薬が用いられることが多く，とくにプロスタグランジン関連薬のラタノプロスト製剤は眼圧下降効果が高く，しばしば使用されている。
　また，眼圧が著しく上昇している場合には，この表には掲げていないが，高張浸透圧薬であるマンニトール製剤の点滴による静脈内投与や，炭酸脱水酵素阻害薬であるアセタゾラミド製剤の経口投与を実施する。

## （6）白内障治療薬

| 有効成分（一般名） | 薬剤名（販売名） | 有効成分含有量 |
|---|---|---|
| ピレノキシン | カタリン点眼用 0.005 % | 錠剤 1 錠中 0.75 mg<br>（添付の溶解液 15 mL に溶解後 1 mL 中 0.05 mg） |
| | カタリン K 点眼用 0.005 % | 顆粒 1 包（87 mg）中 0.75 mg<br>（添付の溶解液 15 mL に溶解後 1 mL 中 0.05 mg） |
| | カリーユニ点眼液 0.005 % | 1 mL 中 0.05 mg |
| グルタチオン | タチオン点眼用 2 % | 錠剤 1 錠中 100 mg<br>（添付の溶解液 5 mL に溶解後 1 mL 中 20 mg） |
| 唾液腺ホルモン（哺乳動物の唾液腺および同分泌物質より抽出） | パチロン錠 10 mg | 1 錠中 10 mg |

## （7）抗菌薬

| 有効成分（一般名） | 薬剤名（販売名） |
|---|---|
| アミノグリコシド系 | |
| ミクロノマイシン硫酸塩 | サンテマイシン点眼液 0.3% |
| ゲンタマイシン硫酸塩 | リフタマイシン点眼液 0.3% |
| | ゲンタロール点眼液 0.3 % |
| トブラマイシン | トブラシン点眼液 0.3 % |
| ジベカシン硫酸塩 | パニマイシン点眼液 0.3 % |
| クロラムフェニコール系 | |
| クロラムフェニコール | クロラムフェニコール点眼液 0.5 %「ニットー」 |
| クロラムフェニコール<br>　＋コリスチンメタンスルホン酸ナトリウム | コリマイ C 点眼液 |
| マクロライド系 | |
| エリスロマイシンラクトビオン酸塩<br>　＋コリスチンメタンスルホン酸ナトリウム | エコリシン点眼液 |
| | エコリシン眼軟膏 |

付表

| 有効成分含有量 | 包装 | 製造販売元 |
|---|---|---|
| 1 mL 中ラタノプロスト 50 μg<br>　＋チモロールマレイン酸塩 6.83 mg<br>　　（チモロールとして 5 mg） | 2.5 mL × 10 | ファイザー株式会社 |

| 包装 | 製造販売元 |
|---|---|
| 〔点眼液用錠剤 1 錠・溶解液 15 mL〕× 10<br>〔点眼液用錠剤 1 錠・溶解液 15 mL〕× 50 | 千寿製薬株式会社<br>〔販売：武田薬品工業株式会社〕 |
| 〔点眼液用顆粒 87 mg・溶解液 15 mL〕× 1<br>〔点眼液用顆粒 87 mg・溶解液 15 mL〕× 10<br>〔点眼液用顆粒 87 mg・溶解液 15 mL〕× 50 | |
| 5 mL × 10, 5 mL × 50 | 参天製薬株式会社 |
| 〔点眼液用錠剤 1 錠・溶解液 5 mL〕× 5<br>〔点眼液用錠剤 1 錠・溶解液 5 mL〕× 50 | アステラス製薬株式会社 |
| 100 錠（10 錠× 10），1000 錠（10 錠× 100，バラ） | あすか製薬株式会社<br>〔販売：武田薬品工業株式会社〕 |

| 有効成分含有量 | 包装 | 製造販売元 |
|---|---|---|
| 1 mL 中 3 mg（力価） | 5 mL × 10 | 参天製薬株式会社 |
| 1 mL 中 3 mg（力価） | 5 mL × 20 | わかもと製薬株式会社 |
| 1 mL 中 3 mg（力価） | 5 mL × 10, 5 mL × 50 | 株式会社日本点眼薬研究所 |
| 1 mL 中 3 mg（力価） | 5 mL × 5, 5 mL × 10,<br>5 mL × 50 | 日東メディック株式会社 |
| 1 mL 中 3 mg（力価） | 5 mL × 10, 5 mL × 50 | 明治製菓株式会社 |
| 1 mL 中 5 mg（力価） | 500 mL × 1 | 日東メディック株式会社 |
| 1 mL 中クロラムフェニコール 2.5 mg（力価）<br>　＋コリスチンメタンスルホン酸ナトリウム 10 万単位 | 5 mL × 10, 5 mL × 50 | 科研製薬株式会社 |
| 1 mL 中エリスロマイシンラクトビオン酸塩 5 mg（力価）<br>　＋コリスチンメタンスルホン酸ナトリウム 5 mg（力価）<br>　　（15 万単位） | 5 mL × 10 | 参天製薬株式会社 |
| 1 g 中エリスロマイシンラクトビオン酸塩 5 mg（力価）<br>　＋コリスチンメタンスルホン酸ナトリウム 5 mg（力価）<br>　　（15 万単位） | 3.5 g × 10 | |

(7) 抗菌薬（つづき）

| 有効成分（一般名） | 薬剤名（販売名） | |
|---|---|---|
| グリコペプチド系 | | |
| バンコマイシン塩酸塩 | バンコマイシン眼軟膏1％ | |
| ニューキノロン系 | | |
| ノルフロキサシン | バクシダール点眼液0.3％ | |
| | ノフロ点眼液0.3％ | |
| オフロキサシン | タリビッド点眼液0.3％ | |
| | タリビッド眼軟膏0.3％ | |
| レボフロキサシン水和物 | クラビット点眼液0.5％ | |
| ロメフロキサシン塩酸塩 | ロメフロン点眼液0.3％ | |
| | ロメフロンミニムス眼科耳科用液0.3％ | |
| ガチフロキサシン水和物 | ガチフロ点眼液0.3％ | |
| トスフロキサシントシル酸塩水和物 | トスフロ点眼液0.3％ | |
| | オゼックス点眼液0.3％ | |
| モキシフロキサシン塩酸塩 | ベガモックス点眼液0.5％ | |
| セフェム系 | | |
| セフメノキシム塩酸塩 | ベストロン点眼用0.5％ | |

　抗菌薬には多種の薬剤が開発されている。なかでもニューキノロン系薬物を使用することが多いが，耐性菌の出現がみられるようになっているため，従来から多用されているオフロキサシン製剤やレボフロキサシン製剤に代わって，第四世代ニューキノロン系薬物といわれるガチフロキサシンやトスフロキサシン，モキシフロキサシンの製剤の使用も考慮すべきであろう。

| 有効成分含有量 | 包装 | 製造販売元 |
|---|---|---|
| 1 g 中 10 mg（力価） | 5 g × 1 | 東亜薬品株式会社〔発売元：日東メディック株式会社〕 |
| 1 mL 中 3 mg | 5 mL × 10, 5 mL × 50 | 杏林製薬株式会社〔発売元：千寿製薬株式会社〕〔販売：武田薬品工業株式会社〕 |
| 1 mL 中 3 mg | 5 mL × 10, 5 mL × 50 | 日医工株式会社 |
| 1 mL 中 3 mg | 5 mL × 10, 5 mL × 50 | 参天製薬株式会社 |
| 1 g 中 3 mg | 3.5 g × 10 | 参天製薬株式会社 |
| 1 mL 中 5 mg | 5 mL × 5, 5 mL × 10, 5 mL × 50 | 参天製薬株式会社 |
| 1 mL 中 3.31 mg（ロメフロキサシンとして 3 mg） | 5 mL × 10, 5 mL × 50 | 千寿製薬株式会社〔販売：武田薬品工業株式会社〕 |
| 1 mL 中 3.31 mg（ロメフロキサシンとして 3 mg） | 0.5 mL × 5 × 10 | |
| 1 mL 中 3.2 mg（ガチフロキサシンとして 3 mg） | 5 mL × 5, 5 mL × 10, 5 mL × 50 | 千寿製薬株式会社〔販売：武田薬品工業株式会社〕 |
| 1 mL 中 3 mg（トスフロキサシンとして 2.04 mg） | 5 mL × 5, 5 mL × 10, 5 mL × 50 | 日東メディック株式会社 |
| 1 mL 中 3 mg（トスフロキサシンとして 2.04 mg） | 5 mL × 5, 5 mL × 10 | 富山化学工業株式会社〔販売：大塚製薬株式会社〕 |
| 1 mL 中 5.45 mg（モキシフロキサシンとして 5 mg） | 5 mL × 10 | 日本アルコン株式会社 |
| 1 瓶中粉末 25 mg（力価）（添付の溶解液 5 mL に溶解後 1 mL 中 5 mg） | 〔点眼液用粉末 25 mg・溶解液 5 mL〕× 5 | 千寿製薬株式会社〔販売：武田薬品工業株式会社〕 |

# 索　引

**欧文または欧文から始まる用語**

〔A〕

ACTH 負荷試験　115
AZ 点眼液 0.02%　210

〔B〕

Brimill Cryogun　156

〔C〕

canine oral papilloma virus　35
cone degeneration　121
cryosurgery　5, 17
CT 検査　133, 134, 135, 184
cutaneous papilloma producing virus　35

〔D〕

D-マンニトール　125, 142, 143, 149, 153, 154, 156, 157, 181

〔E〕

ERG　121

〔F〕

FeLV　46
FHV-1　46, 65
FIP　105
FIV　46
flash ERG　121
flicker ERG　121

〔H〕

HC ゾロン点眼液 0.5%「日点」　208

〔M〕

Megestrol Acetate Tablet　67
Methazolamide Tablet　149
multiple punctate keratotomy　41

〔O〕

Ocuvite Lutein Eye Vitamin and Mineral Supplements　192

〔P〕

Parshall 法　61
PRA　113, 121, 123
Prednisolone Acetate Opthalmic Suspension 1.0% Sterile　65
Prednisone Tablet　111
PS ゾロン点眼液 0.11%「日点」　208

〔S〕

SARD　113
Silicone Orbital Implant　161
Sodium Chloride 5% Ophthalmic Ointment　84
*Staphylococcus aureus*　199
*Streptococcus* sp.　199

〔T〕

*Thelazia callipaeda*　21
Tri-Otic　113, 116

〔V〕

Vetalog Parenteral Veterinary　67
Vetshield　165
Vet Shield 72　84
Vogt-Koyanagi-Harada syndrome　111

〔α〕

$\alpha_1$-アンチトリプシン　49
$\alpha_2$-マクログロブリン　49

**和文索引**

〔あ〕

アイケア点眼液 0.1%　161, 164, 165
アイドロイチン 1% 点眼液　84
アイドロイチン 3% 点眼液　84
アイリッシュ・テリア　35
秋田犬　109
アザチオプリン　37, 111
アスタキサンチン　122
アスリカン関節注 25mg　84
アズレンスルホン酸ナトリウム水和物　210
アセタゾラミド　49, 142, 143
アセチルシステイン　3, 45, 57, 73, 84, 156, 206
アダプチノール錠 5mg　122
アチパメゾール塩酸塩　157
アデクァン　84
アトロピン硫酸塩水和物　50, 128, 147, 173, 206
アムロジピンベシル酸塩　129, 131
アメリカン・コッカー・スパニエル　9, 25, 29, 173, 177
アメリカン・ショートヘア　41, 54
アモキシリン　156
アラスカン・マラミュート　121
アンチセダン　157
アンドロイチン 1% 点眼液　208
アンドロイチン 3% 点眼液　208

アンピシリン　156
アンピシリン水和物　128
アンピシリンナトウム　125

〔い〕

威嚇瞬目反射　109，111，117，129
威嚇反射　113，141
異所性睫毛　1，5
イセチオン注用200mg　186
イセパシン注射液200　49
イセパマイシン硫酸塩　49
イソフルラン　98，150，197，201，202
イソプロピルウノプロストン　212
1％ディプリバン注　57，149
犬猫用D-フラクションプレミアム　201
犬用眼内レンズ　173
イムラン錠50mg　37，111
インターキャット　45
インドメタシン　210
インドメロール点眼液0.5％　210

〔う〕

ウエスト・ハイランド・ホワイト・テリア　35，54，173
ウェルシュ・コーギー　43
ウブレチド点眼液0.5％　206，211
ウブレチド点眼液1％　206，211

〔え〕

エイゾプト懸濁性点眼液1％　212
エコリシン眼軟膏　156，157，214
エコリシン点眼液　214
エスカイン　98

エリスロマイシンラクトビオン酸塩　156，157，214
塩化カリウム　208
塩化ナトリウム　84，208
炎症性肉芽組織　133，135
エンロフロキサシン　37，65，111，113，164，165，199

〔お〕

オキシテトラサイクリン塩酸塩　84
オキシブプロカイン塩酸塩　17，21，33
オシロメトリック法式　129
オゼックス点眼液0.3％　216
オドメール点眼液0.02％　210
オドメール点眼液0.05％　210
オドメール点眼液0.1％　210
オプティミューン眼軟膏　11，30，33，67，74，136，206
オフロキサシン　1，3，18，29，30，38，40，49，50-52，57，63，65，73，77，84，94，95，97，128，134，161，164，165，197，199，216
オフロキサット点眼液0.3％　134
オルガドロン注射液1.9mg　146，147
オルガドロン点眼・点耳・点鼻液0.1％　147，209
オルビフロキサシン　39，89，164，184

〔か〕

外傷性白内障　51
角強膜炎　93

角結膜炎　35
角結膜層板状移植術　61
角膜炎　107
角膜潰瘍　41，49，53，54，61，65，73
角膜厚　81
角膜黒色変性症　57
角膜混濁　2，69
角膜ジストロフィー　57，73
角膜疾患　81
角膜腫瘍　93
角膜損傷　53
角膜退行性変性　81
角膜内皮細胞　81
角膜内皮ジストロフィー　78
角膜表層切除　57，97
角膜びらん　2，3，52，53
角膜浮腫　77
角膜フラップ　62
角膜分離症　57
角膜類皮腫　193，194
下垂体腫瘍　185
下垂体腺腫　185，186
カタリンK点眼用0.005％　214
カタリン点眼用0.005％　214
ガチフロキサシン水和物　216
ガチフロ点眼液0.3％　216
果糖　49
過熟白内障　173
硝子体脱出　169
カリーユニ点眼液0.005％　214
カルテオロール塩酸塩　212
カルプロフェン　147，161，164，165，197
眼窩内腫瘍　133，201，203
眼窩蜂巣炎　197
眼球萎縮　161，164
眼球摘出　197，201

眼球突出　137
眼球内メラノーマ　137
眼球内容除去術　161
眼瞼周囲炎　13
眼瞼腫瘤　17
眼・耳科用リンデロンA軟膏　210
乾性角結膜炎　9, 25, 29, 33, 97, 161
乾燥炭酸ナトリウム　208
眼底検査　38, 93, 109, 111-115, 117, 121, 125, 129, 130, 134, 141, 149, 153, 156, 181, 183, 185, 189, 194
眼底出血　125
眼内炎　156

〔き〕

義眼挿入術　141
キサラタン点眼液　49, 142, 147, 154, 157
キサラタン点眼液0.005％　212
キサントフィル脂肪酸エステル混合物　122
寄生虫性結膜炎　37
キャバリア・キング・チャールズ・スパニエル　25, 54, 145, 173
牛眼　161
球後部膿瘍　137
急性うっ血性緑内障　141
急性角膜水腫　69
強膜内義眼挿入術　161
強膜裂傷　161, 164

〔く〕

クッシング症候群　33, 35, 116

クラビット点眼液0.5％　49, 216
グリコサミノグリカン多硫酸塩　84
グリセオール注　49
グリチルリチン酸二カリウム　101
グルタチオン　2, 11, 41, 63, 69, 77, 84, 186, 214
グレート・デーン　141
クロキサシリンナトリウム水和物　128
クロトリマゾール　116
クロラムフェニコール　31, 45, 84, 201, 206, 214
クロラムフェニコール点眼液0.5％「ニットー」　45, 201, 214
クロラムフェニコールパルミチン酸エステルシロップ　201
クロロマイセチンパルミテート液（小児用）　201

〔け〕

経強膜義眼挿入術　141, 143
経強膜毛様体光凝固　142
経結膜眼球摘出術　202
蛍光眼底造影検査　117, 119
ケタミン塩酸塩　156, 157
ケタミン注10％「フジタ」　156, 157
血圧測定　129
結膜炎　21, 107, 133
結膜浮腫　156
ケナコルト-A筋注用関節腔内用水懸注40mg/1mL　142, 157
ケフレックスシロップ用細粒200　161, 165
ゲンタシン注40　145, 147

ゲンタマイシン　145, 156
ゲンタマイシン硝子体内注入術　145
ゲンタマイシン硫酸塩　11, 45, 46, 73, 116, 145, 147, 206, 214
ゲンタロール点眼液0.3％　214
原発性急性緑内障　141
原発性光受容体ジストロフィー　117, 119
原発性閉鎖性緑内障　141
原発性緑内障　149
瞼板縫合　46, 84
眩目反射　89, 121

〔こ〕

高血圧性脈絡膜症　131, 132
高血圧性網膜症　132
虹彩炎　107, 133
虹彩ルベオーシス　105
好酸球性角結膜炎　65
光受容体異形成　123
高浸透圧点眼薬　69, 77
高張点眼薬　69, 77
ゴールデン・レトリーバー　17, 25, 35, 37, 54, 185, 189
コラーゲン角膜シールド　84
コラーゲンシールド　165
コラゲナーゼ　49
コラゲナーゼ阻害薬　49
コリスチンメタンスルホン酸ナトリウム　31, 156, 157, 214
コリマイC点眼液　31, 214
コンドロイチン硫酸エステルナトリウム　64, 84, 208
コンドロンデキサ点眼・点耳・点鼻液0.1％　208

コンドロン点眼液1％ 208
コンドロン点眼液3％ 208
コンドロナファ点眼液1％ 208
コンドロナファ点眼液3％ 208

〔さ〕

細隙灯検査 1, 10, 53, 57, 69, 93, 109, 169, 194
細隙灯顕微鏡 77, 101, 117, 125
サイトケラチン染色 95
サイトテック錠100 173
再発性角膜びらん 41
サイプレジン1％点眼液 206
酢酸プレドニゾロン0.25％眼軟膏T 208
サモエド 141
ザラカム配合点眼液 214
サルペリン点眼用 2, 69
蚕食性潰瘍 43
サンディミュン点滴静注用250mg 41
サンディミュン内用液10％ 37, 78, 97
サンテゾーン0.05％眼軟膏 18, 156, 157, 208
サンテゾーン点眼液（0.02％） 1, 38, 40, 64, 65, 153, 208
サンテゾーン点眼液（0.1％） 73, 208
サンテマイシン点眼液0.3％ 214
サンピロ2％ 143
サンピロ点眼液0.5％ 206, 210
サンピロ点眼液1％ 206, 210
サンピロ点眼液2％ 206, 210
サンピロ点眼液3％ 206, 210
サンピロ点眼液4％ 206, 210

サンベタゾン眼耳鼻科用液0.1％ 51, 97, 177

〔し〕

ジアゼパム 98
シー・ズー 3, 5, 9, 25, 33, 35, 49, 51, 54, 57, 61, 69, 97, 161, 164, 173, 181, 193
シェットランド・シープドッグ 57, 93, 137
視覚障害 181
視覚喪失 113, 185
ジクロード点眼液0.1％ 173, 210
シクロスポリン 11, 29, 30, 33, 37, 41, 65, 67, 73, 78, 97, 99, 133, 135, 206
ジクロフェナクナトリウム 173, 174, 210
シクロペントラート塩酸塩 206
自己血清 41, 45-47, 49, 54, 84
糸状虫 40
視神経炎 113, 181, 186
視神経乳頭萎縮 185
視神経乳頭炎 185
視神経乳頭コロボーマ 189, 192
ジスチグミン臭化物 206, 210
自然吸収 177
紫 21, 54, 141, 146, 164, 169, 173
ジピベフリン塩酸塩 210
ジフェニルピラリン塩酸塩 119
ジベカシン硫酸塩 214
脂肪腫 37, 38
脂肪肉腫 201

シマリス 201
若年性白内障 177
ジャンガリアンハムスター 197
出血性網膜剥離 129
術後炎症 173
腫瘍 37
瞬膜炎 133
瞬膜腺逸脱 25, 29
瞬膜被覆術 161, 164, 165
瞬膜フラップ 57, 84
瞬膜弁被覆術 41
漿液性網膜剥離 125
小眼球症 189, 194
上皮びらん 45
睫毛異常 1, 5
睫毛重生 1, 3, 5, 51, 193, 194
初発白内障 173
シリコン球 161
シルマー涙液試験 1, 9, 10, 11, 29-31, 33, 41, 45, 73, 97, 101, 161, 164, 165
シンクル錠250 137, 139
進行性錐体杆体変性 120
進行性網膜萎縮 113, 117, 119, 121, 123, 165
人工涙液マイティア点眼液 84, 208
滲出性網膜剥離 109
腎性高血圧症 129
腎機能障害 129

〔す〕

水晶体亜脱臼 164
水晶体過敏性ブドウ膜炎 177
水晶体後方脱臼 145, 164
水晶体コロボーマ 189

水晶体前方脱臼　147, 161, 165
水晶体前房内脱臼　169
水晶体超音波乳化吸引術　173
水晶体摘出術　170
水性デキサメサゾン注A　125, 154, 181
錐体変性　121
水疱性角膜症　81
スコピゾル15　140
スタドール注1mg　57, 149
スナップ・FeLV/FIVコンボ　46
スペキュラーマイクロスコープ　81
スペキュラーマイクロスコピー　81
スリットランプ　1, 10, 53, 57, 69, 93, 101, 109, 117, 125, 169, 194
スルベニシリンナトリウム　2, 69

〔せ〕

成熟白内障　173
絶対緑内障　141
セファゾリンナトリウム　46, 50, 174
セファレキシン　11, 137, 139, 161, 165
セフマゾン注射用1g　174
セフメノキシム塩酸塩　216
セルシン注射液10mg　98
線維柱帯切除術　149
遷延性角膜潰瘍　41
遷延性上皮剥離　43
全身性高血圧症　129
先天白内障　189
全ブドウ膜炎　39, 40
前部ブドウ膜炎　177
前房混濁　101

前房出血　101, 105
前房蓄膿　101
前房フレア　101, 173

〔そ〕

ソフトコンタクトレンズ　53

〔た〕

ダイアモックス錠250mg　49, 142
第一次硝子体過形成遺残　195
対光反射　93, 94, 101, 109, 111, 141, 181, 182, 185, 189
対光反応　89, 156
第三眼瞼フラップ　46
タイセゾリン注射用1g　46
タイロシンP200「KMK」　105
タイロシンリン酸塩　105
唾液腺ホルモン　214
多穿刺角膜切開　84
タチオン点眼用2%　2, 11, 41, 77, 84, 214
ダックスフンド　43
多発奇形　193
多発性眼異常　189
多病巣性網膜異形成　196
タフルプロスト　212
タプロス点眼液0.0015%　212
タリビット眼軟膏　216
タリビッド点眼液0.3%　1, 3, 18, 30, 38, 40, 49, 50, 52, 63, 65, 73, 77, 84, 94, 97, 161, 165, 164, 165, 199, 216
単シロップ　199

〔ち〕

チェリーアイ　25, 29

チオグルタン　63, 69
遅発型網膜変性　123
チモプトールXE点眼液0.25%　212
チモプトールXE点眼液0.5%　212
チモプトール点眼液0.25%　49, 212
チモプトール点眼液0.5%　147, 212
チモレート点眼液0.5%　149
チモロール点眼液T 0.5%　154, 157
チモロールマレイン酸塩　49, 143, 147, 149, 154, 157, 214
注射用10%食塩液　84
注射用精製水　84
中心性進行性網膜萎縮　120
超音波検査　37, 69, 109, 112, 133-135, 137, 145, 161, 164, 189, 192, 194
超音波白内障手術装置　173
治療用ソフトコンタクトレンズ　98, 165
チンチラ　54

〔て〕

ティアローズ　1, 135, 153, 161, 206
デキサメサゾン錠0.5mg「タイヨー」　128
デキサメタゾン　18, 128, 153, 164, 177, 209
デキサメタゾン眼軟膏　156, 157
デキサメタゾンメタスルホ安息香酸エステルナトリウム

1, 38, 40, 64, 65, 73, 153, 154, 157, 181, 208
デキサメタゾンメタスルホベンゾエートナトリウム 125
デキサメタゾンリン酸エステルナトリウム 145, 147, 210
デスメ瘤 53, 54, 61
デソパン錠 60mg 115
デタントール 0.01％点眼液 212
デポ・メドロール水懸注 40mg 135
デュラミューン 5 77
テラマイシン軟膏（ポリミキシンB含有） 84
点眼・点鼻用リンデロンA液 210
点状角膜切開術 41

〔と〕

トイ・プードル 173
瞳孔対光反射 93, 121
瞳孔対光反応 129
瞳孔膜遺残 189
動物用・マイコクロリン眼軟膏 206
動物用ウェルメイト粒 10％ 197
動物用ゲントシン点眼液 11, 206
動物用・マイコクロリン眼軟膏 84
東洋眼虫症 21
ドーベルマン 35
トキオ注射用 50
特発性高リポ蛋白血症 104
トコフェロールニコチン酸エステル製剤 122
トスフロキサシントシル酸塩水和物 216

トスフロ点眼液 0.3％ 216
突発性後天性網膜変性 113, 185
トブラシン点眼液 0.3％ 77, 84, 214
トブラマイシン 77, 84, 214
ドミトール 17, 156
ドライアイ 25, 97
トラネキサム酸 184
トラバタンズ点眼液 0.004％ 212
トラベクレクトミー 149
トラボプロスト 212
トランサミン錠 250mg 184
トリアムシノロンアセトニド 65, 67, 142, 143, 157
トリロスタン 115
トルソプト点眼液 0.5％ 149, 212
トルソプト点眼液 1％ 142, 156, 212
ドルゾラミド塩酸塩 142, 143, 149, 156, 212
トロピカミド 49, 169, 206

〔な〕

ナファゾリン塩酸塩 208

〔に〕

肉芽腫性角強膜炎 94
肉芽腫性髄膜脳炎 184
20％マンニットール注射液「コーワ」 125, 142, 140, 181
日点アトロピン点眼液 1％ 128, 147, 173, 206
2％プロポフォール注「マルイシ」 98
ニプラジロール 212
ニプラノール点眼液 0.25％ 212

ニフラン点眼液 0.1％ 210
日本テリア 83
日本猫 13, 54, 105, 137
乳頭腫 33

〔ね〕

ネオシネジンコーワ 5％点眼液 206
ネオメドロールEE軟膏 210
ネコインターフェロン 45
猫角膜黒色壊死症 44
猫伝染性腹膜炎 105
猫白血病ウイルス 46
猫ヘルペスウイルス 1 型 46, 65
猫免疫不全ウイルス 46

〔の〕

ノイボルミチン点眼液 1％ 101
濃グリセリン 49
ノフロ点眼液 0.3％ 216
ノルバスク錠 2.5mg 131
ノルフロキサシン 216

〔は〕

バイオフラバノール 119
ハイスタミン注 2mg 119
バイトリル 15mg 錠 164
バイトリル 2.5％HV液 199
バイトリル 15mg 錠 113
バイトリル 50mg 錠 37, 65, 111, 165
ハイパジールコーワ点眼液 0.25％ 212
バイポーラー（双極）型電気メス 203
バキソカプセル 10 95
パグ 1, 9, 54, 100
バクシダール点眼液 0.3％ 216
白内障 51, 116, 164, 165,

　　　　173, 177, 189, 195
　外傷性— 51
　過熟— 173
　若年性— 177
　初発— 173
　成熟— 173
　先天— 189
　未熟— 93, 94, 173
パチロン錠10mg 214
パニマイシン点眼液0.3% 214
パピテイン 3, 45, 57, 73, 206
パピヨン 173
パピローマウイルス 33, 35
ハロタン 57
バンコマイシン塩酸塩 216
バンコマイシン眼軟膏1% 216
半導体レーザー 141

〔ひ〕

ヒアルロン酸ナトリウム 1, 11, 29, 30, 52, 57, 84, 99, 113, 161, 164, 165, 208
ヒアレイン点眼液0.1% 1, 57, 113, 208
ヒアレインミニ点眼液0.1% 11, 84, 208
ヒアレインミニ点眼液0.3% 52, 84, 208
ヒアロンサン点眼液0.1% 31, 99
ビーグル 173, 181, 182
非感染性眼内炎 161, 164
非感染性全眼球炎 165
ビクシリン注射用0.25g 125
ビクタスS錠10mg 89
ビクタスS錠40mg 39, 164, 184
ビジュアリン眼科耳鼻科用液0.1% 208
ビジュアリン点眼液0.02% 208
ビジュアリン点眼液0.05% 208
ビジョン・フリーゼ 54
ビタミンE 122
ヒト胎盤酵素分解物の水溶性物質 84
ヒト胎盤抽出物 84
ヒドロキシエチルセルロース 140
ヒドロコルチゾン酢酸エステル 208
ピバレフリン点眼液0.04% 210
ピバレフリン点眼液0.1% 210
ビマトプロスト 212
ビメンチン染色 95
表在性点状角膜炎 73
表層性角膜炎 1, 52
表層性角膜潰瘍 45
ピレノキシン 206, 214
ピロカルピン塩酸塩 143, 206, 210
ピロキシカム 95

〔ふ〕

ファルキサシン点眼液0.3% 57, 128
ファルチモ点眼液0.5 143
フィブロネクチン 49
フェニレフリン塩酸塩 49, 169, 206
フォーレン 150
フォルテコール錠5mg 130
副腎皮質刺激ホルモン負荷試験 115, 185
ブドウ膜炎 35
ブドウ膜皮膚症候群 111
ブトルファノール酒石酸塩 57, 149

ブナゾシン塩酸塩 212
フラジオマイシン硫酸塩 210
ブラッシュサイトロジー 93
プラノプロフェン 1, 135, 156, 161, 206, 210
フラビタン眼軟膏0.1% 50, 208
フラビタン点眼液0.05% 208
フラビンアデニンジヌクレオチド（FAD）ナトリウム 208
フラビンアデニンジヌクレオチドナトリウム 50, 64
プリンゾラミド 212
ブル・テリア 169
フルオレサイト注射液1号 119
フルオレセイン 119
フルオレセイン角膜染色検査 1, 41, 45, 51, 52, 65, 69, 73, 77, 113, 114, 137, 139
フルオロメトロン 52, 97, 210
ブルドッグ 25
フルメトロン点眼液0.02% 52, 97, 210
フルメトロン点眼液0.1% 210
プレドニゾロン 37, 39, 65, 105, 111, 113, 137, 147, 156, 164, 173, 174, 181, 184
プレドニゾロン酢酸エステル 94, 95, 208
プレドニゾロン酢酸塩 65, 173
プレドニゾロン錠5mg 164
プレドニゾロン錠「タケダ」5mg 147, 173
プレドニゾロン注射液「KMK」 105
プレドニン眼軟膏 94, 208
プレドニン錠5mg 37, 39, 65,

137, 181, 184
プレロン錠5mg　113
フレンチ・ブルドッグ　25
プロアントゾン/小型犬・猫用　119
フローセン　57
プロスタマイド誘導体　212
フロセミド　128
フロセミド注「ミタ」20mg　128
ブロナック点眼液0.1％　210
プロポフォール　57，98，149
ブロムフェナクナトリウム水和物　210
プロラノン点眼液0.1％　210

〔へ〕

閉塞隅角緑内障　142
ベガモックス点眼液0.5％　216
ペキニーズ　9，54
ベストロン点眼用0.5％　216
ベタキソロール塩酸塩　212
ベタメタゾン吉草酸塩　116
ベタメタゾンリン酸エステルナトリウム　51，97，174，177，210
ペットチニック　197
ベトプティックエス懸濁性点眼液0.5％　212
ベトプティック点眼液0.5％　212
ベナザプリル塩酸塩　129，130
ベノキシール点眼液0.4％　17，21，33
ペルシア　57，129
ヘレニエン　122
扁平上皮癌　97

〔ほ〕

ホウ酸　208

胞状網膜剥離　129，133，134
ボーダー・コリー　35
ボクサー　43
ボクサー潰瘍　41，43
ポリミキシンB硫酸塩　84

〔ま〕

マイタケ抽出エキス　201
マイトマイシンC　150
マイトマイシン注用2mg　150
マイボーム腺機能不全　9，104
マイボーム腺腫　35
マキシデックス懸濁性点眼液0.1％　164，177
マルチーズ　113，169
慢性腎不全　129
慢性緑内障　145
マンニゲン注射液　154，156
マンモグラフィーフィルム　197，201

〔み〕

ミクロノマイシン硫酸塩　214
ミケランLA点眼液1％　212
ミケランLA点眼液2％　212
ミケラン点眼液1％　212
ミケラン点眼液2％　212
未熟白内障　93，94，173
ミソプロストール　173
ミトール　157
ミドリンM点眼液0.4％　206
ミドリンP点眼液　49，169，206
ミニチュア・シュナウザー　54，101
ミニチュア・プードル　43
脈絡膜炎　107
ミロル点眼液　212

〔む〕

ムコゾーム点眼液0.5％　69
ムコティア点眼液　208
ムコファジン点眼液　64，208
ムコフィリン吸入液20％　84
無痛性潰瘍　41，42

〔め〕

迷路試験　113，125，189
メインクーン　65
メゲストロール酢酸塩　65，67
メタカム錠1.0mg　89
メタカム0.5％注射液　135
メタゾラミド　149
メチルプレドニゾロン　210
メチルプレドニゾロン酢酸エステル　133，135
メデトミジン塩酸塩　17，156，157
メニわんEye　122
メニわん眼内レンズDV-20　173
メニわんコーニアルバンデージわん　53，98，165
メラノーマ　139
メロキシカム　89，135
免疫介在性ブドウ膜炎　164
免疫介在性角膜炎　73
免疫介在性網膜剥離　109
綿球落下試験　89，109，111，117，121，125，189
綿糸法　101

〔も〕

網膜異形成　189，192，196
網膜萎縮　117
網膜下出血　128
網膜色素上皮ジストロフィー

119, 123
網膜色素変性症　120
網膜ジストロフィー　117
網膜全剥離随伴性網膜異形成　196
網膜電位図　113，114，117-119，
　　　　121，142，181，183，
　　　　185，189，190，192
網膜剥離　106，107，129，133，
　　　　161，164，194
網膜変性　89
網脈絡膜炎　93
毛様体炎　107
毛様体凝固術　141
毛様体凍結凝固　153
毛様体浮腫　107
モキシフロキサシン塩酸塩　216

〔ゆ〕

ユベラNカプセル100mg　122

〔よ〕

翼状片　57

〔ら〕

ライトクリーン　206
ラエンネック　84
ラサ・アプソ　54
ラタノプロスト　49，142，143，
　　　　147，154，156，157，
　　　　214
ラブラドール・レトリーバー　35
ラリキシン錠250mg　11

〔り〕

リズモンTG点眼液0.25％　212
リズモンTG点眼液0.5％　212
リズモン点眼液0.25％　212
リズモン点眼液0.5％　212

リゾチーム塩酸塩　69
リフタマイシン点眼液0.3％　214
リマダイル錠25　161，164，
　　　　165，197
リマダイル錠75　164，165
リマダイル注射液　147
リュウアト1％眼軟膏　50，206
硫酸ゲンタマイシン点眼液0.3％
　　　　「ニットー」　45
緑内障　153，161，164，169
　急性うっ血性—　141
　原発性急性—　141
　原発性閉鎖性—　141
　原発性—　149
　絶対—　141
　閉塞性隅角—　142
　慢性—　145
リンコシン注射液1g　174
リンコマイシン塩酸塩水和物　174
リン酸水素ナトリウム水和物　208
リンデロン注2mg（0.4％）　174
リンデロン点眼液0.01％　210
リンデロン点眼・点耳・点鼻液0.1
　　　　％　210
輪部黒色腫　89

〔る〕

流涙症　194
ルミガン点眼液0.03％　212

〔れ〕

冷凍手術　5，17
レーザーフレアメーター　173，
　　　　174
レスキュラ点眼液0.12％　212
レボブノロール塩酸塩　212
レボフロキサシン水和物　49，216

〔ろ〕

ローズベンガル染色検査　10，101
濾過手術　142
ロメフロキサシン塩酸塩　54，
　　　　97，99，153，156，174，
　　　　206，216
ロメフロン点眼液0.3％　54，174，
　　　　216
ロメフロンミニムス眼科耳鼻科用液
　　　　0.3％　216
ロメワン　97，153，206
ロング・コート・チワワ　164
ロングヘアード・ミニチュア・
　　　　ダックスフンド　1，25，
　　　　73，77，117，133，153，
　　　　165，173

症例研究　小動物の眼科　　　　　　　　　　定価（本体 14,000 円＋税）

2010 年 7 月 20 日　第 1 版第 1 刷発行　　　　　　　　　　　　　＜検印省略＞

総合編集　深　瀬　　　徹
専門分野編集　西　　　　　賢
発　行　者　永　井　富　久
印　　　刷　㈱平　河　工　業　社
製　　　本　田　中　製　本　印　刷㈱
発　　　行　**文　永　堂　出　版　株　式　会　社**
〒113-0033　東京都文京区本郷 2 丁目 27 番 18 号
TEL 03-3814-3321　FAX 03-3814-9407
URL　http://www.buneido-syuppan.com
E-mail　buneido@buneido-syuppan.com
郵便振替　00100-8-114601 番

©2010　深瀬　徹

ISBN 978-4-8300-3229-5

# 文永堂出版の小動物獣医学書籍

## Withrow & MacEwen's Small Animal Clinical Oncology 4th ed.
### 小動物臨床腫瘍学の実際
加藤　元 監訳代表
A4 判変形　882 頁
定価 45,150 円（税込み）送料 650 円

腫瘍診断学，とくに生検と細胞診，病理組織学の実地臨床における重要性に詳しく言及しています。小動物の腫瘍学書の最高峰で，臨床家必携の 1 冊です。

## Alex Gough/Differential Diagnosis in Small Animal Medicine
### 伴侶動物医療のための鑑別診断
竹村直行 監訳　三浦あかね 訳
B5 判　433 頁
定価 12,600 円（税込み）送料 510 円

日常的に実施する各種検査から得られる所見に関する鑑別リストを 1 冊にまとめてあります。この 1 冊で鑑別リストを作成するための情報が網羅されています。

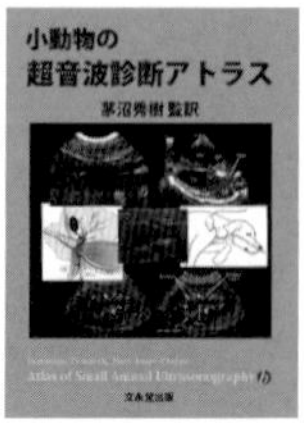

## Birchard & Sherding/Saunders Manual of Small Animal Practice, 3rd ed.
### サウンダース 小動物臨床マニュアル 第 3 版
長谷川篤彦 監訳
A4 判変形　1970 総頁　Vol.1・Vol.2 セット
定価 60,900 円（税込み）送料 990 円〜（地域によって異なります）

第 1 版から 12 年ぶり，待望の第 3 版。臨床の現場で遭遇する疾患を網羅し，その診断および内科療法・外科療法のノウハウのすべてを簡明に解説した動物病院に必備の臨床マニュアルの決定版です。

## Penninck & d'Anjou/Atlas of Small Animal Ultrasonography
### 小動物の超音波診断アトラス
茅沼秀樹 監訳
A4 判変形　528 頁
定価 29,400 円（税込み）送料 650 円

小動物臨床における超音波診断を膨大な高画質の超音波画像により体系的かつ視覚的にサポートする 1 冊。超音波検査の方法と技術が実践的に解説されています。

## Paterson/Skin Diseases of Exotic pets
### エキゾチックペットの皮膚疾患
小方宗次　監訳
B5 判　約 330 頁
定価 19,950 円（税込み）送料 510 円

エキゾチックペット皮膚疾患に関して，診療に欠かせない情報を網羅。鳥類，爬虫類，魚類，小型哺乳類について記載されている。皮膚病変，病理組織，原因となるダニなどカラー写真も豊富。

### 犬の臨床診断のてびき
町田　登 監修　苅谷和廣・山村穂積 編集
B6 判　263 頁
定価 9,240 円（税込み）送料 350 円

診察室で手軽にチェック。診断の補助に役立つ 1 冊です。158 疾患を網羅し，診断に役立つ豊富な写真と文（診断のポイント，確定診断，治療のポイント）でわかりやすく解説しています。

## Dziezyc & Millichamp/Color Atlas of Canine and Feline Ophthalmology
### カラーアトラス 犬と猫の眼科学
斎藤陽彦　監訳
A4 判変形　264 頁
定価 18,900 円（税込み）送料 510 円

頻繁に遭遇する眼疾変と同様に数多くの正常所見，さらにまれにしか遭遇しない病態の写真など，臨床に必要な眼の写真を網羅したアトラスです。

## Medleau & Hnilica/Small Animal Dermatology A Color Atlas and Therapeutic Guide 2nd ed.
### カラーアトラス 犬と猫の皮膚疾患 第 2 版
岩﨑利郎　監訳
A4 判変形　532 頁
定価 29,400 円（税込み）送料 650 円

各皮膚疾患の治療方法から予後にいたるまで分かりやすく解説。1300 点以上に及ぶカラー写真は正しく犬と猫の皮膚疾患カラーアトラスの決定版と言えるものです。臨床獣医師必携の 1 冊。

## Terry W. Campbell & Christine K. Ellis/Avian & Exotic Hematology & Cytology 3rd ed.
### 鳥類とエキゾチックアニマルの血液学・細胞診
斑目広郎　訳
A4 判変形　423 頁
定価 29,400 円（税込み）送料 510 円

鳥類とエキゾチックアニマルの血液判定，細胞診に最適な 1 冊。

## Macintire, Drobatz, Haskins & Saxon/Manual of Small Animal Emergency and Critical Care
### 小動物の救急医療マニュアル
小村吉幸・滝口満喜 監訳
B5 判　592 頁
定価 15,750 円（税込み）送料 510 円

小動物の救急医療において重要な事項を簡条書きで分かりやすく解説。犬および猫の臨床において出会う緊急ならびに重篤な問題のすべてが 600 頁に近いボリュームで解説されています。

## Kirk N. Gelatt/Color Atlas of Veterinary Ophthalmology
### 獣医眼科アトラス
太田充治　監訳
B5 判　426 頁
定価 25,200 円（税込み）送料 510 円

実際の診療の場においてのリファレンスとして，また記録した写真や画像を分類したり，整理したりする折のリファレンスとして大いに活用できる眼科の実践書です。

## Raskin & Meyer/Atlas of Canine and Feline Cytology
### カラーアトラス 犬と猫の細胞診
石田卓夫　監訳
B5 判　392 頁
定価 24,150 円（税込み）送料 510 円

犬と猫の臨床において細胞診の診断的価値が高い疾患を中心に各器官別に解説。細胞診による顕微鏡所見が，800 点以上の異常像・正常像のカラー写真を掲載。

●ご注文は最寄りの書店，取り扱い店または直接弊社へ

## 文永堂出版
〒 113-0033　東京都文京区本郷 2-27-18
http://www.buneido-syuppan.com
TEL 03-3814-3321
FAX 03-3814-9407